中国书籍装帧4000年艺术史

杨永德 蒋洁 / 著

中国青年出版社

（京）新登字 083 号

图书在版编目（CIP）数据

中国书籍装帧 400 年艺术史 / 杨永德 蒋洁著 . - 北京：
中国青年出版社，2013.12
ISBN 978-7-5153-2143-1

Ⅰ . ①中… Ⅱ . ①杨… ②蒋… Ⅲ . ①书籍装帧 - 设计
- 艺术史 - 中国 - 古代 Ⅳ . ① TS881-092

中国版本图书馆 CIP 数据核字 (2013) 第 298240 号

责任编辑：许 欣

中国青年出版社 出版 发行
社址：北京东四 12 条 21 号
邮政编码：100708
网址：www.cyp.com.cn
编辑部电话：（010）57350419
门市部电话：（010）57350370
北京顺诚彩色印刷有限公司
新华书店经销

开本：787×1092 1/16
纸张：15 印张
字数：200 千字
版次：2013 年 12 月北京第 1 版
印次：2013 年 12 月北京第 1 次印刷
印数：1-4000 册
定价：60.00 元

本图书如有印装质量问题，
请凭购书发票与质检部联系调换
联系电话：（010）57350337

目录

第七章　中国书籍装帧的要素·墨

第八章　中国书籍装帧的要素·纸

第九章　中国书籍的雕版印刷

第十章　中国书籍的活字印刷

第十一章　中国书籍装帧与文化

第十二章　中国书籍装帧与审美

落英缤纷伴书魂

书籍是人类文明的结晶。书的出现使人类开始从蒙昧状态走向文明。如果以简策作为最初的书籍，中国至少已有4000年左右的书籍史。随着社会经济的发展，书籍的载体经历了缣帛等形式，西汉时期已有纸张的雏形，直到东汉时期蔡伦进一步完善和改进了造纸术以后，书籍才算皈依正宗，找到价廉物美、易于流传的载体，一直流传至今。中国造纸术大约从公元7世纪传到朝鲜和日本，8世纪传至西方。在这方面，我们的祖先对人类文明的贡献是世所公认的。

书籍装帧伴随着书籍的产生而逐步发展演变，真正意义上的装帧艺术始于简策。单执一支谓之"简"，连编诸简即为"策"，而连接诸简的就是麻绳或青丝。这大概是装帧的鼻祖。孔子的"韦编三绝"说明了当时的装帧形式。缣帛书的出现使装帧艺术进入了新阶段，于是产生了卷轴装、旋风装等崭新的形式，以便于携带和展读。纸书大量流行以后，装帧艺术上升到更高的审美层次，有了更充分的用武之地。从书页的版式到装帧的式样出现了前所未有的多样性，朱丝栏、鱼尾纹、经折装、包背装、蝴蝶装和线装等等，新意迭出，各领风骚几百年。中国书籍装帧的多样性和深厚的文化底蕴，至今独步世界，泽被书林，形成了鲜明的中国特色，这是一份值得珍视的文化遗产。

研究中国古代书籍装帧艺术是一门学问，从《隋书·经籍志》开始，已有1400年的历史，至近现代约有研究著作数十种。新中国成立后，装帧艺术领域更是新人辈出，流派纷呈。杨永德同志是其中的一位，他长期从事书籍装帧设计工作，师法传统，又刻意求新，逐步形成了自己典雅、秀美的风格。为了提高艺术修养，多年来他注意研究中国古代书籍装帧艺术，力求融会古今，成一家之言。我对装帧艺术素无研究，但浏览新作校样后，感到这是一本用心之作，作者钩稽史料，疏理文献，又能自出机杼，言之成理。为此，我乐于应命，作一篇"门外文谈"。

中国古代装帧艺术是一门国粹，了解历史是为了更好地发展。"落英缤纷伴书魂，丹青重施今胜昔"，这是我对书装艺术的一点愿望。祝愿我们的艺术家们师承传统、贴近生活、博采众长、与时俱进，为中国出版业描绘最新最美的图画，"装点此关山，今朝更好看！"

原中华人民共和国新闻出版总署署长

立言者与立心者

——兼论《中国书籍装帧 4000 年艺术史》的文化底蕴

　　书籍装帧是一门学问。书籍一经产生就有它的精神属性和物质属性，精神属性包括记载人物事件、历史文化、科技水平、思想经验、行为心理、知识技能等包罗万象的丰富内容；物质属性包括物质材料、承载方式、装帧形态、审美艺术等。而书籍装帧随着书籍的产生而产生，随着文明史的发展而发展，前者表现出书籍装帧是历史的产物，后者表现出书籍装帧是文化的结晶。因此，在一定意义上说，书籍装帧是书籍的精神属性与物质属性的审美体现。这就提出了作为书籍装帧的立言者，既要有对书籍精神属性范畴的长期理论研究，又要有对物质属性的材料感、工艺感、视觉感、审美感的实际体验。只有二者兼有之，才是最佳的书籍装帧的立言者，杨永德便是。

　　杨永德的新著《中国书籍装帧 4000 年艺术史》为我们提供了颇有参照价值的中国古籍装帧学研究框架。他的关注点是在中国文化、审美哲学和民族性的书装艺术理论上。这一著作的问世，将有助于我们继承、研究、发扬书装艺术的民族形式。

一　双重身份的杨永德——立言者与立心者

　　"学术者，天下之器"，谈的是学术研究的重要性。具体到书籍装帧，就是对装帧理论研究的价值和意义。学术研究可以为书籍装帧艺术立言，其研究成果可以为书籍装帧艺术立心。不论为书籍装帧艺术立言还是为书籍装帧艺术立心，都提出了一个很重要的问题，谁来立？

　　这个问题可能涉及到两方面的问题。一是立言者本身，一是被立者的性质。

　　我们先谈第一个问题。立言者本身的人文素养决定了书籍装帧艺术的格调和品位。杨永德有双重身份：既是一位书籍装帧艺术的实践者，又是一位装帧艺术理论的立言者。这种双重身份自然使他有一种天然的书籍装帧理论与实践相结合的优势。他既避免了书籍装帧理论家的那种抽象的、深奥的、形而上的，就书籍装帧理论而理论的问题，又避免了那种书籍装帧家只追求装帧艺术效果，完全凭借感觉、兴之所至的所谓艺术行为。前者不具有感性思维，因此谈论装帧艺术可能缺乏生动性、鲜活性、现实性和针对性；后者不具备理性思维，因此谈论书籍装帧艺术可能缺乏高度、深度和指导实践的价值和意义。

　　杨永德曾在中国出版工作者协会装帧艺术委员会中担任常务理事、副秘书长，兼管理论研讨和宣传工作。杨永德从业书籍装帧设计已经 30 多年，从 1981 年开始先后获全国书籍装帧设计各种重要奖项。他的知识结构在装帧界是少见的。杨永德十分注重理论研究，著有《鲁迅装帧系年》《鲁迅最后十二年与美术》《中国古代书籍装帧》等书籍，并对装帧艺术著有众多的学术研究论文：《书籍的文化一体》《中西方文化比较与装帧艺术》《鲁迅对现代书籍装帧艺术的贡献》等书籍。他在全国装帧艺术论文评奖的第二、第三届中，都获得论文一等奖。他与中央电视台记者共同策划、撰稿、拍摄了解放以来唯一的一部《书籍装帧艺术》专题片。

杨永德还是一个人文素养很高的人，他能写、会画、善设计、懂印刷、懂日语和能写一手好字，有个人画集出版。大学四年在中央工艺美术学院学的是印刷专业，出版过从日文翻译的著作《行书》。由此可见，杨永德做《中国书籍装帧 4000 年艺术史》这本书的立言人是合格的。杨永德多年从事书籍装帧设计工作，在一段时间里，测绘出版社和团结出版社的书都是由他一人来设计，他是很有感性体验的，而且他又十分注重书籍装帧理论方面的研究，他对装帧艺术的探索是理性的。

我们再来谈第二个问题，即被立言者的性质，就是书籍装帧艺术本身涉及到的诸多问题。就装帧艺术本身而言，它应包括书籍付印前的整体设计，如封面、扉页、内文插图、装订形式等美术设计和版式内容，以及装帧材料等等。书籍装帧虽属于艺术，但它是实用艺术一类，所以它的这一属性决定了装帧艺术的审美性、艺术性、附属性、实用性和功利性。因此，装帧设计者只有具备装帧艺术实践经验，才能具备有针对性的发言权。就装帧艺术本身而言，它是对图书内容的阐释与提升，因此，立言者应具备设计文化的人文素养和审美高度。就其对图书内容与装帧的关系而言，立言者只有是实践者与理论者，才能很好地考虑到装帧艺术与图书内容相一致的文化一体性，才能为设计者提供具有指导性意义的理论资源。就装帧的艺术性而言，立言者应具有艺术感觉能力、鉴赏能力、文化品位和理论高度。就图书是一种特殊的精神产品而言，装帧艺术的立言者还应考虑其市场性、时代性、民族性和读者的趣味性等等。

总之，从立言者本身和被立言者的性质来看，书籍装帧的立言者应该具备双重身份和双重能力，即既是装帧艺术设计家，又是装帧艺术理论家，既有感性的体验，又有理性的思考。从这个角度上说，杨永德写《中国书籍装帧 4000 年艺术史》一书是很有资格的。他是一位具有双重身份和多种能力的"实践装帧理论家"，他在自己的研究和创作中，很自然地就把理论与实践紧密地和有机地结合起来，并形成一种无论是单纯的装帧理论家，还是单纯的装帧艺术家都不具备的优势。基于此，石宗源署长对杨永德的评价是十分确当的："研究中国古代书籍装帧艺术是一门学问……他长期从事书籍装帧设计工作，师法传统，又刻意求新，逐步形成了自己典雅、秀美的风格。为了提高艺术修养，多年来他注意研究中国古代书籍装帧艺术，力求融会古今，成一家之言。"

二　中国书籍装帧的文化底蕴

《中国书籍装帧 4000 年艺术史》是杨永德多年殚思竭虑的结晶。他的这部著作的最大特点，就是将丰富多彩的装帧艺术实践，放在中国大文化背景下去思考，放在中国审美哲学上去思考，放在"文化同一性"上来研究。

（一）书之"卷气"与中国古代审美哲学思想

在中国传统文化中，"书卷气"具有宽泛和丰富的内涵，"气"是"书卷气"这一概念的核心词，这就显示出对"气"解读的重要性。"气"既涉及诸多领域，又是"人之生命、宇宙本源、哲学概念、审美范畴、文化形式的概念"。我们平时表达人的生命状态在中国最通俗的一句俗语就是："人活一口气。"《左传·昭公元年》中的"天有六气"和自然万物有"阴阳二气"，都谈的是宇宙本源；与"气"相关的概念："意味"、"意象"、"意境"，谈的都是审美范畴；气韵生动、气象万千涉及到具体文化样式的"韵味"和"格调"。中国历代先哲们也都对"气"之概念做过精辟的论述。老子把"气"纳入到哲学本体问题，提出"万物负阴而抱阳，冲气从为和"。庄子把"气"与人和万物生命精神联系起来，提出"人之生，气之聚。聚者为生，散则为死……"的生命哲学。孟子把"气"与中国人高尚的文化人格联系起来，提出"善养君浩然之气"。现代高科技对中国传统文化和先哲们对"气"的精辟论断也做了科学的证实。具体到中国古代书籍装帧艺术上，"书卷气"本身积淀着中国古代文明，内含中国古代书籍装帧的文化底蕴，它是书籍这一载体、文化样式、审美对象之韵、之味、之调的集中体现。

"书卷"是古代书籍形象的称谓，应出自古代书

本多作卷轴形式而来。杜甫的"雨槛卧花丛，风床展书卷"，是书本的诗意写照。"气"既是书籍的灵魂，也透露出装帧艺术家的人文素养、审美情趣和个人气质。中国古代书籍装帧自然也像宇宙万物一样，具有一种生命规律，即书籍装帧艺术的产生、发展和创新。杨永德从他对中国传统文化中"气"之概念的理解，与他对中国古代书籍装帧的领悟结合在一起，领悟到了书籍装帧与"书卷气"的内在关系。他认为，书是指书籍，卷是指装帧形态，"书"和"卷"连在一起，就成为"书卷气"。对于书籍而言，"书卷气"可以理解成具有生命力的装帧状态，体现着艺术和美的根源。他还对"书卷气"进行了书籍装帧史的考察，他认为，"书卷气"这一词可能产生于简策装书。"书卷气"一词不可能在甲骨文时代出现，因为那时还没有"卷"的装订形式。究竟这一概念是来源于简策装书的"卷"，还是卷轴装书的"卷"，这已经很难考证了。不过，有一点是可以肯定的，那就是，都与"卷"相关联。这两种装帧形态的书都采用卷的方式，卷起来就是一卷，展开后是一个连续的长方形整体，有"卷"产生，也就自然有与"书卷气"相通的概念。

"书卷气"还包含装帧艺术家的"心灵"与"性情"。杨永德认为古籍的结构与《易经》"远取诸物，近取诸身"的思维是一致的，并对其结构与人体结构同构关系进行了形象化的阐述："首先是封面和内封面，好像人的脸面；接着是序言、凡例、目录，犹如人的脖子，是一个过渡；正文和插图，如人的五腹内脏；再往下是附录和跋，很像人的手脚。后记是一本书最后的说明，如脚下穿上鞋，支撑着人的全身。书衣有如人的衣服，在最外面，保护着内封。"笔者认为，"书卷气"由书籍装帧而产生，成了中国传统文化的一份值得珍视的遗产。这一概念随着时代的不同，在不同领域，不同学者对它进行了延伸性的阐释，尽管他们的观点不尽相同，但是，它是以典雅为核心的具有丰富内涵的一种审美经验，与古代书籍装帧艺术的文化底蕴是一致的。

（二）书籍内容与装帧艺术的文化同一性

杨永德还以一位读者身份谈论在书店对书籍装

帧从不同角度的审视与体验。他说："书摆在书店的架子上，主要展现的是封面。当读者把书拿在手里时，书的书脊、封面、封底，内文的版式、字体、插图，书的结构、纸张、印刷等，都在读者近距离的审视中，书的整体设计就显得十分重要了。当把书摆放在书架上时，书脊露在外面，书脊上的书名以及书脊的整体设计就显得十分重要了。"

笔者认为，确实，书籍装帧艺术不仅仅是一个书的封面问题，而是一门设计文化。它既要体现图书的内容，又涉及到一本书从里到外的诸多方面的设计要素，比如封面、封底、书脊、勒口、内外环衬、版权页、前言、后记、正文、目录、字体、字号、插图、版式、纸张、印刷、装订形式、墨色效果等诸多方面，但有一点是肯定的，那就是所有的装帧艺术效果在具有独立的审美价值的基础上，都是由深层次体现书之内容的。书的装帧与书的内容既是文化同一性的关系，又是互相阐释、互相解读、互相补充、互相提升的一种关系，各自又都有相对的独立性。鲁迅曾这样对书籍插图进行过描述："书籍的插图，原意是在装饰书籍，增加读者的兴趣的，但那力量，能补助文字之所不及，所以也是一种宣传画。这种画的幅数极多的时候，即能只靠图像，悟到文字的内容，和文字一分开，也就成了独立的连环图画。"（引自鲁迅《南腔北调集》）鲁迅在这里既从文化同一性的角度阐释了书籍装帧与内容的统一性问题，又将书籍装帧提升到图书中有独立地位的高度。说到这里，我们还可以发现一些文化名人，如闻一多、胡适、李叔同、丰子恺等都曾对书籍装帧表示过很大的兴趣，并且还亲自参与此道。

杨永德的《中国书籍装帧4000年艺术史》一书，从其学术深度和广度来看已具备"装帧学"的雏形，填补了系统论述古代、近代书籍装帧的空白。作者从装帧学本体的角度，阐述了书籍装帧的初期形态、正规形态、册页形态、平装、精装，对雕版印刷、活字印刷、古籍的插图，从历史的角度做了系统考察，并对与装帧相关的笔、墨、纸等也进行了研究，特别是从文化审美的角度阐述了书籍装帧与文化和审美的内在关系。在第十一章《中国书籍装帧与文化》一章中，从"天人合一"的角度谈书籍的版式、书籍的结构、书籍的装订形式。在第十二章《中国书籍装帧与审美》一节中，从古籍透视了中国装帧艺术的美学思想，从古代书籍装帧史的角度阐述"书卷气"，从书籍内容与装帧的形式谈二者内在的文化同一性。除此之外，杨永德收集了大量有文献价值的图片资料，并归类整理制作了《中国书籍装帧艺术4000年一览表》，涉及建立"装帧学"所关联到的若干项重要课题。可以说，杨永德对中国古籍装帧的研究，对中国书籍未来的发展有着十分重要的意义。

在21世纪全球化的形势下，人类文化进入了"图像时代"，人们越来越重视图像的意义和价值，在这样的形势下，民族传统书籍装帧艺术的价值就日渐凸显。杨永德的《中国书籍装帧4000年艺术史》一书在此时问世，无疑对于中国书籍装帧艺术吸收浓厚的民族文化传统，保持"民族性"体现"世界性"，具有双重的意义。

2013年2月

齐鹏女士系哲学博士、社会心理学博士后、编审

说明

对什么是"书",前辈学者们的观点不尽相同。邱陵先生认为:"甲骨训辞应该是我们最早的书,因为这是有实物可证的。"钱存训先生认为:"古代的文字之训于甲骨金石、印于陶泥者,皆不能称为'书'。书的起源当追溯到竹简木牍,编以书绳,聚简成册,如同今日的书籍册页一般。"李致忠先生认为:"甲骨文是我国现存最古的文字……同时也是具有书籍的作用的。所以我们把它们统称为初期的中国书籍之一。"吴文修先生认为:"最早的书,该是我们的祖先在岩洞石壁上刻的那些图画吧。"魏隐儒先生认为:"在三千年前的殷代后期,就有了记载占卜吉凶事件的图书。"……《说文解字》认为:"著于竹帛,谓之书。"《新华字典》认为:书是"著作,有文字或图画的册子"。

编者认为,对"书"的理解有狭义和广义两种:从简策书开始,经过众多的装帧形态,一直到现代的书籍,这是狭义的理解;从书籍装帧的初期形态结绳书开始,经过众多的装帧形态,到现代的书,以后还会出现各种形态的书,如光盘的书、网上的书等等,这是广义的理解。研究中国书籍装帧,从广义的角度考虑,也许便于开阔眼界、拓宽思路。

关于中国古代、近代印刷史及书籍的产生、发展已经有了一些重要的著述,如张树栋、庞多益、郑如斯等先生著的《中华印刷通史》,罗树宝先生编著的《中国古代印刷史》,魏隐儒先生编著的《中国古籍印刷史》,李致忠先生著的《中国古代书籍史》,陈彬、查猛济先生著的《中国书史》,刘国均先生著的《中国书史简编》,庄葳先生著的《中国书的历史》,钱存训先生著的《中国古代书史》等等,这些书全面地论述了印刷术和书籍的发明、发展以及相关的各种知识,从不同的角度做出了重大贡献。

邱陵先生著的《书籍装帧艺术简史》一书对书籍装帧的演变做了较为系统的描述,成为书籍装帧艺术方面的经典之作,极具价值。

本书定名为《中国书籍装帧 4000 年艺术史》,就是在前辈学者们研究成果的基础上,对书籍装帧形态的产生、发展做系统的、全面的探讨。从书籍装帧的初期形态谈起,再谈书籍装帧的正规形态、书籍装帧的册页形态,中间有两章谈古代书籍装帧与文化、与审美文化,第五章以后叙述笔、墨、纸、雕版印刷及活字印刷,这些与书籍有关的发明创造及其应用,对书籍装帧形态的演变有着至关重要的作用,也可以说是书籍装帧的组成部分。另外,对当时的社会意识形态、物质文明发展状况,有一个了解,便于理解书籍装帧形态存在的客观性及所具有的文化内涵。

中国古代有四大发明，其中造纸、印刷术和书籍的装帧形态有着直接的关系。我们的祖先、伟大的中华民族对世界的科学技术和文化的贡献是巨大的，名垂史册。现在，书籍装帧已经成为一门独立的（与其他美术类别而言）、与人民大众的文化生活息息相关的艺术，在出版事业和文明建设中起着重要的作用，也反映着国家的经济、技术发展和文化水平。

笔者毕业于中央工艺美术学院印刷工艺系，长期从事书籍装帧设计工作，对书籍装帧历史颇感兴趣，大量阅读有关书籍，搜集资料。开始时只是想了解古代书籍装帧的一些历史状态，弄明白何谓"书卷气"，现在是不是要继承传统，如何在设计中体现鲁迅先生提倡的"民族性"等等。材料多了，理解得也越来越深刻了，于是先写了一本关于鲁迅装帧的书《鲁迅装帧系年》，在 2001 年由人民美术出版社出版，然后着手《中国古代书籍装帧》的写作并于 2006 年出版，现在写《中国书籍装帧 4000 年艺术史》一书，增加了新的视角和新的内容。由于钩稽史料、梳理文献，深感中国古代书籍装帧有深厚的文化底蕴，中国近代书籍装帧是学习先进技术和传统相结合的结果，其内容的丰富是中国文化的结晶，这是一份值得珍视的文化遗产。中国书籍装帧要自立于世界书籍装帧之林，不能割断历史，必须要有中国的特点，要有"民族性"，这是出版本书、贡献给广大读者的目的之一。

杨永德

2013 年 4 月

绪论

　　《周易·系辞下》云："上古结绳而治，后世圣人易之以书契。"这句话的意思是讲"书契"是从结绳记事变化而来的。什么是"书"呢？《说文解字》认为"著于竹帛，谓之书"，就是说书是从简策开始的。司马贞认为："书者，五经六籍总名也。"他认为"书"字，有概括载籍的涵义。按《新华字典》的解释，"籍"就是书，书册。《新华字典》对"书"的解释是："著作，有文字或图画的册子。"《现代汉语词典》对"书"的解释是："装订成册的著作。"两个现代工具书的解释有相同的含义，就是"著作"。什么是"著作"呢？《新华字典》认为："写出来的文章或书。"《现代汉语词典》认为："用文字表达意思、知识、思想、感情等。"两个解释的意思是一致的，一个概括一点，一个稍微具体一点。大部分专家、学者都认为，最初的正规书籍是从简册开始的，大概也是从以上所述的观点出发。一般地讲，笔者也同意这个观点，但也有相悖的情况。甲骨文记载的主要是占卜的情况，不能称之为著作，起到档案性质的作用（现在把档案汇集在一起，也可以成为书）；石鼓文记载的是狩猎方面的诗，十个石鼓记载了10首诗，按两个工具书的解释，诗是著作，石鼓文就是书了。要是这样解释，正规书籍是从石鼓文开始，或者至少简策书和石鼓文书同时在西周时代出现，而学者和工具书都没有这么认为。所以，笔者认为工具书在解释"书"、"著作"时，应该把装订或装帧的内容加进去，才显得完整和严谨。

　　李致忠在《中国古代书籍史》中指出："在古人通常的概念里，对书很少直称为书，一般多作载籍、经籍。直称为书者，通常指书法、书写、书体……"。

　　在本书里，笔者把结绳、契刻、图画文、陶文、甲骨文、金文、石文、玉文，全部都加一个"书"字，并称其为书籍的初期形态。之所以这么称谓，是因为它们或帮助记忆，或交流着思想，或起着档案的作用，从某种角度来说，它们都起到了书的作用，因为它们不是文字，没有装订（甲骨文、金文、石文、玉文，有了文字，没有装订），所以称其为书籍的初期形态，特意加了"初期"二字，以和正规书籍加以区别。本书采取的是广义的理解，研究中国古代书籍装帧，从广义的视角出发，便于把书籍的形成过程、装订的作用，以及整个书籍装帧的形态及其演变讲得更清楚一点，也便于审视和展望以后的书籍及其装帧形态。

　　初期形态的书没有装订，无法以装订方式区分；前几种书没有文字，后几种书有了文字，总的来讲无法以文字来区分，只能按年代以承载物的不同来区分不同的书；正规形态的书的承载物前几种不同，有竹、木、缣帛，后几种使用了纸，只用承载物加以区别是不够的。正规形态的书的制作方式，或是装订方式是不一样的，所以只能按年代以制作方式（装订方式）和承载物两个因素来区别不同装帧形态的书；册页书的承载物都是纸，它们的装帧形态都是册页式的，而制作方式是不一样的，所以，只能按照年代以制作方式（装订方式）来区别不同装帧形态的书。

书籍是社会产品，或者说是特殊的商品，因为它具有两重性，既是物质产品，又是精神产品。作为精神产品，"是用文字在一定形式的材料上记录人的经验、表达人的思想、传播某种知识的工具"。"中国封建社会的历代王朝，出于不同的政治需要和文化崇尚，对书籍生产和流通都曾有过不同形式和不同程度的管理政策。秦始皇的焚书坑儒，实际是为齐一思想，对书籍流通的一种管理政策。汉代刊刻《熹平石经》立于东都洛阳的学官，是为了树立儒家经典的范本，以便统一儒家经典的文字，从而统一人们对儒家思想的理解。这也是对书籍生产和流通的一种管理。唐朝已出现印本书，包括历书，民间雕版印刷也广为流行，于是皇帝立即加以制止。唐武宗还拆毁寺院，废毁释家经典。宋朝建国以后，始终与北方的辽、金对峙。双方为了彼此的利益，都互相封锁消息，保守机密，因而双方对书籍的生产和流通也都管理甚严……元朝是少数民族的蒙古族贵族入主中原，并且推行残酷的民族主义政策和阶级等级压迫政策，激起各族人民，特别是汉族人民的不断反抗，因此对鼓励人民起义、组织人民联合、宣传元朝统治不能长治久安的所谓妖书，都在禁止生产和流通范围之内。明朝书禁较松，并且自洪武元年（1368 年）八月就由皇帝亲自下令免除征收书籍税，因而明朝的官刻私服多如山丘……清朝又是少数民族入主，在大兴文字狱的同时，打出稽古右文的旗号，广搜天下遗书，寓禁于征，对书籍实行大规模的篡改和禁毁。"（李致忠著《中国古代书籍史》）引用这一大段话是想说明，历代的统治者为了保护自身的利益，对待书籍的政策是不同的，这也影响到当时的书籍装帧形态。

书籍作为物质产品，就是指文字刻写或印在什么材料上，以何种方式，是写还是印刷。如果是写就涉及到毛笔和墨，如果是印刷就涉及到印版、涉及到印版的材料及如何刻制印版，是整版刻还是单个字刻，如何排版，如何印刷，是单面印还是双面印，印好的页子如何使它们固定成书，采取什么样的装订形式，是平订、胶订，还是锁线订；写或印，还涉及到横写竖写，上下要不要留白，何种字体，行和行之间的疏密，要不要栏线，正文和注释要不要用不同的颜色加以区别，要不要目录、扉页、封面、版权等等。

这自然涉及到绳、木、陶、石、玉、金属、竹、帛、纸等文字的承载物，涉及到笔、墨，涉及到雕版印刷和活字印刷，涉及到装订形式以及由此而形成的书籍装帧形态。书籍装帧从它的初级形态到正规形态，再到册页形态，正说明它的发展史是文化的发展史，也是社会的发展史，充满着哲学、美学等等内涵。如果真正了解了中国古代、近代书籍装帧，对中国当代书籍装帧艺术的发展是有利的，这是一份值得珍惜的文化遗产。鲁迅提倡的"民族性"不能被忽视，不能只挂在口头上而另行一套，更不能容忍以种种借口被抛弃掉。

本书在第九、第十两章叙述了雕版印刷和活字印刷，有三个原因：其一是印刷、印刷方式和书的关系太密切了；其二是没有印刷就很难有装帧形态的发展，至少不会形成现在这种装帧形态的书；其三是书籍装帧形态应该包括印刷的内容。鉴于以上原因，介绍中国古代、近代书籍装帧必须介绍雕版印刷和活字印刷及相关的发明创造，这些都是必不可少的知识，掌握这些知识也有利于了解中国的印本书籍和装帧形态的实质。

中国古籍图文并称，"图书、图书"，所谓"有书必有图"、"古书无不绘图"，这当然是个夸张的说法，浩瀚的古籍中有插图的书实在太多了。简策书中有以帛为承载物画的插图，雕版印本书中有《金刚经》的扉画，一直到清朝的线装书、中华民国的平装书，可以说插图是书的一个组成部分，是书籍装帧的内容之一。第五章中较为详细地介绍了历朝历代的插图，并附了相当多的图，以飨读者。有个现象也应说明一下，古籍中也有相当数量的书没有插图，仍然称为"书"，表明插图并不是书或书籍装帧必不可少的条件。正如鲁迅先生所示："书籍的插图，原意是在装饰书籍、增加读者的兴趣的……能补助文字之所不及……"

本书第四章介绍中国近代书籍装帧，这和传统的书籍装帧是不一样的，已经进入到现代。其版式、封面设计、装订方式都发生了根本性的变化，不但有传统文化的内涵，还展现了科学和艺术的结合，为现在书籍装帧艺术的发展奠定基础。

书籍的装帧形态是随着书籍的制作材料、印制、装订方式、社会的经济状况以及文化的发展而变化的。其中，文化对古代书籍装帧形态的形成和发展的影响是深层的和潜移默化的，古籍版式、编排结构及装订方法，都受到中国传统文化"天人合一"思想的影响。本书在第十一章中从文化的视角作了比较具体的分析，有助于了解书籍是文化的结晶，书籍装帧也是文化的结晶，书籍装帧形态的演变是社会、文化的发展的反映的观点。把书的装帧形态理解成文化现象，或者从文化的视角去理解，是至关重要的。

由于中国古籍充满着"书卷气"，书籍装帧和书籍的内容是一体的，形成相依互存的关系，书籍装帧随着书籍的形态变化而变化，书籍装帧从产生、发展到不断完善的过程，使它的审美能力随着实用功能（或实用技术）的发展而流动变化，最后达到和谐完美的地步。这种思想本书在第十二章中进行了叙述，首先介绍"古籍里的美学思想"，再谈"书卷气"和"书籍内容和装帧的文化同一性"，这样就较全面地介绍了书籍的审美文化。了解中国传统美学或古典美学在书籍装帧中的体现、渗透和形成，从美学的视角了解中国古代书籍装帧的文化内涵和哲学因素，有助于进一步理解中国书籍装帧的多样性和文化底蕴。

中国近代书籍装帧和中国古代书籍装帧就不一样了，因为中国近代书籍装帧的形态是从外国学来的，并非历史上沿传下来的，故放在中国古代书籍装帧之后，单作一章。

现代，我们谈到书籍必然要涉及到纸张、印刷等和书籍装帧相关的一系列内容，所以，本书把笔、墨、纸、印刷等都放在中国古代书籍装帧的框架中阐述，这是十分合乎道理的，也给他们一个合适的在书籍装帧中的历史地位，也充分说明了他们的重要性，是书籍装帧不可缺少的内容之一，这一点格外重要，这对于理解什么是书籍装帧和发展书籍装帧艺术非常有利。

书籍装帧是一门学问，了解历史是为了更好的发展。

第一章
中国书籍装帧的初期形态

　　我国是一个历史悠久的文明古国，有着源远流长的灿烂文化，书籍的产生和发展即是文明的标志之一。书籍的历史，实际上反映了人类社会的发展史……

第一章　中国书籍装帧的初期形态

　　我国是一个历史悠久的文明古国，有着源远流长的灿烂文化，书籍的产生和发展即是文明的标志之一。书籍的历史，实际上反映了人类社会的发展史。书籍是人类在其发展过程中所创造出来的最重要的工具，是人类物质生活和文化生活因袭相传、不断总结和借以进步的最重要的手段。没有文字，没有书籍，人类社会就会进步缓慢，交流就难以发生和进行，就不可能有现代这样高度的文明和进步。

　　书籍是一种物质产品，也是一种精神产品，或文化现象，是人类物质生活水平和文化水平的表征。书籍记载着事件、思想、经验、理论、技能、知识等等包罗万象的丰富内容，它是人们在生活和生产实践中为了实际的需要而创造出来的。书籍，在人类历史的发展中起着重要的作用，并且随着人类社会文明的不断发展与人类的关系越来越密切。书籍的内容必须有一定的载体，不同的载体产生不同形态的书。书籍的内容反映一定社会、一定时期的生活状况和意识形态。同样，书籍的装帧形态也反映一定社会、一定时期的生活状况和意识形态，是随着时代的发展而发展的。在不同的历史时期中，书籍具有不同的特定的装帧形态。

　　书籍的装帧形态，在历史的长河中，变化是很多的，涉及到的内容十分丰富、十分复杂。开始，并不是现在这样的纸质的书，而是经过用绳子、竹木、树皮、墙壁、陶片、甲骨、金属、石头、缣帛作载体，最后才走上用纸的道路。本书试图从记事示意、图画、符号、文字的起源及发展、不同用料、书写方法、纸张的发明及发展、雕版印刷、活字印刷、装订方法的变更等不同的方面，论述中国古代书籍装帧形态的变迁。

一　结绳书、契刻书

（一）结绳书

　　《周易·系辞下》云："上古结绳而治，后世圣人易之以书契。"《庄子·胠箧篇》云："昔者容成氏、大庭氏、伯皇氏、中央氏、栗陆氏、骊畜氏、轩辕氏、赫胥氏、尊卢氏、祝融氏、伏羲氏、神农氏，当是时也，民结绳而用之。"这些话说明，在远古时代，生产力非常低下，采用原始、简陋的生产工具，先民们为了交流思想、传递信息，有过结绳记事的阶段。郑玄在其《周易注》中也云："古者无文字，结绳为约。事大，大结其绳；事小，小结其绳。"李鼎祚《周易集解》引《九家易》中也云："古者无文字，其有约誓之事，事大，大其绳，事小，小其绳，结之多少，

随物众寡，各执以相考，亦足以相治也。"从古人的记载看来，结绳是帮助记忆或是示意记事的方法，同时也是互相制约的手段。当时的先民们为了记载某种经验、传播某种知识、记录某个事件，就在绳索上打起许多大小不同的结，打结的方法也不甚相同，事情就这样被记录下来。虽然简单，但比单凭记忆要牢靠多了。

　　事实上，许多民族在其自身的发展史上，都曾有过结绳或类似结绳记事的时期，这大概是人类初期通行的一种进行交流的方法。我国云南的傈僳族、哈尼族，古时的鞑靼族以及台湾的高山族等，都曾流行过结绳记事或类似结绳记事的方法。图1-1即为我国傈僳族过去所使用的结绳记事的图片。

　　"外国如波斯、秘鲁，也流行过此法。尤其是秘

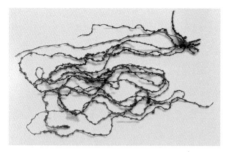

图 1-1 我国傈僳族过去所使用的结绳

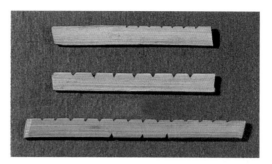

图 1-3 云南佤族过去所用的刻木

图 1-2 秘鲁印加人结绳记事图形

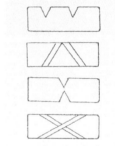

图 1-4 骨契图形

已经具有了某种书籍的作用，虽然它"不是书契的祖宗"，与文字的产生没有直接的关系，但是它是示意的，表明一定的内容，为以后文字的产生从意义上提供了前提。

鲁人，据说对结绳非常考究。他们在一条主要绳索上，系上各种不同颜色的细绳，用以记录不同的事物。如红绳代表军队，黄绳代表黄金，白绳代表白银，绿绳代表粮食。绳子上再打结，以代表不同的数目。他们打一个单结代表十，两个单结代表二十；一个双结代表一百，两个双结就代表二百。"（图1-2）（李致忠著《中国古代书籍史》）秘鲁人的结绳方法很完整，比傈僳族的要复杂多了。

"结绳的作用在于以一定的绳结和一定的思想联系起来，有了'约定俗成'的作用，所以能够成为交流思想的工具。结绳可以保存，可以流传，所以结绳在某种意义上讲，就具有了后来书籍的作用，而成为文字发生的先驱。"（刘国钧著《中国书史简编》）"……挂上许多直绳，拉来拉去的结起来，网不像网，倒似乎还可以表现较多的意思。我们上古的结绳，恐怕也是如此的罢。"（鲁迅著《且介亭杂文·门外文谈》）从这些话中可以清楚地看到，结绳

（二）契刻书

在我国少数民族中还流行过刻木记事，图1-3为我国云南佤族过去所用的刻木。先人们在木板上刻上缺口（符号），缺口刻得深的，表示重大事件，刻得浅的，表示事件较小。也有人讲是表示数目的。汉朝刘熙在《释名·释书契》中云："契，刻也，刻识其数也。"数目是比较容易引起争端的事，契刻缺口表示数目，以帮助记忆，作为双方的"契约"。它实际上也是"契约"一词的含义，是古代的"契"。"契"在《现代汉语词典》中的解释就包括"刀刻"和"契约"的意思，大概也是从远古的契刻引申而来。契刻的缺口有的刻在木板上，有的刻在竹片上，还有的刻在骨头上（图1-4）。

（三）结绳书、契刻书的特点

除结绳、契刻之外，还有些其他的表述方法，

图 1-5 内蒙古阴山新石器时代岩画

都是为了加强记忆，示意某种事件。结绳的绳结和契刻的缺口，代表着一定的思想、一定的意义，和书籍中的一段话或者一篇文章有相似的作用（虽然绳结和契刻的缺口是无法读的），把结绳和契刻理解成远古时代的书籍，或至少是书籍的初期形式，也是具有一定道理的。它的用料是绳子、木板、竹片和骨头等。它的"服式"很是独特，绳结的大小、刻口的深浅及刻口的不同形式，都包含着丰富的内容。虽然不是文字，但在某种意义上却起到文字的作用。

结绳、契刻，虽然可以理解成书籍的初期形态，但它们毕竟不是文字，只不过是记忆的辅助，还远不是语言的符号。经过长期的实践和发展变化，却为图画文书的出现提供了启示。

二 图画文书

（一）图画文书的内容

"图画是远古人们交流思想的又一种方法。远古的人们很早就会用图画把生活环境中的事物表达出来。据考古学家们考证，在旧石器时代，人类已经能够在他们所居住洞穴的墙壁上画画。有些画画得还很生动逼真，使人一看就能知道是什么意思。例如要约同打猎，就画出一头鹿或一头牛和一个手持弓箭的人，作为信件送去。这样就达到了交流思想、约同狩猎的目的了。所以有人把这种图画就称为图画文字。"（刘致忠著《中国古代书籍史》）旧石器时代晚期，约两万年前的山洞里的壁画野牛、大象（图1-5）等就是古代图画。"所谓古代图画文字，就是用图画来传达意思的文字。特点是用整幅图表示意思，本身不能分解成字，没有固定的读法。"（何星亮著《中国图腾文化》）

我们的祖先用简单的线条将所看到的东西描绘下来，成为一幅幅的图画，这些写实的画逐渐变得抽象，其造型方法又与古代象形文字相一致，其意义更加丰富。这些画与整幅的文字有相似的功能，是先民们进行宗教活动、记录重大事件的主要手段。岩石上的画，也称岩画，是岩石上的史书，是一部以图画方式描绘在岩石上的史书。"岩画可以说是原始社会的百科全书，举凡当时的生产劳动、社会组织、宗教信仰、文化娱乐等等，真是应有尽有。"（陈兆复《写在〈中国岩画〉出版之时》）图画文书主要刻画在岩石上，既是原始社会的百科全书，又是远古时代的历史档案。

图画文书传达着信息、交流着思想，从这个角度审视，从图画的实际意义及它的历史作用来说，它已经起到书籍的作用，是我国古代书籍的初期形态之一，故称它为图画文书。关文修先生在《雕版印刷源流·书的演化》一文中云："最早的书，该是我们的祖先在岩洞石壁上刻的那些图画吧。那是图画和文字尚未分家的时代。"

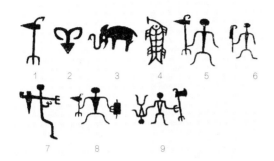

图 1-6 古代的图画文字
1 戈字，2 羊字，3 象字，4 鱼字为象形文字，5、6、7、8、9 为象意文字

图 1-7 半坡村刻画符号

（二）图画文书的特点

图画文书所用的文字是图画，这是一种图画和文字还没有分离的特殊文字。唐兰先生在《中国文字学》中云："文字的产生，本是很自然的，几万年前旧石器时代的人类，已经有很好的绘画，这些画大抵是动物和人像，这是文字的前驱。""文字本于图画，最初的文字是可以读出来的图画，但图画却不一定都能读。后来，文字跟图画逐渐分歧，差别逐渐显露，文字不再是图画的，而是书写的。"而"书写的技术不需要逼真的描绘，只要把特点写出来，大致不错，使人能认识就够了。"图画文字（图 1-6）又称意符文字，绵延了相当长的一段历史时期。

图画文书的承载物是石壁，承载图画文书的石壁分布在全国各地，其形状和大小是大不相同的。如果用现代装帧语言描述的话，那么图画文书的"版

面"是千奇百怪的，其特点是硕大无比，是其他各种形态的书无法比拟的。图画文书有的是刻的，有的是画的，无法搬走，也无法装订。我国现存的图画文书大都发现在边疆地区，属少数民族的文化遗存。而中原地区人口稠密，山川面貌改变较大；同时也由于中原地区文字出现得很早，随着文字的出现，图画文书也就逐渐消失了。

图画文书在中国书籍史上占有重要的地位，在中国文字史及绘画史上，其作用就更明显了。图画文书到了新石器时代，绘画与文字逐渐分开，但文字脱胎于图画的痕迹仍然非常明显，甲骨文就保存着相当一部分象形的图像，从中可以窥到文字起源的信息。书画界经常讲"书画同源"，这个"源"就是指图画文书。中国的绘画从岩石上的图画文书开始，虽然到后来出现的各种各样的类别，但始终依靠线条来表现。中国的文字是从图画文书中演变、简化、抽象而成。

三　陶文书

（一）陶文书的出现

半坡遗址出土的六千年前的彩陶上，刻着许多类似文字的图画（图 1-7），它已经和远古时期的图画文书有了很大的区别。远古"用图画来传情达意，起初画得很复杂很细致，为的是使人一看就懂。等到人们对某些画所代表的意义都熟悉了，画的结构和笔画就开始简化，即用简单的几笔勾勒一个大致的轮廓就行了。于是图画变成了符号。开始，这些符号并不统一，比如一头牛，有的画全身，有的只画一头两角。就是画全身，所取角度与侧重也不尽相同。后来经过不断整理、不断统一这种图画文字便趋于定型了。"（李致忠著《中国古代书籍史》）我们就称这个时期，在彩陶上出现的符号性的文字为陶文。郭沫若在《古代文字之辨证的发展》一文中云："彩陶和黑陶上的刻画符号应该是汉字的原始阶段。"（图 1-8）

1951 年发现郑州二里岗遗址，在遗址中的二里岗文化的陶器和陶片上，有刻画记号的，这些记号

图 1-8 人面鱼纹彩陶盆

图 1-9 大汶口陶器文字

图 1-10 姜寨陶器符号

就是文字符号，并不是定型的文字，这是商朝的遗物，也有人认为这就是当时的文字。

1957 年在河南发现二里头文化遗址，在遗址发掘物中有刻画符号的陶片，已发现有 24 种符号。这些符号就是文字符号，有的类似殷墟甲骨文字，但都是单个的，意思尚不清楚。二里头文化的晚期，相当于历史传说中的夏末商初。

1959 年发现大汶口墓地，在大汶口文化遗址中发现彩陶上的形象图形——大汶口彩陶文字（图1-9），一轮红日冉冉升起，轻云在红日与群山之间缭绕，恰似一幅充满生机的旭日初升图，据说为"炅山"二字。

新石器时代的陶器符号，最早是 20 世纪 30 年代初在山东章丘县城子崖龙山文化陶片上发现的。符号比较简单，数目又少。1963 年在西安半坡遗址出土仰韶文化陶器符号有一百多例，有些刻画较繁杂，很容易和文字联系起来。以后在陕西长安、临潼、邹阳、铜川、宝鸡和甘肃秦安等地也有发现。临潼姜寨出土的陶器符号（图 1-10）很复杂，和文字比较接近，有的学者认为它和甲骨文中的"岳"字相似。在河北省藁城台西和磁县下七垣出土的陶器刻画符号，绝大部分是和甲骨文同样的文字，"刀"、"止"、"臣"等字很容易辨识。殷墟出土的陶器上，有很多和台西、下七垣相仿的刻画，这些已经是严格意义的文字了。

陶器上的符号——陶文，是象形文字，在表达着某种意思，但在远古时代，陶文确实是进行思想交流的工具，是写或刻在陶器上的史书，是远古时期的档案。陶文书也是我国古代书籍的初期形态之一。

（二）陶文书的特点

陶文写或刻在彩陶上，陶器就是陶文书的载体。从所看到的带有陶文的陶片来判断，彩陶的形状是不一样的。陕西和甘肃的陶文书则有一些共同的特点，符号基本上只见于一种彩陶钵，一般刻在钵口外面黑色的边缘上。每个钵刻一个符号，极少数是两个符号刻在一起。二里头陶文刻画符号，都在一种大口尊口沿里面；郑州发现的陶器符号，也刻在大口尊的口沿内。从不同地区的陶文所在陶器上的位置可以看到，先民们已经开始注意到陶文排列位置和空间关系，可以认为这是最古老的版面设计，已完全不同于结绳书和图画文书。试想，如果当时把这样的书摆放在草屋里的什么架子上，不是很像现代书架上的书吗？

彩陶上的符号，有的是刻画的，有的则是用毛笔一类工具绘写的。就数量而言，刻画的数量比绘写的多。山东宁阳堡头出土的陶背壶，上面绘写着红色符号；莒县、诸城出土的陶尊上，连续发现刻画的符号，有的符号还涂着红色。红色符号的出现，或象征某种意义，或是出于一种装饰需求。

陶器作为陶文的载体，基本材料是陶土，是制作出来的。在陶泥做的陶器上，刻上陶器符号，用火烧，便诞生了陶文书，或先用火烧，再绘写上陶文符号，也成了陶文书。

陶器的符号有一定的传统，仰韶文化到商代的陶文，已经构成一个发展序列，有着由简单而复杂的演变过程。一直到周、秦、汉还存在的陶文，是新石器时代以来陶器符号的延续。

陶文书是我国古代书籍的初期形态之一，而陶文则是向成熟的甲骨文过渡的一种符号性文字，它使用了相当长的时间。从出土的全部陶文来看，和成熟的甲骨文的衔接似乎还缺少什么，也许还有待另外一种陶文的陶片没有出土，也许这之间还有另外一种文字。现在所存的资料还难以做出有机的衔接，须待以后考古新发现来说明。

另外，"有些少数民族过去也使用过刻画符号，虽然不是在陶器上，但符号的形体颇与仰韶、龙山的陶器符号近似。居住在云南、四川的普米族的刻画符号，学者划分为占有符号、方位符号、数字符号三类。有的符号已有较固定的形体，如以日形表示东方，和汉字的'东''从日在木中'取意一致。普米族的符号可以说有形有义而没有音，如将其形统一确定，再与一定的音结合，就形成了真正的文字。古代文字的产生过程可能就是这样，而陶器符号的发展是这一过程的反映。"（李学勤著《古文字初阶》）

（三）晚期的陶文

在已发现的古陶中，大量的是周代，特别是战国时代或是更晚时代之器物，陶器易碎，多是碎片。碎片上的陶文不同于新石器时代的陶文符号，其中有数字、单字、4 个字、6 个字不等，总计有 800 余个，可辨者不到半数。

"陶文通常有制造人和器物主人的名字、官衔、年代、地点等。战国时代的陶文与金文相似，特别是和兵器、钱币，和印章上的文字类似。由于陶文多是以印章印上的，所以与印文的字体极其相似。"（钱存训著《印刷发明前的中国书和文字记录》）如

图 1-11 甲骨文书

秦代一片碎陶，载小篆 40 字。汉代的陶器，载有年代、制造人和器主的名字，以及一些吉祥语，有的以朱砂书写，有的以印模印就，有的以刀刻画，字体与汉代金文大致相似。

陶文的行列顺序，较甲骨文更不规则。有的单列下行、双行左行或右行等等，且有倒书者。个别单字有的写得奇形怪状，部首的位置也不一致。这些陶文虽然在陶器上，却远不同于新石器时代的陶文符号。那些陶文符号代表着一个时代，是文字过渡的一种表现形式，而晚期的陶文不过是当时的文字在陶器上的出现，并不能代表周代、秦代或汉代的文字。

四　甲骨文书

著名的历史学家胡厚宣在《中国甲骨学史》（序）中云："所谓甲骨文（图 1-11），乃商朝后半期殷代帝王利用龟甲兽骨进行占卦时刻写的卜辞和少量记事文字。这种卜辞和记事文字，虽然严格地说起来并不是正式的历史记载，但是因为它的数量众多、

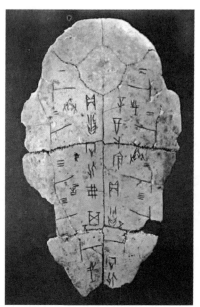

图 1-12 刻有文字的龟甲

刻有文字的龟甲

刻有文字的兽甲

内容丰富，又因为时代比较早，所以一直是研究我国古文字和古代史特别是研究商代历史的最重要的直接史料。"（图 1-12）

（一）甲骨文书的内容

1979 年，《甲骨文合集》的图版部分共 13 巨册出版，总共著录甲骨文精品 41956 片，它的材料来源非常广泛，将全部甲骨文资料进行了系统的、科学的分期分类编排。在纵的方面，它依照目前通行的五期分期法将材料分为五个时期；在横的方面，它又在每期中依照内容分为政治、经济、文化及其他四个大的类别，在每个大类之下又分小类，其分类原则大体为：

1. 阶级和国家；

2. 社会生产；

3. 科学文化；

4. 其他。

22 个小类为：（1）奴隶和平民；（2）奴隶主贵族；（3）官吏；（4）军队、刑罚、监狱；（5）战争；（6）方域；（7）贡纳；（8）农业；（9）渔猎、畜牧；（10）手工业；（11）商业、交通；（12）天文、历法；

（13）气象；（14）建筑；（15）疾病；（16）生育；（17）鬼神崇拜；（18）祭祀；（19）吉凶梦幻；（20）卜法；（21）文字；（22）其他。

"从卜辞数量看，商代卜辞有很大一部分围绕农业生产，如祭祀上帝、祖先，为了求禾、求年，为了求雨，使年成好、收获多。其次是卜王及王妇、王子等有没有灾祸的卜辞，如卜旬、卜夕和卜上帝是否降祸、祖先是否作祟。还有许多涉及征伐方面和俘获情况。至于卜田猎、刍鱼、出入，则是为了商王游乐。商以干支记日，以 10 干为名，所以干支字很多。对于数字已知一到十、百、千、万；天象方面已知日月食、置闰以及云、虹、风、雨等等。总之，卜辞的内容相当丰富，也有规律可循……"（吴浩坤、潘悠著《中国甲骨学史》）从甲骨中共发现有 5000 多个字，已破译的只有 1500 多个，仅占三分之一。从这 1500 多个字中已经了解了殷商时代如此丰富的内容。

商代晚期是我国历史上奴隶制由初步繁荣走向全盛阶段的重要历史时期。甲骨文出土之前，限于资料，一直无法了解当时的社会状况和历史面貌。甲骨文出土后，逐渐弥补了"文献不足"的缺憾，对商代社会了解越来越多。"甲骨文中反映的商代晚期社会生活是极其丰富多彩的。尤其是科学技术方面，不但在整个古代世界科技发展史上占有重要地位，而且对于后世的科技发展也产生着重要的影响和作用，它是我们的祖先为人类文明与进步作出过卓越贡献的极好证明。"（范毓周著《甲骨文》）

原则		举例								释意
象形	a	人	女	子	口	鼻	目	(手)	止(足)	人体全部或一部
	b	马	虎	犬	象	鹿	羊	虫	龟	动物正像或旁像
	c	日	月	雨	(电)申	山	水	禾	木	自然物体符号
	d	壶	鬲	弓	矢	丝	册	卜	兆	人工器物符号
会意	e	斗	猎	(兽)狩	乳					象形字组合表动作
	f	暮	明	聿	史					象形字组合表意义
	g	上	下							指示位置
形声	h	骊	祀	妊	洹					象形加音符表示新意
	i	来	(凤)风							同音字表另意
		1	2	3	4	5	6	7	8	

表 1-1 甲骨文构造例图

带字的甲骨被称为"甲骨文书"是当之无愧的。甲骨文书也是我国古代书籍的初级形态之一，也是我国古代书籍初级形态中最早出现的文字，正因为最早出现文字，对中国书籍装帧有重要的历史意义。

（二）甲骨文的字体结构

1. 甲骨文与"六书"

"六书"是根据文字变化规律总结出来的关于汉字构造的系统理论，即象形、指事、假借、形声、会意、转注。

象形，《说文》云："象形者，画成其物，随体诘诎，日、月是也。"

甲骨文象形字，⊙（日）、☽（月）等取天象，△（土）、田（田）等取地理，木（木）、禾（禾）像植物枝干，人（人）、女（女）象征人体，羊（羊）、龟（龟）等有动物特征。甲骨文的象形，已非原始图画，它抓住特点，把事物简化后作为一种语言符号。

指事，《说文》云："指事者，视而可识，察而可见，上、下是也。"

甲骨文上作￢、⌣，下作￤、⌢，指出一短画的位置所在。又如夲（天），人头顶是巅，《说文》："天，巅也。""人类进化不单表实，而是表意。指事字的构成，有的连一个独立偏旁也不具备，而由极简单的点画所构成，这是原始的指事字；有的仅有一个独立的偏旁，而附以并非正式偏旁的极简单的点画以发挥其作用，这是后起的指事字。"（于省吾著《甲骨文字释林》）

假借，《说文》云："假借者，本无其字，依声托事，令、长是也。"

甲骨文"凤"借为"风"，字形仍作"羽"（凤）。又甲骨文"木"（小麦名），后假为往来之"来"用，与形义无关了。

形声，《说文》云："形声者，以事为名，取譬相成，江、河是也。"

甲骨文"盂"（盂），卜为形，上为声；"祀"（祀），左为意，右为声。又如以工字注音的字，从水成江，从系成红（红在衣服上），鸣一半形符（或意符），一半声符。

会意，《说文》云："会意者，比类合谊，以见指，武、信是也。"

甲骨文"明"（明），日月相照；又"囧"，月光照在窗上。会意字，有点象形，且富诗意。"皀"像盛食物的器皿，上面加盖就成"食"（食）字。

转注，《说文》云："转注者，建类一首，同意相受，考、老是也。"

老，甲骨文作"老"、"老"、"老"、"老"。考，甲骨文作"考"、"考"。甲骨文中这类字少见。

甲骨文为研究六书理论和探索造字本源，提供了古老而可靠的资料。表1-1从象形、会意、形声三个方面介绍了甲骨文的构造。

2. 甲骨文的字体变化

关于甲骨文的字体变化，戴家祥先生进行了系统的研究，把字体变化归纳为10种类型：

（1）象形文字正侧动容变革例；

（2）象形点画繁省例；

（3）辅助符号增省例；

（4）形声符号更换例；

（5）形声符号重复例；

（6）形声符号位置移动例；

（7）同声通假例；

（8）同义字代用例；

（9）六书隶属再分例；

（10）古今音读分歧例。

（三）甲骨文书的制作

甲骨文的承载物，殷墟有龟腹甲、龟背甲、牛（少数为羊、猪）肩胛骨三种，偶尔也使用鹿的肋骨。甲骨都是从各地采集或纳贡到首都来的。龟甲在使用前要将甲壳从背甲和腹甲两部分的连接处——甲桥部分锯开，使甲桥的平整部分留在腹甲上，然后将带甲桥的腹甲锯去甲桥外缘的一部分，使之成为边缘比较整齐的弧形。

背甲则一般直接从中间脊缝处剖成两个半甲。有的还要再锯去靠近中脊部位的凸凹较大的部分和首尾两端，使之成为近似于鞋底形，并在中间钻出一个圆孔。牛肩胛骨也要经过加工后才能使用，一般先将骨臼部分向下向外分别切去一部分，使留下的臼角形成一个近似于直角的缺口，最后再将直立的脊骨连根削去，并将整个骨板削平，同时削去骨臼下部隆起的部分。

龟甲和牛肩胛骨还要进一步刮削和磨光，然后在它们的反面挖和钻制出圆形和长椭圆形梭状的巢槽，以便在占卜时用火在这些巢槽内烧灼。长椭圆形的巢槽叫做"凿"；圆形的巢槽叫做"钻"，一般都在凿的内侧进行。凿和钻都只做到距离正面极薄的地方，但不能穿透骨面。凿和钻的排列和分布也有一定的规律，其数目则根据龟甲和牛骨的大小而定。

已加工过的甲骨由卜官保管。卜官还要在甲骨边缘刻写"五种记事刻辞"。分别为：甲桥刻辞、背甲刻辞、甲尾刻辞、骨臼刻辞、骨面刻辞。

占卜时，用燃着的紫荆木火炷烧灼钻凿巢穴，使甲骨坼裂成"卜"字形的裂痕，名为"卜兆"。兆

图 1-13 牛肩胛骨上的卜辞拓片

图 1-14 相间刻辞

的情况和次第，刻记在兆的旁边，称之为"兆辞"，兆辞在甲骨上的排列方法是很讲究的（在下一小节中将较为详细地描述）。较早的还刻有数字，是表示次第的兆辞，也称为兆序。

占卜的时日、卜者的名字、所问的问题，都刻在有关兆的附近。

"关于卜问时间，有时还有地点的部分，称为前辞。问题本身，称为贞辞。得兆后，应对照古书，作出吉凶祸福的判断，称为占辞。最后把占卜后是否灵验的情况也记录下来，称为验辞。""以上属辞、兆辞、前辞、贞辞、验辞，构成甲骨卜辞的整体。"（李学勤著《古文字初阶》）完成上述过程，一片甲骨文书便告制作完成，还要收藏起来，进行保管，有的要用绳穿起来，这就很像册页的甲骨文书了，和后来的梵筴装书非常相似。

另外，从整个制作过程来看，甲骨文书的加工、制作，是很麻烦、很不容易的，也是非常讲究的。现在所以能够看到甲骨文书，主要得力于甲骨文的承载物——甲骨的质地坚硬，可长时期保留。

（四）甲骨文书的版式

甲骨上卜辞的刻写也有一定的规律。商代的书写行款和传统的格式大体相同，一般也是竖写直行，由右到左。"不过，在甲骨上刻写卜辞时还要根据卜辞的位置而定。例如，刻写在龟甲上的卜辞一般分为两种：

一种是位于龟甲左右边缘部位的卜辞，刻写时是由外向里，即位于龟甲左边的行款由左向右，位于右边的则由右向左；

另一种位于龟腹甲中缝两边的刻辞，则由里向外，即在左边的从右向左，而在右边的则从左向右。牛肩胛骨上的卜辞一般多刻在靠近骨边的部位，其行款大多是从外向里。"（范毓周著《甲骨文》）（图1-13）从所述卜辞在甲骨上的位置来看，各片甲骨是不一样的。甲骨文卜辞的安排，不管当时的巫、祝们出自什么样的想法，如果从现代设计的视角来看，从字体的位置安排及顺序上，从虚实对应、空间关系的处理上，极有特色，一种巧妙的设计思想显露在版面中。

甲骨上一般刻写的卜辞不止一条。对同一件事情有正反相对应的两种卜问，往往刻写在骨甲上左右对称的相应位置。对同一件事反复卜问多次和卜释，在牛肩胛骨上大多由下向上依次分段排列，称相间刻辞（图1-14）。早期时，两段之间刻写有另外一条卜辞，并留有一定间隔，以示区别。

甲骨文中还有一种特殊刻辞，学者们称为甲子表（图1-15），是当时人们用来检核和推算干支纪日日期的谱表，也是我国最早的日历。

还有刻在龟甲上部的刻辞，如"记鸟星的卜辞"（图1-16）；有刻在鹿头骨上的刻辞（图1-17）……

由于甲骨的大小、形状的丰富多彩和千奇百怪，形成每一面的形状也大相径庭，我们如果把大量的甲骨文拓片摆在一个大厅里，会使我们感到震惊。这么多拓片，没有两片是一样的。又由于甲骨文在甲骨上所刻的位置、字数、大小、形式也不相同，一片一样（或一书一样），古拙的版式，优美的造型，真是令人赞叹。

在图1-12中的上图，字刻在龟甲的两边，龟甲呈长椭圆形，中间部分留有大面积的空白，又有龟甲的裂纹形成的条纹，条纹是自然形成的，显得十分生动和有趣味。下图是刻有文字的兽骨，满版都是字，条纹贯穿其中，兽骨呈不规则的圆形，圆中带直线，整个版面感觉很紧凑。

图1-13的牛肩胛骨上尖下宽，呈立三角形，卜辞刻在中间部分，上下都有空间，显得疏朗自然，竖行字随着三角形上窄下阔，整个造型非常优美。

图1-14为相间刻辞，由下向上依次分段排列，每段之间由横线隔开，并留有一定间隔，有的间隔大，有的间隔小。右边刻辞呈细条状，上平下尖；左边刻辞形状很奇特，呈不规则形；下边左部分缺一块甲骨，更显得富于变化。两块甲骨排成一个版面，既富于变化、生动，又不失规矩，其古朴、活泼的版式有丰富的内涵。

图1-15是甲子表，呈不规则的长方形，字刻在中间部分，上下均留有大面积空间，竖行随着胛骨呈微微的弯曲状，排列得很整齐，字刻得精细，整个版面感觉很秀气，尤其是上下空间，觉得疏朗、

图 1-15 甲子表

醒目。因为是甲子表，上下空间已有无抛头的内涵。

图1-16为刻在龟甲上部的刻辞，上部呈半圆形，下部呈方形，甲骨文刻在上部，呈馒头形或倒三角形，下部大面积的空间，条纹自然地分散在甲骨上，上紧下松，字体略粗，整个版面感觉像武士的头盔，又像地上的坟头，显得厚重、结实。

图1-17是刻在鹿头骨上的刻辞，鹿头骨（包括鹿角）很完整，字刻在头骨上，这个版式奇特，古今中外绝无仅有。

甲骨文书版式呈现出的形式美，并非有意而为，它是一种原始的古拙美、自然美的体现。认真研究甲骨文书的版式，使我们得到艺术上的启迪，甲骨文书中有丰富的艺术宝藏。

（五）甲骨文书的特点

甲骨文书的承载物是甲骨，这就需要刻，卜辞或先写后刻，或不写径刻，或刻后再以毛笔涂以朱砂，有的甚至镶嵌绿松石作为艺术装饰，各种情况都有。一般认为是先用朱砂或墨写在甲骨上，然后再用刀

图 1-16 刻在龟甲上部的刻辞

图 1-17 刻在鹿头骨上的刻辞

刻出浅槽，形成阴文正字。卜辞契刻的方法，小字用单刀法，大字用双刀法，宽笔则用复刀法。一般说来，刀法娴熟，字迹俊美，除了极少数习作之外，绝大部分甲骨文的确是古代遗留下来的不可多得的"契刻"艺术精品。

甲骨文是单个的方块字，排列顺序从上而下。从甲骨文开始的竖写直行，一直延续至今。甲骨文的读法，除了"对贞卜辞"中左边的是从左向右读外（这是一个极特殊的情况，因为要对贞），其余的都是从右向左读，这种读法也延续下来，它和竖写直行，形成中国传统书籍的排版方式。

关于甲骨文书的装订，邱陵先生在《书籍装帧艺术简史》一书中云："董作宾的《新获卜辞写本后记》

里，曾说发现有刻着'册六'两字并有穿孔的龟甲；甲骨卜辞上也有'龟册'、'祝册'等文。因此推想也有可能是把很多龟甲串联成册的。《史记》的'龟策传'称'龟策'，恰可作为一个佐证。"西周甲骨有穿孔的特点，可能是史官为了有次序、有系统地保存甲骨而打的孔。这虽然不同于后来的装订，但毕竟是当时甲骨文书的"装订"方法。后来线装书的打眼，三眼、四眼、五眼、六眼等，受到甲骨文书这总的装订方法的启示和影响。

甲骨文开创了中国书法的先河。甲骨文充满殷商时代的气息，具有自然、质朴之美，它已蕴涵了中国书法艺术的基本要素，其笔法、结体、章法无不备至。章法上，大小不一、方圆奇异、长扁随形的单字组合在一起，错落多姿，而又统一和谐，章法款式不拘一格。由于刻写文字时，要避开甲骨烧灼所产生的纹路和龟甲上原有的纹路，行与行之间有疏有密，有直有斜，字数也不一定，纯视空间位置而布置，其天真烂漫、自然天成之美，后世难以企及。甲骨文的书法美，也是甲骨文书的版式美的要素。

甲骨文的雕刻对印章和雕版印刷的影响和启发也很大，对青铜器的范的雕刻有直接的影响。

甲骨文所形成的长方块的单个汉字，成为后世汉字发展的基本特点，一直持续到今天，汉字仍然是方块形体的文字，所以，甲骨文是汉字的鼻祖。

由于书籍装帧形态受到文字形体和承载物的影响，殷商时期出现的甲骨文书，在中国装帧史和文字史上，都具有特殊的意义。

五　金文书

在甲骨文书盛行的商周时代，还有青铜器存在，青铜器上铸或刻有铭文，也称"金文"、"钟鼎文"。青铜器始于何时，还没有一致的结论，但西周为青铜器时代，一般都无疑问。青铜器是铜锡合金铸成的器具，它的主要成分是铜，因为加进一定比例的锡，故呈青灰色，故称青铜。

（一）金文书的纹饰

青铜器时代延续有一千多年，在初期，通过巫师宣传"幻想"和"祯祥"，即它的政治和宗教意义占有主导的地位，主要表现在它的纹饰上。"殷代青铜器的纹饰已达到高度的发展阶段，这和陶器的纹饰有显著的差异。""……殷周青铜器上的图案已是把动物的形象加以变化和极精细的几何纹综合起来应用，就是习称的雷纹和饕餮纹，且利用了深浅凹凸的浮雕，构成富丽繁缛的图案。图案的构成虽很多以动物形象为题材，但大部分属于非真实性的奇怪动物。"（容庚、张维持著《殷周青铜器通论》）

青铜器的纹饰主要有三种：

1. 几何形纹样

（1）云纹、雷纹；（2）圆圈纹、涡纹、三角形纹、方形纹；（3）波纹、绳纹。

2. 动物形纹样

（1）奇异的动物性纹样：A.饕餮，B.夔纹，C.龙纹，D.凤纹。（2）写实的动物纹样：A.象纹，B.蝉纹，C.蚕纹，D.鱼纹，E.龟纹，F.贝纹，G.虺纹，H.兽纹，I.鸟纹。

3. 叙事画的纹样

殷代和周初的青铜器纹样，几何纹样是以雷纹为主，多作为地纹，是一种装饰，动物纹样则以饕餮纹（图 1-18）为主。"饕餮"为古代神话中的恶兽，有人说"贪财为饕，贪食为餮"。以饕餮为代表的青铜器纹饰有祈福辟邪、"协上下"、"承天休"的祯祥意义，表示出初生的阶级对自身统治地位的肯定和幻想。饕餮纹饰"它实际上是原始祭祀礼仪的符号标记，这符号在幻想中含有巨大的原始力量，从而是神秘、恐怖、威吓的象征……"（李泽厚著《美的历程》）它们呈现给人的感觉是一种神秘的力量和狰狞的美。这些怪异的形象符号，指向了某种似乎是超越世间的权威神力，突出指向无限深渊的原始力量，突出神秘威吓面前的畏怖、恐惧、残酷和凶狠。李泽厚指出："在那看来狞厉可畏的威吓神秘中，积淀着一股深沉的历史力量。它的神秘恐怖正是与这种无可阻挡的巨大历史力量相结合，才成为美——崇高的。""同时，由于早期奴隶制与原始社会毕竟

有鼻有目，裂口巨眉

有身如尾下卷，口旁有足，纹中多间以雷纹

图 1-18 饕餮纹

图 1-19 饕餮纹分当鼎

不可分割，这种凶狠残暴的形象中，又仍然保持着某种真实的稚气。从而使这种毫不掩饰的神秘狞厉，反而荡漾出一种不可复现和不可企及的童年气派的美丽。""它们之所以美，不在于这些形象如何具有装饰风味等等，而在于以这些怪异形象的雄健线条，深沉凸出的铸造刻饰，恰到好处地体现了一种无限的、原始的、还不能用概念语言来表达的原始宗教的情感、观念和理想，配上那沉着、坚实、稳定的

毛公鼎

图 1-20 毛公鼎铭文

器物造型，极为成功地反映了'有虔秉钺，如火烈烈'进入文明时代所必须的那个血与火的野蛮年代。"

　　青铜器（图 1-19）体现着那个时代的精神，体现了被神秘化了的超人力量。狞厉的美存在于金文书中，这是后人对它的认知，当时它并不是以显示美而产生和存在，只有到了物质文明高度发展，它本身体现的残酷凶狠已成陈迹的文明社会时，体现出的历史前进的力量，才能为人们所理解和欣赏。

（二）金文书的内容

　　青铜器除了它异彩纷呈的纹饰、狞厉的美之外，所以称它为金文书，是它自身著称于世的铭文。

　　殷代出土的彝器，其中有铭文的已在 3000 件以上，铭文也比较长。西周铭文以毛公鼎 497 字为最长（图 1-20），其他如齐侯镈 492 字、散氏盘 357 字（图 1-21），在百字以上的就很多了。铭文大率记载制器的缘故，因为重大事件多勒之鼎彝。殷代早期铜器的铭辞大都是几个字的词名或简短记事的辞句；周代把长篇的记载附丽于钟鼎礼乐器上，"西周铭文的内容除普通为亲属和自己铸器外，其重要的大概可分为：1. 祭祀典礼；2. 征伐纪功；3. 赏赐锡命；4. 书约剂；5. 训诰群臣；6. 称扬祖先"。（容庚、张维持著《殷周青铜器通论》）

　　如：大丰簋记衣祀文王，事喜上帝；

　　献侯鼎记成王大　在宗周；

　　矢簋记武王、成王伐商；

　　小宇鼎、盂鼎记伐鬼方；

　　作册大鼎之锡白马；

　　邢侯簋之锡臣三品；

　　格伯簋记格伯马棚生析田树界事；

　　舀鼎记买卖五个奴隶的纠纷，经邢叔判决舀胜诉的经过，又记匡人抢了舀禾十秭，在东宫处控告了匡季，卒之得到三十秭禾的赔偿……

　　西周铭辞丰富、多样，自祭祀征伐以至称扬先祖，均有记事，殷代只是简单地勒名记事。殷周铭文多是铸款，春秋战国则间有刻款。彝铭即是当时的真迹，传至今日，实为贵重的第一手资料。左丘明作《春秋》，是以概括铭文作为修史的资料。郭沫若根据铭文窥见了西周的政治情况和文化演进之迹，提出南北二系的传统以及自春秋以后中国各族文化艺术逐渐混合和同化的见解；发现奴隶和奴隶生产的存在，并发现那时候的奴隶可以买卖；认为鲁国在宣公十五年正式宣布废除井田制，合法地承认"合田"和"私田"的私有权，而一律取税，这就是地主制度的正式建立。郭沫若根据以上理由断定西周还是奴隶社会，奴隶制的下限应在春秋与战国之交。

图 1-21 散氏盘铭文

还有不少研究彝器铭文的著作，从中可以看到，彝器铭文和彝器已成为一体，它是史料，是档案，是铸或刻在青铜器上的史书。所以，带铭文的青铜器也能起到书籍的作用，它是我国古代书籍的初期形态之一，可以称为"金文书"。

（三）金文书的字体

象形象意文字的产生，是语言发展到文字的一般通例。殷周的钟鼎文字还有象形文字的体制，有的摹绘实体形状，一看便知其意。如：♈羊字，象字，鱼字，从人持刀等等，这是抽象描写一件事或一个意义，成为象意文字，也就是会意字，象形字和会意字都是古代的图画文字。其中也有两个或三个象形字合并起来写的，成为另一个字。古文字的构造、形体的繁简、位置的安排，统统不拘，

可以认为是一个字，如：⚑、⚐、⚑等字。

铭文的演进可以分为：

1. 无铭的阶段；

2. 图形文字和祖宗名记载阶段；

3. 章句略式阶段。

字体由繁复的变为简单，由具体的变为抽象；文体则由简略变为完整，由贫乏变为丰富。

至于铭文性质方面的演变，郭沫若认为分成四个阶段：

1. "铭文之起，仅在自名，自勒其私人之名或图记以示其所有"；

2. "彝器与竹帛同科，直古人之书史矣"；

3. "东周而后，书史之性质变而为文饰"；

4. 晚周后"铭辞之书史性质与文饰性质俱失，复返于粗略之自名，或委之于工匠之手而成为物勒工名"。

从郭沫若的《周代彝铭进化观》一文中可以看到，金文书主要指的是第二阶段中西周彝器。

至于字体，殷周两代亦有差异。殷代可分雄壮、秀丽两派。雄壮的如乃祖作祖乙鼎铭文，秀丽的如乙亥父丁鼎铭文，但两者的笔画首尾都略锐出锋。西周初期沿袭前体，到西周后期则笔画趋于圆匀、均衡，首尾如一，不露锋芒，如毛公鼎的长方字体、矢人盘的圆扁字体，这是西周时代铭文的特征。

中国青铜器时代包括殷周两代，历时 1500 余年，彝器大量出现，且多有铭文，是研究青铜器时代的珍贵历史资料；同时，由于金文是由甲骨文演变而来，极具书法价值。商代的金文能显示墨书的原形，能够在相当程度上体现出笔意。有的铭文笔势雄健、形体遒奇，有的铭文尤其卓伟。殷代晚期的字体有的瘦硬细筋，有严谨的结体，有的字迹相当雄劲，行气疏密不一，体势凝重。这些铭文风格，都得到周人的继承和发展。西周中期的金文，严谨遒奇的风格逐渐退化，笔势比较柔和圆润，行款排列都相当工整，但是已消除了凝重的气氛。西周晚期的金文字迹端正、质朴，笔画均匀而遒健，虽然行款纵横有疏密不同，但笔势都甚相似，以及笔势纯熟圆润、行体遒丽，行款或纵横疏密或疏密相当，刻意求工等，

都在这类风格上延续，是大篆最成熟的形态。殷周的金文书体，历来视为大篆或籀书，笔者以为还是称大篆为宜。在殷周漫长的历史进程中，金文不断演化，这是历史发展的必然；同时，由于地域的不同，金文的特征也不尽相同。

春秋以后，铭文日趋简短，器制也日趋简陋，尚存书史性质的，只有齐侯镈等数器，其余已失去书史性质。春秋战国的青铜器，有铭文的少，无铭文的多；战国时代，有铭文的青铜器更少。春秋战国期间有三种异体字通行于楚越：

1. 奇字，如奇字钟，原文无法认识；

2. 写书，如楚王禽璋戈，错金书；

3. 蚊脚书，如楚王禽肯盘，每个字多作长脚下垂，有似蚊子的脚，固以为名。

金文在中国文字史上占有重要的地位，是不可缺少的链条，它承上启下，为以后书体的发展起了重要的作用。

（四）金文书的版式

西周铭文一般都铸或刻在器内隐蔽处，因为当时并不是展现金文的书法艺术，也不是把铭文作为装饰。早期，以饕餮纹为代表的青铜器纹饰，连同沉重、坚实、稳定的器物造型都具有庄重、严肃的神圣含义，已经恰到好处地体现了统治者的情感、观念和理想。所以，殷代青铜器上的铭文字数很少。西周时，铭文字数增多，把长篇的记载勒于其上，但仍然不是装饰，也还没有表现出对书法美及形质美的追求，铭文在隐蔽处（铸刻在器物底部等处）就是合适的地方了。也有特殊的，如栾书缶和国差瞻却刻在器物外显著的地位，作为装饰。栾书缶铭文并错以黄金，极为美观，正如郭沫若所云："东周而后，书史之性质变而为之公布，如钟之铭多韵语，以整规之款式镂刻于器表，其字体亦多作波磔而有意求工……凡此均为审美意识之下所施之文饰也，其效用与花纹同。中国以文字为艺术品之习尚当自此始。"

金文书，从版式的视角审视，无论铭文在器内还是器外，似乎都是不想让更多的人看的，只是作为史料、档案保存着，尤其铭文在器内的，就更不会像现在的书那么广为传阅。铸造青铜器的人，大概也没有想到，几千年后，彝器成了"金文书"。

（五）金文书的特点

金文的载体是青铜器，一个带铭文的青铜器就是一"本"金文书，它无法装订，无法像甲骨文书那样串联起来，只能一个一个地摆放在什么地方。

金文书不同于比它产生更早的结绳书、图画文书、陶文书和甲骨文书（有的陶文书除外），也不同于比它晚的各种形态的书。因为，那些书它们的实用价值就是书，它们一经产生就起着书的作用。金文书就不是这样了，青铜器除了它的政治、宗教意义之外，除了它的史料价值——书的作用之外，还有它的实用价值。青铜器先被采用作矢镞兵器，又有大量的铜容器，如：

1. 食器部：(1)烹煮器门，(2)盛食器门，(3)挹注器门，(4)挹切肉器门；

2. 酒器部：(1)煮酒器门，(2)盛酒器门，(3)饮酒器门，(4)挹注器门，(5)盛尊器门；

3. 水器部：(1)盛水器门，(2)挹水器门。

青铜器发展到后来用于祭祀燕享，称为礼器。青铜器除供奉祭祀之外，还作为一种礼制的象征，作为古代贵族政治的葬礼工具，并明贵贱、列等级，更进一步，多为纪功烈、昭明统的国家重器。青铜器在当时的实用价值是非常明显的，由于种类太多，用途各异，不同的实用功能和宗教意识的注入，致使青铜器——金文书的造型丰富多彩、千奇百怪，从而形成金文书的独特和不可企及的美。

殷周早期，由于奴隶制与原始社会毕竟不可分割，从饕餮纹及青铜器的型制中，透过威吓神秘的外表，积淀着一股深沉的历史力量与保持着某种真实的稚气，荡漾出不可复现和以后不可企及的稚气的美，这种原始的、天真的、拙朴的美，已经成为历史。浑厚和刻画了然，原始和古拙，只能在历史中、在金文书中见到。

西周青铜器的铭文在隐藏处，用现代的观点可以把尊彝的外部理解成"封面"，不过这个封面是圆弧形的或者其他形状的，没有封面、书脊、封底之分，上面的纹饰就是封面的装饰，这个装饰也太奇特、太美了；尊彝的造型就是书名字，不同的尊彝造型，展现不同金文书的内容。这"本"书是个整体，不能翻动，如果把金文书的造型叫做"开本"的话，金文书的开本也是太奇特，是装帧形态上最美、最独特的书。

六 石文书、玉文书

石头在自然界很多，又很结实，古人除在岩石上绘刻图画文书以外，还在石头上写字或刻字，用以记载他们生活中的各类事件，如《石鼓文》、《熹平石经》等。"这类文字记载虽然仍不同于后世书籍的形式和内容，但也同样具备甲骨文和青铜器铭文的记事性质，所以也应当视为书籍的初期形式之一。"（李致忠著《中国古代书籍史》）

图 1-22 石鼓文

（一）石鼓文书

1. 石鼓文书的内容

石鼓文（图 1-22）是刻在 10 个形状类似鼓的石头上的文字，每一个石鼓周围刻有一首回宫诗，遣词用韵及风格都和诗经中先后时代的诗相吻合。石鼓文诗直接提供了一部分古代文学作品的宝贵资料。石鼓文原有 700 字左右，经 2700 多年风化，现在仅存 300 余字，有的石鼓上的字还能看出来，有的已经一字不存，即使存者也十分残缺。今天我们能看到的是 900 多年前欧阳修、梅圣俞等人可能看过的拓本，这是很幸运的。现存最早的拓本为明锡山安氏十鼓斋所藏的北宋拓本三种（均已剪装），即先锋本、中权本、后劲本。先锋本最古，中权本保存残字较多，一般多采用先锋本影印。

石鼓文用四言诗记载的是田猎生活，现简述几首如下：

第一首汧沔。汧沔乃秦襄公旧都。此石描写汧沔之美与游台之乐。

第二首雨霝。此石追叙初由汧沔出发攻戎救周时事。

图 1-23 石鼓

第三首而师。此石追叙凯旋时事，中当有天子命辞。

第四首作原。此石叙作西畤时事，先辟原场，后建祠宇，更起池沼园林，以供游玩。

第五首吾水。此石叙作畤既成，恃畋游以行乐。

第七首田车。此石叙猎之方盛。

第八首銮欶。此石叙猎之将罢。

第九首马荐。此石概述罢猎而归时途中所遇之情景。

第十首吴人。此石叙猎归献祭于畤也。

图 1-24 被削去上部的石鼓及石鼓文

2. 石鼓的制做年代

关于石鼓的制做年代，郭沫若认为是在秦襄公八年，周平王元年，即公元前 770 年。唐兰认为在秦灵公三年作吴阳上畤时所作。秦灵公三年为周威烈王四年，即公元前 422 年，和郭沫若所见差 300 年以上。

3. 石鼓文书的装帧形态

石鼓，唐初在凤翔（秦时名"雍邑"，故又称石鼓文为"雍邑刻石文字"，今陕西凤翔县）出土，石高 50 厘米许，其中一枚上部被削去，字径约 4 厘米。

石鼓（图 1-23）呈馒头形，上下均被削为平面，上部平面小，下部平面大，像个石墩，很适合于人坐在上面休息，所刻的大篆字在竖放的弧形面上。石鼓为什么采取这样的形状，郭沫若先生在《石鼓文研究》一书认为："这应该就是游牧生活的一种反映。它所象征的是天幕，就如北方游牧民族的穹庐，今人所谓蒙古包子。秦襄公时的生产概况离游牧阶段不远，故在刻石上采取了这种形象。这和祀神之地称'畤'相比照，还可以得到相互的印证。""石鼓是襄公作西畤时的纪念碑，祠称畤而碑像天幕，

即使不是生活上的直接反映，至少所体现的观念离实际生活必不甚远。"郭沫若的推断，道出了石鼓造型的思想基础。这说明，石鼓的出现，并非偶然为之。这是古代石刻中仅见的一例，在这以前无此形状，在这以后也无此形状。

"石鼓的石质为花岗石，质颇坚硬，因而颇为沉重。每鼓的重量究竟有多少，可惜无人衡量过，在抗日战争初期时曾运往四川，一石即以一卡车载运，其重可想。""据说每石的底部尖削，盖使插入地中不易动移，其为人工制造，非天然石可知。"（郭沫若著《石鼓文研究》）

石鼓中有一枚上部被削去一块（图 1-24），其上部和下部平面大约相等，是一扁平石柱形，上部平面已有损坏。

石鼓侧面已有剥落，有些字已随剥落的石块掉下来，荡然无存。存在的字也已浸蚀太重，很多已辨不太清楚。石鼓文字数，今存者仅有 321 字。北宋欧阳修所见本为 463 字，磨灭、不可识者过半。现在 10 个石鼓存放在北京故宫博物院中妥加保护。

4. 石鼓文书的字体

"石鼓文"为一种独特的书体，别具一格。杨守敬《平辟记》云："石鼓则上变古文，下开篆体。所谓籀文者，正宜以此当之。"日本藤原楚北更有详论，以为"此书体居周代古铜器与秦小篆间，而两者相距较远，欲将联系成一系统，资料不足，诚一难事。近年有《秦公敦》出土，书体颇近石鼓文，遂确认石鼓为先秦时代物。周代古铜器如《虢季子磐铭》，亦近石鼓书。堪以为旁证者，诅楚文也，但差别甚大。石鼓文亦属史籀书系统，无疑为近于春秋末期之物，系一种籀文，可相对于秦篆（小篆）而呼为大篆"。唐朝张怀瓘在《书断》中评价石鼓文云："体象卓然，殊今异古。落落珠玉，飘飘缨组。仓颉之嗣，小篆之祖。"历代文学家和书法家对石鼓文推崇备至，正如古人李吉甫所云："石鼓文在天兴县（陕西）南二十里许，石形如鼓，其数有十，盖周宣王田猎之事，其文即史籀之迹也。贞观中，吏部侍郎苏易记其事云：'世言笔迹存者，李斯最古；不知史籀之迹，近在关中。虞（虞世南）、褚（褚遂良）、欧阳（欧阳询），共称

古妙。'虽岁久讹缺，遗迹尚有可观。"

石鼓侧面已有剥落，有些字已随剥落的石块掉下来，荡然无存。存在的字也已浸蚀太重，很多已辨不太清楚。石鼓文字数，今存者仅有 321 字。北宋欧阳修所见本为 463 字，磨灭、不可识者过半。现存 10 个石鼓于北京故宫博物院收藏。

5. 石鼓文书的版式

石鼓文要想完整地读下去，就要按石鼓诗的顺序读，石鼓摆放的顺序就要符合诗的顺序，在这点上，很近似于现代书的页码，页码不能错乱。石鼓按顺序摆放，就是石鼓文书的"装订"顺序。石鼓从造型上来说，很美，又很独特，又有内在的含义。石鼓文刻在石鼓的侧面，转一圈能连续地读，这比四方形或其他形状的看起来要舒服多了。石鼓文最高处的字离上面还有一段距离，最下面的字距离底部就更大一些，说明当时已有天头地脚的概念；字的横行和竖行排列得很整齐，从"版式"的视角审视是很讲究和很规整的。

石鼓文书的版式继承了甲骨文书的特点，竖写直行，从右往左读。

石鼓从形状上看，人可以坐在上面，但这个实用性在当时可能是不被允许的，这个实用性也只是后人的推测。在这一点上，它完全不同于青铜器，不同于金文书。因为青铜器，它首先是实用的，它的书的性质是后人阅读史料时才体会到的，而石鼓文书则不同了，石鼓文书一出现，它就是让人们阅读的，就具有了书的性质。10 个石鼓按顺序摆放着，一本完整的石鼓文书就产生了，如果能看懂大篆，这必是一"本"很有趣味的诗书，而摆放石鼓的地方，则成了书架或书库。

6. 石鼓文书的特点

石鼓的上面虽然可以坐，但它更像书的上面的切口，石鼓的下面很像书的下面的切口，石鼓因为是圆形的，也就没有竖切口和订口了。石鼓文刻在这样的圆柱形立面上，自然就有版面问题，如天头地脚、版心大小、字体疏密。如果把石鼓的上面理解成封面，下面理解成封底，是否可以作为中国古代书籍初级形态的一种解释呢？答案应当是肯定的。

图 1-25 玉片《侯马盟书》

石鼓文围绕石鼓成为鼓形，每一页都是立体的，这样形状（开本）的立体的书，也是前无古人后无来者的，在世界上独树一帜。

石鼓文书比甲骨文书、金文书要进步多了：一、它的出现就是当书读；二、因为文辞长，一个石鼓刻不下，用了 10 个石鼓，这就产生了顺序；三、它的版式设计更明确，更符合现代书籍构成的要素；四、它的字体进步了，接近于小篆。所以，石鼓文书是比它以前更为先进的书籍初期形态之一。

（二）玉文书

1956 年，在山西省侯马晋国遗址，出土了一批春秋晚期的玉片和石片，共约 5000 多件，其中三分之一是玉片，三分之二是石片。由于在石头上刻书的方式太多了，如摩崖上刻的图画文书、石鼓上刻的石鼓文书，下面还要讲到在石碑上刻的石碑书（秦始皇为炫其功曾大量刻石）……现在，把这种在玉片、石片上刻的《侯马盟书》（图 1-25）定为玉文书，以示区别。

1.《侯马盟书》的来源及内容

古人为了某些重要的事情，常常要订立公约，

图 1-26 尖形《侯马盟书》

图 1-27 诅楚文书

对天立盟，以便借助神的力量来约束、团结和统一参加人的思想与行动。立誓的时候还常常要杀牲畜、饮鲜血，这就是所谓的歃血为盟。盟誓以后，要把誓词——盟书，写成一或两份。一份留作存根，藏于盟府；另一份连同所杀的牲畜，就要埋到地下或沉到河底。侯马盟书出土时，同时也出土了很多牛马羊的骨骼，便是古人盟誓习俗的见证。"这批玉、石文书因为出土于山西侯马，又因为其内容是讲古人盟誓的，所以称为《侯马盟书》。"（李致忠著《中国古代书籍史》）

其主要内容为：赵鞅和同宗人举行盟誓，使用这种办法以巩固自己宗族内部的团结；赵鞅为争取奴隶的支持，立盟在誓词中宣布，只要在战争中打败敌人，可以免除奴隶的身份而成为自由民等等。其内容十分丰富，在我国历史文献中还是非常少见的，由于出土量大，档案的性质十分明显，是记载在玉片、石片上的史书，所以，也称它们是中国古代书籍的初期形态之一。

2.《侯马盟书》的版式及字体

这些玉片、石片的形状多为上尖下方，长宽厚度不尽相同（图1-26），有的已成断片和碎片。因为它们是盟书，盟书是对天发誓的誓词，要指向青天，所以上尖下方；最上部的字，紧顶着斜的尖部，似乎更显示出对上天发誓的决心。

玉片、石片上，有些写有毛笔字，有的呈朱红色，有的呈墨色；有些刻有字，从字体来看，近似小篆，又有大篆的余意。从所刻的笔画来看，似直接用刀刻成，多为单刀，入刀、出刀比较明显，也许是快速刻成的。竖写直行，从右向左读。上下字距间较大，左右行间距较小，有点像现在隶书的行款方式。文字形态变化多端，笔势劲爽，节奏感较强。书中有的字一字多形，如"敢"字写法竟达 90 多种，足见战国"文字异形"的状况。

这批盟书经专家们考证，现在可以认读的，约有 600 多件。《侯马盟书》的承载物是玉、石，而以玉为材料的书，也只有《侯马盟书》。

另，《侯马盟书》的起名也是很有意味的。出土的甲骨，称为甲骨文；出土的青铜器，称为铭文、金文、钟鼎文；出土的玉、石片，则称为《侯马盟书》，没有叫玉文，也没叫石文，究其原因，这种大量的盟书性的文字，已包含丰富的书的含义，也不单单是档案性质的记载。冠名《侯马盟书》，强调一个"书"字，是很恰当的。

《诅楚文》（图 1-27）是北宋时发现的三块秦代刻石，且早已失落，仅存拓片，其内容为诅咒楚国之文辞，其书体风格近似金文。

图 1-28 《熹平石经》残石

（三）碑文书

碑文书实在太多了，秦始皇初兼天下，到处巡行，常立石刻字，共有七次；西汉也有刻石，都较小；东汉传世刻石极多，多采用隶书。以后，刻石成为一种风尚，历代都有很多刻石。《熹平石经》（图1-28）雕刻开始于东汉灵帝熹平四年（公元175年），完成于光和六年（公元183元），历时8年，共刻成七经46块石碑。是比较典型的碑文教科书，规模宏大，在此特别加以叙述。

1.《熹平石经》的雕刻原因及内容

当时的图书，因为还没有印刷，都是依靠传抄的，自然难免发生错误衍脱。那时学术界的风气，读书人都严格遵守自己所师承的文本，在文本发生分歧的时候，教师们各执一词，发生了不少争执，但最后还要以国家所藏的图书文本为依据。有的人为了证明自己文本的正确，而贿赂当时保管国家藏书的人，由保管人员按照行贿者的文本篡改内容。由于种种弊端，致使经文发生谬误。

为了纠正这种现象，由蔡邕等一批官员发起，并经汉灵帝许可而取得立碑的权力，其目的是用石碑的形式把内容雕刻上去，作为标准版本，供学者们作为校勘的依据。《后汉书·蔡邕传》中云："邕以经籍去圣久远，文字多谬，俗儒穿凿，贻误后学。熹平四年，乃与五官中郎将堂豀典、光禄大夫杨赐、谏议大夫马日磾、议郎张训及韩说、太史令单飏等，奏求正定六经文字。灵帝许之，邕乃自书册于碑，使工镌刻，立于太学门外。于是后儒晚学，咸取正焉。及碑始立，其观视及摹写者，车乘日千余辆，填塞街陌。"石碑刻成后立于洛阳太学之东，呈 U 形顺序排列，开口处向南。经文顺序，碑碑衔接，各碑正面之文相连，然后背面之文相接，起自正面首碑，终于背面末碑，供人们前来抄录或校正自己的抄本是否有错误。石经为学者提供了准确的范本，并可以永久保存。从石经的实际用途来看，它不同于以往歌功颂德的记载，不同于简单的档案记录，确实是一种公开出版的经典读物，不过只有一本书，但是经过拓印却可以得到相同内容的不少的书。

在雕版印刷术发明以前，这的确是一种最广泛、最快速地传播文字著作的形式和手段，对后来雕版印刷的发明有启示，对大规模地印刷儒家经典著作也有启发。

《熹平石经》的内容为七经，即《周易》、《尚

图 1-29 《正始石经》残石

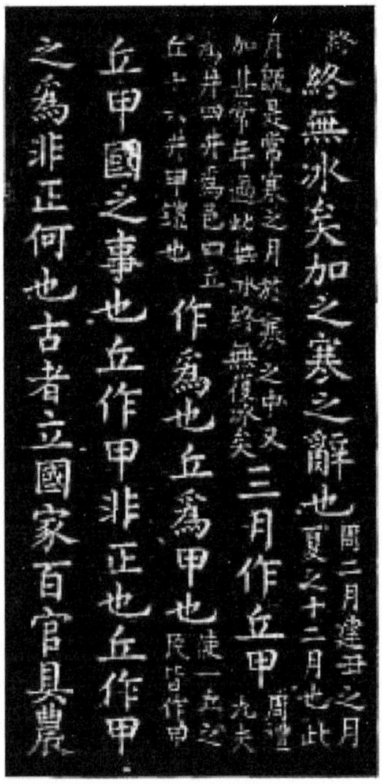

图 1-30 《后蜀石经》

书》、《鲁诗经》、《仪礼》、《春秋》、《公羊传》、《论语》，共 20 余万字。

2.《熹平石经》的装帧形态和字体

《熹平石经》的碑高 3 米余，宽约 1.2 米。字体全部用隶书雕成，相传石经上的文字都是由蔡邕书写的，20 余万字由一个人书写，可能性不大。参加核对、书写和雕刻工作的，大约有 20 多人。关于石经的雕刻者，目前只知道陈兴的名字。石碑竖起来后，由于动乱而遭到严重破坏，没有留下一本完整的石碑拓本。从残石中可以看到，各字排列整齐紧凑，显得有些拘束。字体线条圆浑，粗细较为均匀，起笔处可见到清晰的顿挫，有些捺笔接近魏体楷书，整个空间的分布和线条的节奏缺少自然生动的气韵。因为《熹平石经》是当作样本刻出，供人们校勘用，故字体必须规整，排列必须整齐，《熹平石经》书的版式清楚明确，是书籍特性的版式要求，是书的特点之一。

《熹平石经》的单字还是相当好的，是学习汉隶

的范本之一。清孙承泽在《庚子消夏记》中云："东汉学书以中郎为最，而石经尤其得意之作，故当为两汉之冠。"康有为在《广艺舟双楫》中云："《石经》精美，为中郎之笔。"《石经》的字画谨严、深沉、洞达，是超绝一代的八分书体。由于蔡邕用当时通行的隶书手写，文字遒劲美丽，不但为儒家经典树立了标准文本，也为后人提供了结构优美、气势磅礴的隶书典范。直到今天，研究书法的人还在研究《熹平石经》的文字结构和笔法技巧。

3.《熹平石经》的后世情况

《熹平石经》刻成不久，发生了董卓之变，《熹平石经》碑约三分之二被毁。魏文帝曹丕即位后，曾下令对《熹平石经》进行过修补。后又经战乱和迁移，屡经动荡，遂渐亡佚。唐贞观年间（公元627-649 年），魏微细心搜访，查得残存碑石亦不足11 块。唐朝初年建筑京城时，竟把《熹平石经》当成建筑材料。《熹平石经》在北齐时搬到邺都，隋初搬到长安。五代混乱中，复遭摧佚。迄宋，洪适搜

经名	本子	字数		
		每行	总数	现存
易经	京房本	73	24437	1171
尚书	欧阳高本	73	18650	802
诗经	鲁诗	70-72	40848	1970
仪礼	戴德本	73	57111	670
春秋	公羊本	70	16572	1357
公羊传	严彭祖本	70-73	27583	954
论语	鲁论	74	15710	1333
总数		70-74	200911	7257

表 1-2 汉石经底本和字数

得遗文仅 1900 余字，刻于会稽。后再四散，一时不见断片。清末，《熹平石经》渐有出土，由是翁方纲《汉石经残字考》、罗振玉《熹平石经残字集录》、有正书局《汉石经残字》等佳本相继向世。清阮元、黄易藏有残石。自 1922 年后，出土达百余块残石，分别为徐森玉、马衡、罗振玉、于右任、吴宜常、马季木、柯昌泗等人和北京图书馆所得（表 1-2），日本中村不折氏书道馆也藏有残石。

《熹平石经》之后，又有魏《正始石经》（图 1-29）、《三体字经》，唐《开成石经》、《后蜀石经》（图 1-30）等，还有其他大量的刻石，虽然也记录一些事情，但和早期刻石的目的显然还是有区别的。

七 书籍装帧初期形态的特点

（一）以文字的产生和发展为顺序

从结绳书到契刻书、图画文书、陶文书、甲骨文书、金文书、石文书和玉文书，是按照文字的先期准备、产生和发展的顺序来叙述的。从文字还没有产生到图画、符号，到象形文字，到抽象文字，到成熟的文字，可以看到，书的初期形态的变化和文字的发展有着十分密切的关系，这个演化过程是很漫长的，比从盛行正规书——简册书的秦朝到现在要长得多。这些书无论何种形态，无论有无文字，无论文字的特点如何，都在记录着历史，表达着某种意思，在不同程度上，都起到书籍的作用，所以都给它们冠以"书"的名称。因为它们不是成熟的书，只是起到书籍的作用，所以称它们为书籍的初期形态。这些初期形态的书，为正规书的出现奠定基础。

从这些初期形态的书中可以看到这样一个现象：除结绳书外，其他的书都和雕刻有关系。图画文书有画的，有刻的；金文书有刻的，有铸的，而铸字的范也是刻的。"刻"在书籍的初期形态中起了决定性的作用，可以说，没有"刻"，就没有书籍的初期形态。中国雕版印刷技术出现在隋末唐初，早于外国几百年，这正得益于早期成熟的雕刻技术。

（二）书籍的承载物

中国古代，初期形态的书的承载物是绳、木、竹、陶、甲骨、兽骨、青铜、玉石等材料。陶是经过烧制的，青铜是经过冶炼的，其他的材料均是自然界现有的资源，稍加工便可以刻字或写字成书。这是初期形态的书的特点，也是当时社会生产力和技术水平低下的反映。从结绳书、图画文书到金文书、石文书，其社会进步是十分明显的，不单从字体的形成和发展上，从文字内容的复杂和意义的深刻上，从承载物的形质上，都清楚地表明了社会在不断地发展、进步，技术水平在不断地提高，逐渐成熟的书的内涵越来越大，开本、版式的内涵也越来越明确，为正规书籍的出现，创造了充分的条件。

中国的古人们，在创造初期形态的书的过程中，使用了众多的材料，完善了技术，包括毛笔和墨的使用，及运用新的材料和新的形制，创造新形态的书籍。

第二章
中国书籍装帧的正规形态

书籍装帧经过初期形态的漫长发展后，随着社会的进步，逐渐进入它的正规形态 ……

第二章 中国书籍装帧的正规形态

书籍装帧经过初期形态的漫长发展后，随着社会的进步，逐渐进入它的正规形态。《说文解字》云："著于竹帛，谓之书。"古今，大量的学者都认为，我国书籍装帧的正规形态是从简策书开始的。钱存训博士认为："书的起源，当追溯至竹简木牍，编以书绳，聚简成篇，如同今日的书籍册页一般。"罗树宝在《中国古代印刷史》中认为："中国古代真正的书籍形式，是从竹简和木牍开始的。"本文采取大多数专家的意见，把简策书、木牍书放在正规形态的书的第一种形态来叙述，有利于把问题讲清楚。

书的初期形态和文字的发展有着极为密切的关系；书的正规形态则主要是受着材料的制约，不同的材料会产生不同形态的书。用料的顺序是：竹、木、缣帛和纸。纸在西汉末年出现，在东汉得到改造和发展，这时的纸也仅用于手抄书，因为雕版印刷术还没有发明。

正规形态的书包括简策书、木牍书、帛书、卷轴装书、旋风装书、粘页装书、缝缋装书等。它们基本上都是用毛笔蘸墨手抄的，一改初期形态的书的雕刻方式，手抄是它们的一大特点。

正规形态的书受着材料的制约，材料不同，也就产生了不同的装订方法。不同的装订方法，使书籍的装帧形态也大相径庭。但有一点必须指出，每次装订方法的变迁，都使书籍的装帧必然向前进了一步，并不断地向着册页书的方向发展。

| 一 简策书、木牍书

（一）简策书

1. 概述

简策始于周代（约公元前10世纪），至秦汉时最为盛行。

《周礼·内史》云："凡命诸侯及孤卿大夫，则策命之。"

《周礼·王制》云："太史典礼，执策记奉讳恶。"

《左传》僖公二十八年云："襄王使内史叔兴父策命晋侯为侯。"襄公三十年云："郑命伯石为卿，三辞乃受策。"隐公十一年云："灭不告败，克不告胜，不书于策。"襄公二十五年云："南史氏执简而往。"

这些记载，都说明在周朝已经有了简策，被朝廷所应用。

简策，或简牍，是一种以竹木材料记载文字的书，用竹做的叫做"简策"，用木做的叫做"版牍"。一根竹片曰"简"，它是组成整部简策书著作的基本单位，有点像现代书的一页。把两根以上的简缀连起来就是"册"或"策"。《左氏传序疏》云："单执一扎谓之简，连编诸简乃名为策。"叶德辉《书林清话》云："策是从简相连之称，然则古书以众简相连而成册，今则以线装分订而成册。""策"与"册"相通。册字，甲骨文为䈇，钟鼎文为䈇，许慎《说文解字》作䇙，都是象形文字。

殷商和周王朝前期，史官负责记言记事，保管档案文献，别人无权问津，书籍处于垄断的地位。孔子生活的春秋末期，社会发生很大的变化，"天子失官，学王四夷"（《左传》），史官垄断知识的局面逐渐被打破。孔子提出"有教无类"，知识外延下溢，为成熟的正规书籍的发展提供了思想方面的先决条件，孔子编的《六经》原来是写在简策上的。《尚书·多

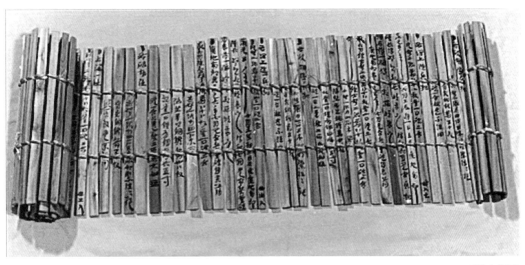

图 2-1 简策书

士篇》云："惟汝知，惟殷先人有典有册，殷革夏命。"
典册一辞，简单的解释就是书籍，进一步解释，则代
表中国古代图书的形制。不论是尊贵的或是一般的，都
包含在内。"典"字甲骨文中没有，篆文作燕，像两只
手捧着简策的形状，意指特别尊贵的册书，或解释
成简策书（图2-1）很重，需要用两只手捧着；也
说明，当时简策书并不多。

战国时期百家争鸣，在论争中产生大量私人著
作，医学方面出现《内经》《本草》，文学方面出现《离
骚》，天文、历法、畜牧、历史、地理等方面也出现
了专著。这些专著的出现，不是甲骨、青铜器、石片、
玉片等物质所能承载的，竹、木、帛便成了新的书
写材料，简策替代书籍初级形态的承载物，开始起
到它的历史作用。

2. 简策书的制作过程

王充《论衡·量知篇》云："竹生于山，木长于
林，截竹为简，破以为牒，加笔墨之迹，乃成文字。"
刘向《别录》云："新竹有汁，善朽蠹。凡作简者，
皆于火上炙干之……以火炙简，令汗去其青，易书
复不蠹，谓之杀青，亦曰汗简。"《书林清话》云：
"古书止有竹简，曰汗简，曰杀青。汗者去其竹汁，
杀青者去其青皮。"竹简的制作，一种叫汗简，就是
把竹片放在火上烘干，去掉水分，使其干燥、不裂，
便于保存和写字；另一种是去掉竹外部的一层青皮，

目的在于防止新竹的腐朽和虫害，以便于简策的长
期使用和保存，这很有点像现在印书前的晾纸，主
要是指过去常用的凸版纸，晾纸的目的是去掉纸中
的潮气，使其干燥些，避免印刷时纸不平起摺，甚
至不能印刷。

竹作为书写材料，它的整治比木料难。王充《论
衡》卷12中曾云："断木为椠，木片为板，力加刮
削，乃成奏牍。"《印刷发明前的中国书和文字记录》
一书云："竹简文字不写于竹身的外表皮，而写于刮
去外表青皮后之内面，或写于反面'竹里'。至于竹
的整治，先断竹为一定长度的圆筒，再剖成一定宽
度的竹简。此时，仍未适于书写。用作书写，须经
过'杀青'的处理，即先剥去外表青皮，再用火烘
干，以防易于腐朽，复加刮治，才适宜于书写。""表
皮文字刮去之后，旧简仍可再用，名为'削衣'。被
刮去的表皮木片名为'柿'，《说文》：'柿'削木札
朴也。""遇笔误时，错字可以用刀刮去重写。"现在
书中删去某一段或某一字，叫"删削"，即源于此。

战国以至秦汉时代的竹简，虽然文字并不一定
写在竹青的一面，有不少是写在竹背的一面，但绝
大多数的简片，是刮去了青皮的，经过杀青汗简以
后的竹简，才可以正式缮写字书。所以后代拿"杀青"
一词比喻著作完成。

木简的制作比较简单，没有杀青和烘干的过程。

将木材锯成条片，尺寸按简片宽度，一面磨光，经干燥后（主要是风干）即可用来写书。古人制做竹简大抵用竹肉，制做木简多用松、杉、柳等木材，一般是就地取材料。

3. 简策书的书写

中国传统书籍竖写直行，从右向左读，这在世界上是比较独特的。西洋书是自左向右横行，再由上而下；蒙文、满文是上下直行，与中文同，但另起行时则从左向右。日本、韩国受中国影响，与中国同。竖写直行，从右向左读，在甲骨文中首先出现，在金文中得到延续，而在简策书中顺理成章，成为传统的排版形式。

简策在书写时，如果先编再从右往左书写，写完第一行，竹子不易吸墨，倘若墨迹未全干，再写次行时，容易染污前一行的简，尤其是古人用毛笔和墨书写，干得比较慢，从右往左书写不是感到非常不方便吗！我们祖宗的聪明才智不逊于其他民族，怎么会发明这么不方便的书写方式？近代，有的学者认为简是先编成册再书写的，根据是武威汉墓中发现的七篇《仪礼》残简，凡遇编简的绳经过之处，皆有空格，占一字；也有的学者认为是先写后编，笔者比较同意简策是先写后编这一观点。书写时，右手执毛笔，左手执简，一根简写完后，用左手放置于前方的几案上，再开始写第二根简，写毕，用左手把第二根简放置在前一根简的左边排列，如此类推。一篇书写完，将并列的各简按顺序编连成册，就形成竖写直行、由右向左的读法了。有的简策上的字，似有被绳压住的痕迹，也说明了这一点。还有，中国古代崇尚右为上，左为下，从上到下，即从右往左读便成为很自然的事了。至于先编后写，在绳过处空一字，似太宽，没有必要空一字，相反却证明是先写留空，后编连。另外，在编好的简策上自右向左书写，除易脏之外，手腕垫在简策上写字，很不舒服，也会疼痛；其次，简策编多少根合适呢？少了不够用，多了又浪费，恰到合适太难了；假如写错了需要刮削修改，编连成册的简策也不方便。这一切都表明是先写后编。如果古人确是先编后写，简策书会像蒙文书一样，从左向右读了。

古人抄书是一页一页地抄，抄完后再装订成册，并非先装订成册再去抄书，这个道理正如简策的先写后编一样。

4. 简策书的长度

简策书的长度，"依古籍中的记载，分为汉尺二尺四寸、一尺二寸及八寸三种规格。重要的书如儒家的经典《易》、《书》、《诗》、《礼》等，皆用二尺四寸的长简大册；次要的如《孝经》等书用一尺二寸简，《论语》则写八寸简。二尺四寸的大册，古人尊称曰'典'。汉代特别尊崇六经，改用大册来缮写"。（昌彼得著《中国书的渊源》）汉尺一尺约相当于现在的15至16厘米。王充曾云："大者为经，小者为传记。"又云："二尺四寸，圣人之语。"在山东临沂汉墓中出土的《孙子兵法》等兵书残简，及云梦睡地虎秦墓中发现的《南郡守腾文书》竹简，大都长约27.33-27.6厘米之间，约合汉尺一尺二寸，可以佐证古书上的记载是不错的。另外，用大册写重要的经典，除了表示尊崇的意义以外，也许是因六经之文每篇的字数比较多，若用短简，则用简太多，不便编简成册。

简策中也有不符合上述尺寸的，是表示某种特殊的文件，如汉代，汉武帝封其三子以采邑，册命便书于长短不一的简牍上。蔡邕亦谓命令除用一尺或二尺之简牍外，亦常书于长短不一的简牍。可知，长短不一的简牍主要用于册命，与其他公文不同。实际上，何书用大册，何书用短简，似乎并无严格的规定，完全看抄书者的需要。这种情况正好像现代的图书，16开、大32开、小32开，是三种标准的常用开本，但也不乏8开、20开、24开、64开等开本，甚至其他一些特殊开本。

简牍的宽度，不像其长度，古籍中并无明文记载。斯坦因发现的简牍，其宽度为0.8厘米至4.6厘米不等，其中大多数是1厘米。居延出土的《兵物册》，每简宽1.3厘米。长沙出土的竹简，宽0.6厘米到1.2厘米不等，简宽不超过2厘米。

汉代木牍的长度，由五寸至二尺不等。根据蔡邕的说法，用作诏令的木牍为二尺或一尺。斯坦因在敦煌发现的木牍，长约一尺。自汉以后，日用的木牍标准乃定为一尺，私人函柬所以称为"尺牍"，即源于此。最短的木牍只有五寸，为通过哨兵检查时所用的通行证——"符"。

"各种木牍不仅功用不同，长度亦异。3 尺者为未经刮削之柷，2 尺者为命令，尺半者为公文报告，1 尺者为信件，半尺者为身份证。可见汉代木牍的尺寸，皆为 5 寸的倍数，而战国竹简则为 2 尺 4 寸的分数。其不同的原因，大约是'六'及其倍数为晚周及秦代的标准单位，而'五'则为汉制。"（钱存训著《印刷发明前的中国书和文字记录》）

5. 简策书的编连法及简的字数

古简甚狭，每简只能写一行字。古籍中记载及近代出土的写两行或两行以上字的简，是公牍而不是书籍的制度。每简所写的字数并无一定，视简的长短和所写字的大小而定，少的只有 8 个字，多的有 120 余字。简写完，需要编连成书，有两种方法。其一是在简牍的上端横穿一孔，再用丝绳贯穿，这种方法用于编策及公牍，不适用于简策书。因为不能舒卷，只能平放。

简策书的编连法，"是先将书绳两道连接，将最初一简置于二绳之间，打一实结。复置第二简于结绳的左旁，将二绳上下交结，像编竹帘的编法，以下照此类推，至书篇最末的一简为止，然后再打一实结，以使牢固。收验的方法是以最末的一简为轴，字向里卷，卷成卷轴形，为了防止简上下移动，或者脱落，往往在编绳经过的地方，于简的边缘刻削一极小的三角形契口，以使简能固定。书绳，一般用的是细麻绳，王室贵族多用有颜色的丝绳，士大夫阶级则用韦皮。韦是牛的较柔软的内腹皮……编绳一般用两道，但遇长简也有用四道、五道的，端视简的长短而定"。（昌彼得著《中国书的渊源》）

简的字数不尽相同，台湾中央图书馆所藏简中有的正背面都有字，字数从 8 至 50 字不等。载《尚书》之简，每简 30 字。《尚书》脱简，有 22 字和 25 字的。《穆天子传》序中曾说明每简有 40 字。敦煌简牍中，《急就章》每简书写一章，共 63 字，为菱柱形木简，三面有字，每面一行 21 字；另一简有字二行，其一为 32 字，另一为 31 字。长沙出土的简，每简有 2 至

图 2-2
《居延汉简》字体

20 字不等。武威出土的长简《仪礼》，每简多至 60 至 80 字不等。简上字数的多少，视简的长短和字的大小而定。

6. 简策书的书体

简策书中，重要的文件以篆书写于竹简，这是极少量的，大量的是以"古隶"书写，也有个别的是用"章草"书写。

简策书的书法，本身很具书法艺术性，并且在书法源流方面占有重要的位置。竹简和木简，使用的时间很长，从殷商起到后汉止（即从公元前 1400 年以前至公元 200 年），时距甚长。直到东晋末年（公元 400 年后）才逐渐以纸代替简策。其中书体的变化是很大的。出土的秦简及《战国纵横书》、山东临沂县银雀山汉墓出土的《孙膑兵法》，书体都属于篆隶之间的古隶。敦煌附近发现的天汉三年《流沙坠简》（公元前 98 年）、征和五年《居延汉简》（图 2-2）（公元前 89 年）、河南信阳出土的战国竹简和长沙马王堆一号汉墓出土的汉简，可以看出由篆到隶的形体变革来。战国竹简保留的篆意较浓，开始向隶书转化，结体显得还不够方整，并无明显的波势和挑法，在字形和用笔上仍具有篆书的特点。

汉武帝以后，隶书由古隶逐渐向汉隶发展，并向分书演化，波磔俯仰的隶书，在简中占居一定的数量。如《太始三年简》《武威汉简》《甘谷汉简》等，可以看出汉隶向分书的发展。《居延汉简》和《武

威汉代医简》中可以看到不少草书，说明秦汉时已产生草书。简单叙述一下几种汉简的特点：

《居延汉简》属两汉时期简策书，内容丰富，篆、隶、真、草皆备，风格多样，各具其美，形态、用笔变化很大，有的生辣雄劲，有的草率急就。

《武威汉简》（图 2-3）属西汉晚期的简策书，文字代表了西汉向东汉过渡的分书，秀美精丽，在用笔上方笔折锋、使转变化，为东汉分书绮丽纷华的景象奠定了基础。

《武威汉代医简》为东汉早期简策书，字形趋于扁势，篆意已基本脱尽，章草韵味浓厚。

《甘谷汉简》为汉桓帝延熹元年（公元 158 年）的简策书，字体宽扁，笔画秀丽整齐，波磔特长，是东汉时期典型的分书。

文字由篆到隶这个阶段，在文字发展史上是一次革命。简策书的文字有的篆意较浓，有的形态飘然，除部分尚工整外，多数由于使用的原因和社会生活日趋繁杂，而追求简易速成，草率急就，从而表现出一种自然天趣、落落人为、粗犷拙实、使转变化较速而不拘谨的古拙之风韵。简册书在笔法上，带有篆意者沿用圆笔书写，发展到隶书时则为方笔，藏起笔锋，中锋行笔。简策书中的字绝大多数是小楷。总之，简策书的书法艺术，丰富多彩，摇曳多姿，为后来魏、晋时代的书体和书法艺术的发展奠定了坚实的基础。

7. 简策书的结构及版式

一篇简策书写完之后，用丝绳或韦绳编，上品用皮编，下品用丝编。《释名》云："编之如栉齿相比也。"应该说这是正规书籍装帧的最初形态。竹书除简策书外，还有牒、札、觚、毕、签等等。因这些竹书并不典型，故不再叙述了。简策书编简的第一根简写书名（即篇名），"如仅为书里的一篇，书名就写在篇名之下，篇名称为'小题'，书名称为'大题'，先写小题后写大题。在简的开头，往往加上两根不写字的简，名为'赘简'，目的是为了保护书。有这样一个过渡空间，给人以舒畅之感，与后来的书的'护叶'起同样的作用"。（邱陵著《书籍装帧艺术简史》）大题之后是正文。简策书编好之后，以

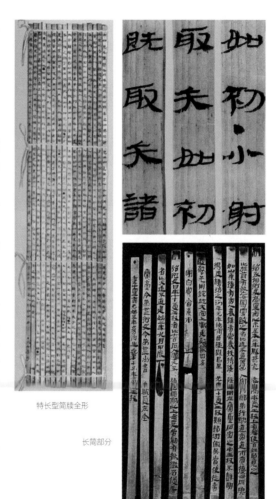

特长型简牍全形

长简部分

图 2-3 西汉《武威汉简》

尾简为中轴卷为一卷，以便存放。为检查方便，在第二根简的背面写上篇名，在第一根简的背面写上篇次，这很像现代书籍的目录页。简策书卷起来后，所写的篇名篇次露在外面，从右往左读，成为某某（篇）第几（次），这很像封皮。为了保护书籍和避免错乱，同一书的策，常用"帙"或"囊"盛起，好像线装书装入函套之中。如从帙中取出简策书翻看时，第一根简从左向右移动，或从右向左打开，就可以阅读简策书了。

简策书的每一根简，就像现代书的一页，又像一页书的一行，简和简之间自然形成竖线。《释名》云：

"间也，编之篇篇有间也。"简和简编连成册，相邻的简和简之间因有绳结之，故有空间。由于简有竖的边痕，阅读起简策书来，边痕使竖写文字显得整齐。所以，整个简策书的版面，一条一条的竖痕，使一行行的竖写文字变得规整，并且有空间感，整个版面十分好看。这种边痕后来逐渐演化成卷轴装书中的"乌丝栏"、"朱丝栏"，到宋代就成了蝴蝶装书中的一根根的栏线。现代有的书把这种墨线进一步发挥，使版面更加有变化，出现很多特殊效果，并产生现代感，其内涵还是受到简策书的深远影响。

简策书中常出现空一字的情况，表示句读。古文无标点符号，于是在中间空一字，表示一句话说完。汉代人在简策书中沿用此法，如《法苑珠林·晚术篇》所载况语，每句都有一个空格。简策书中还画有一些圆圈，表示一段文章的开始，与今天写文章时另起一行是一个意思。东汉安帝时所作的《大宝石阙铭》，前铭辞，后官名，其上皆有圆圈，作"○"状。宋儒注四书，每篇之首以一圆圈为界，显然，这是沿袭汉简的旧制。此外，简策书上还有"L"、"I"等形式的符号，都是标界号，表示句读和段落，也是取文意略断之意。简端有"○"号者，是独立行文的开端，实际上多用于并列各段文字的开始。

简策书每根简上的字数多少不等，少则几个十几个，多则二十几个、三十几个，书简是每简只写一行。简策上的字排法也不一致，一般分成三栏。有的简从上编绳写，到下编绳止，占一栏，有时过下编绳；有的从简的上部开始写，紧顶最上部，一直写到最下部，占三栏；有时还空一简不写字。这种种写法使版面错落有致，自然天成，看起来很舒服，又很巧妙，好像精心设计的一样，古朴、静雅。中国古代书籍崇尚雅洁，注重内涵，讲究书卷气，看来是从简策书开始的。

8. 简策书的特点及一些术语

《汉书·艺文志》中数术略记载，耿昌《月行帛图》230卷，兵书略有《齐孙子》89篇图4卷，《吴孙子》82篇图9卷。说明简策书中已有在帛上画的插图，这可能是古书中最早的插图。

简策书中已涉及到开本、版面、材料、封面、护封、环衬等现代意义上的名词，它的装帧形态已颇具规模，甚有特点。由于简策书在历史上使用的时间很长，又是成熟的正规书籍的最初形态，对后世书籍装帧艺术的发展影响很大、很深，就是在现代书籍中，也还有许多习惯用语、名词概念、书写方法，是沿袭简策时期的。

在阅读有关简策书时，有时感觉各种名词混淆不清，难以辨明，现在把有关的名词简单地解释如下：一块木板曰"版"，写了字的木板曰"牍"；一尺见方的牍曰"方"(古代一尺约等于现在的23厘米)。《礼记》上云："百名以上书于策，不及百名书于方。"《尚书疏》引顾彪之说，认为二尺四寸为"策"，一尺二寸为"简"。用木片代替竹片曰"木简"。王国维认为，古代竹木书契用之最广，用竹制的名"册"(同策)，又可称为"简"；用木质的称为"方"，或可称为"版"，或"牍"；竹木通称为"牒"，也可称为"札"。

钱存训认为："表示竹简的单字，通常有'竹'字头部，表示木牍者，有'木'或'片'字偏旁。一根竹简通称为'简'，常载有一行直书的文字。字数较多时，书写于数简，编连一处，乃称之为'册'。长篇文字的内容为一个单位时，称之为'篇'。'册'表示一种文件较小的形体单位；'篇'则用于较长的内容单位。一'篇'可能含有数'册'……'简'、'册'除用于文籍之外，亦有用做其他特殊用途者。如虎符用以取信……如居延的24件短简，经劳贞一考释为通行哨站的证书，和中央及地方官员的身份凭证。""如'方'主要用于政府档案或其他公文，可书写5行至9行，字数不过百。'版'形长方，表面宽广光滑。'牒'薄而短，用途皆与'方'相似，惟大小不一。'牍'窄，长约1尺，可用于公文，亦可用于私人书束。"

邱陵认为：木书也称为"方策"，以柳木、杨木最多。写在木版上的称为"版"、"方"、"牍"。"牍"和"方"虽然名称不同，所指是一样的。版的主要用途是登记物品名目或户口，称为"籍"或"薄"，用做图画的称为"版图"。木版的主要用途，是用于通信，以至后来也称书信为"尺牍"。尺牍上写好信以后，上加以版为"检"，检上写收发信人的名、住址，称为"署"。两版相合，以绳捆之。在绳结处用黏土加封，盖以印章，称为"封"，黏土即称为"封泥"。

钱存训认为：至于封存文件，则以一片名为"封面"的木片捆扎于文件之上，敷于书绳，再施以封泥，然后送发。受文者的名字及文件内容摘要，通常皆书于封面上。封面上封印之处，则刻一方形凹沟，贮以封泥，名为"印齿"。各种不同颜色的书囊表示不同的发送方式，如红色和白色是急件，绿色是诰谕，黑色是普通文件。书囊多为长方形，无缝，文件自中央开口处放入。再捆以书绳，敷以封泥，盖以印章。周时宫廷文书，是用木板，只适用于短文。

（二）木牍书

木牍是用木板制成的长方形的板，上面可以书写文字，一般写数行，但不超过百字。字体采用当时简策上的字体，竖写直行，从右向左读。

木牍原用于公文，不作长篇文籍之用。木牍原由 3 尺长的木枲截成，表面光滑，通常单独使用；数片连于一处，则称为"札"，如简策之称"箙"。

20 世纪，出土的木牍（图 2-4）很多，如 1972 年至 1976 年间，甘肃额济纳河流域居延出土的简牍有：简（札）两行、牍、检、符、觚、签以及有字的封简、削衣等。

木牍可以制成数面而成棱角形状，这棱柱形状的木牍，原是一方柱形木牍被对角分开后的一半，三面可以书写；顶端有一小口，为连系另一半之用。在敦煌和居延发现的《急就章》便是书于棱角的木牍。这种棱角形状的木牍书写面积除较普通木牍为大外，更可直立于桌上，为启蒙教学及习字之用，很方便。实际上这就是初级教育方面的书，并且已经注意到儿童的特点。这种起棱的木牍曰"觚"（图 2-5）。

二 帛书

简策书的承载物主要是竹片，文章稍微一长，整卷书便很重，有时要用士兵肩扛，用车载，古语讲"学富五车"，就是形容学问有五辆车拉的简策书

图 2-4 有四行字的木牍

图 2-5 觚

那么多，这是它的第一大缺点；第二个缺点是简很狭，无法绘画，如绘在木板上不如绘在缣帛上，可大可小，又很轻，很是方便。简策书的缺点必然导致有一种新的书籍形态出现，在当时的历史条件下，用缣帛代替竹木是最合适的，于是，帛书出现了。

实际上，在简策书盛行的时期，帛书便出现并得到发展，共同存在了很长一段历史时期。

（一）帛书的用料与渊源

在帛上写文章，古人称之为"帛书"，可见帛书早就被认可了。帛书的承载物是缣帛，缣是一种精

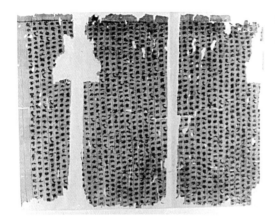

图 2-6 帛书（西汉马王堆出土）

图 2-7 帛画天象图（马王堆汉墓出土）

细的绢料，帛是丝织品的总称，也有缣、素等名称，所以古人也称帛书为缣书、素书。缯也是丝织品的总称，帛书也称缯书。

中国古代的丝织技术有着悠久的历史，传说公元前 26 世纪，黄帝的妻子嫘祖发明了养蚕织丝。殷商时代的甲骨文中，已有丝、蚕、帛、桑等字。西周时代关于丝织的记载就更多了，有很多有关养蚕、纺织及漂丝的记录，并有关于贸易交换的情景，在《诗经》中也有记载。显然，在周初，丝不仅是纺织的材料，且是用以贸易的通货。从长沙和其他几处楚墓中，发现许多丝帛遗物，证明在战国、汉初时不仅已有精美的缣帛，而且还有花纹复杂的织锦和刺绣。湖北江陵马砖厂一号墓出土战国中晚期的丝织品有绢、纱、罗、锦等，品种很多。

中国古代丝织品的发达，给帛书的发展提供了材料。在简策书盛行的期间，帛书就出现了。《晏子春秋》中记载齐景公对晏子的一段谈话："昔吾先君桓公，予管仲狐与谷，其县七十，著之于帛，申之以策，通之诸侯。"可见在春秋时帛已应用，但还不十分通行。《墨子·明鬼篇》云："故古者圣王……书之竹帛，传遗后世子孙。"《韩非子·安危篇》亦云："先王寄理于竹帛。"战国时，帛书与简策书同时并用。《史记》云："高祖书帛，射城上。"高祖为汉代第一个皇帝，帛书射于城上说明当时汉朝还没有建立，但是秦汉时，帛书的应用已经十分广泛了。

"缣帛的种类繁多，名称各异。《续汉志》载绢、锦、绮、罗、縠、缯 6 种名称。清汪士铎《释帛》谓缣原有 60 余种，今次为 13 名：'凡以丝曰帛，帛之别曰素、曰文、曰采、曰缯、曰锦、曰绣。古重素，后乃尚文。'但其中仅有数种可供书写。古籍对各种不同缣帛所下的定义，多未曾指出其显明不同之处。大致以表面的精细、粗糙、轻薄、细致、洁白等来分门别类。高本汉（Bernhard Karlgren）据《说文》等古籍，论述各种丝帛的名称，计有 15 种，但最重要的书写材料，如'帛'、'绢'、'缯'等，却未道及。见于甲骨文中的'帛'，是一般缣帛的通称。平实无华的白帛，称为'素'，是书写所用缣帛的统称。'素'是由生丝造成，不经漂染。生丝造成的'绢'，轻薄如纱，常用于书写，特别是绘画。'纨'亦是生丝所制，洁白轻薄，极似'绢'。由粗丝加工织成'缯'，可能是野蚕丝的成品，厚而暗，但较其他各种素帛经久耐用。与'缯'类似的'缣'，由双丝织成，色黄。根据释名所载，缣面较绢精美细致，且不透水，其价格远较普通的素为昂。"（钱存训著《印刷发明前的中国书和文字记录》）

（二）帛书的内容

帛书（图2-6）出现的时候，简策书正在盛行，是当时的主要书籍，帛书只是用来抄写那些整理好且比较重要的书籍。缣帛质地好，重量轻，但价格较贵；竹简沉重，原料多，但价钱便宜。所以，常用竹简打草稿，而缣帛则用于最后的定本。应劭云："刘向为孝成皇帝典校书籍二十余年，皆先书竹，改易刊定，可缮写者以上素也。"当时有称为"篇"的书，也有称为"卷"的书，实际上称为"卷"的书，即是帛书。这时的卷并不同于卷轴装书的卷，是"卷"的装帧形态的初步形式。当时用"卷"的形式的书有一部分儒家经典，全部的天文、历法、医药、卜筮等著作。

古时，缣帛还为皇室贵胄记载言行，以传诸后世。《墨子》中云："书之竹帛，镂之金石，琢之盘盂。"即指这种情况。缣帛的特殊用途是祭祀祖先和神灵。《淮南子·氾论》亦曾言及鬼神："凡此之属，皆不可胜著于书策竹帛，而藏于官府也。"《墨子·明鬼篇》云："故先王之书，圣人之言，一尺之帛，一篇之书，语数鬼神之有也。"

缣帛很适合绘画（图2-7）和绘制地图（图2-8）。简是单片的，无法绘画，所用的图皆由缣帛来完成，这是最早的插图。如：《汉书·艺文志》的兵书790篇，而附图43卷（即43张用缣帛画的图）；《吴孙子兵法》83篇（篇是简策的单位，83篇即83篇简策书），有图9卷（即9张帛书图画）；《齐孙子》89篇，有图4卷。

古代地图原绘于木板上，因缣帛可大可小，绘制也比较方便，后来就绘在缣帛上。如光武帝在广阿城楼上"披舆地图"，就是用缣帛绘制的；11卷

的《河图括地像图》，也是一部帛卷地图；还有湘江漓江上游地图和驻军图等，都是最早的帛画地图。

帛书有时还记载功臣大将的丰功伟业，如《后汉书》中记载邓禹助光武帝复兴汉室后，曾对光武帝说："但愿明公，威德加于四海，禹得效尺寸，垂名于竹帛耳。"这种歌功颂德的文字，古籍中还有一些记载。文中"竹帛"即代表"简策书"和"帛书"。

（三）帛书的版式及特点

《汉书·食货志》载："布帛广二尺二寸为幅，长四丈为匹。"帛质地轻软、细密，在织出的长匹上写字，根据文章的长短，可随意剪裁，随意舒卷。帛比相同面积的简策所写的字要多多了，而且可以用一部分地方写字，一部分地方绘画，还可以把写好字的帛书和帛画粘在一起，这些都是简策书不能实现的。帛书抄写的方法是：一块帛写好字以后，再用另一块帛续写，然后把它们粘起来，加一根轴，便成卷子。为了便于检阅，在卷口用签条标上书名，称为"签简"，又称"签条"。使用签条的制度是从帛书开始的，时代不同，签条各异。汉代以竹简为签，汉唐以后都用象牙。后来很多线装书的书套，也都用象牙签来别，盖出于此。最初的卷子轴是用一根红木棍，可以舒卷。帛书的装帧形式发展到汉代，更加讲究，那时已有专门用于写书的缣帛，上面还织有或画有红色或黑色的界行，称之为"朱丝栏"、"乌丝栏"。界行来源于简和简之间所形成的边痕；边栏则是由简策上下的编绳模仿而成。帛书的版式受到简策书的影响，边栏、界行既可美化版面，又便于书写，使文字整齐、美观。

马王堆三号汉墓中出土的大批帛书，用生丝平纹织成，横幅直写，从右向左读，有的整幅，有的半幅。有的还用朱砂画有上下边栏；每两行字之间还用朱砂画上直线（朱丝栏），白底、黑字、朱栏，朱墨灿然，清晰悦目，绚丽庄严。这样的版式和后来雕版印刷的宋代蝴蝶装书的版式非常相像。这批帛书丰富多彩，内容和版式都很有特点。

帛书最大的特点是可大可小、可宽可窄，可以一反一正折叠存放（如面积较大的帛图帛画等），类似

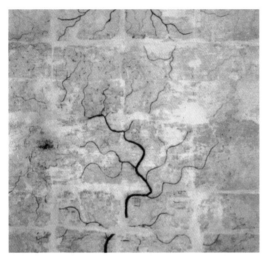

图 2-8 西汉画于帛上的地图

图 2-9
帛书盒子的外观

后来的经折装书，也可以卷起来，像后来的卷轴装书。帛书从性质上讲，还是卷轴装书，只是它没有卷轴装书那么复杂，它的用料是帛而不是纸，可视帛书为卷轴装书的初期形式。实际上，帛书的卷轴形式和纸发明后的卷轴装书同时存在很长的一段时间。

（四）装盒的帛书

由于缣帛很薄，帛书容易损坏，为了便于保存，把面积基本相同的长方形帛书按顺序排列好，装入长方形盒中（图 2-9），用时再取出。用盒装书这在书籍发展史上是第一次，以后出现函套、书箱，都是受到帛书盒子的启发和影响。

（五）帛书的字体

从长沙马王堆出土的帛书来看，其字体主要为小篆和隶书，用墨写成。出土帛书很多，其中有《老子》写本两种（图 2-10），上下篇的次序与今本相

《老子》甲本　　　《老子》乙本　　　图 2-10《老子》

反。从字体来看，基本上是隶书，但带有明显的篆意；在用笔上隶意明显，已改变小篆圆润的笔法，出现方笔的笔画的宽窄变化，波磔也已出现。帛书在结构上，有的还是小篆偏旁，这是从小篆变为隶书的一种过渡性的字体。而《战国策》帛书的书体，更接近于隶书。

三　卷轴装书

随着社会的进步、科学技术的发展，纸出现了。纸的出现冲击了简策书和帛书，使书籍的承载物发生了根本性的变化，逐渐由用竹、帛等材料变为用纸，新的材料带来新的生命，带来新的装帧形态——卷轴装。

纸的不断改良，使纸便于书写和越来越便宜，开始时用于民间，后来得到官方的认可，这使卷轴装书迅速地发展起来。

（一）卷轴装书的形制

卷轴装书始于汉代，主要存在于魏晋南北朝至隋唐间。西汉末年出现麻纸，纸质粗糙并不适于书写。东汉时期，蔡伦对纸进行改造后，纸的质量有了很大提高，已经开始用于书写。初期的纸写本由于受到简策书、帛书的影响，很自然地采用了卷轴装的

形式。做法是，将一张张纸粘成长幅，以木棒等作轴粘于纸的左端，比卷子的宽度长一点，以此为轴心，自左向右卷成一卷，即为卷轴装书（图 2-11），曰"卷子装"、"卷轴装"。卷子的右端是书的首。为了保护书，往往在其前面留下一段空白，或者粘上一段无字的纸，叫做"缥"、"玉池"，俗称"包头"，其前端中间还系上一根丝带，用来捆扎卷子。轴头挂一牒子，标明书名、卷次等，称为"签"。简单的卷轴装书有不用轴棍而直接舒卷的，称为"卷子装"，其意义有点像现代的平装书，无硬纸板，敦煌石室的大量遗书都采用这样的形式。简策书卷起来后放入书帙或书囊，这个形式也被纸写本的卷轴装书沿用下来。卷轴装书的缥通常用白纸，但也有用丝织品的。头上再系上一种丝织品，作为缚扎之用，叫做"带"（图 2-12）。带有各种颜色，古人对缥、带都很考究。卷轴装书卷起来后，用带系住，就可以放入帙、囊之中。

如果一部书有许多卷，为了避免混乱，就在外面用帙包裹起来，帙与裹通，《说文解字》云："裹，书衣也。"《北堂书》抄引《晋中兴书》云："傅玄盛书，有素缣裹、布裹、绢裹。"《入蜀记》中云："白乐天尝以文集留庐山草堂，屡散逸，宋真宗令崇文院写校，包以斑竹帙送寺。"这样的一包叫做一帙。通常以十卷或五卷为一帙，因此，古代图书目录也有以帙来计书的数量的。"帙的作用，除了免于散乱外，主要是保护卷子，免得因摩擦受伤。它的质料通常以麻布为里，丝织品为表，但现存的古帙也有以细竹为纬、齐色绢丝为经，织成细竹帘，再在外面用绢、绸之类为表的。"（刘国钧著《中国书的故事》）帙的右端也有带，是用来捆扎帙的。卷轴装书用帙包裹后，可放在书架上（图 2-13），一端向里，一端向外。帙只是裹住卷身，卷轴的轴头仍露在帙外，签也露在外面，一帙一签，签上有书名、卷次，便于查找书籍，签起到现代图书书脊的作用，也相当于现代图书馆中的书标。帙放在书架上是横放，可以取出，可以插入，因此，那时的书架叫"插架"。

关于卷轴装书，古籍中多有记载。《隋书·经籍志》中云："炀帝即位，秘阁之书，限写五十副本，分为三品：上品红琉璃轴，中品绀琉璃轴，下品漆轴。"

图 2-11 卷轴装书《金刚经》

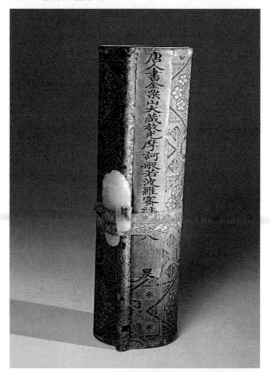

图 2-12 系上丝带待卷轴装书

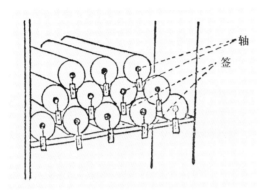

图 2-13 卷轴装书插架示意图

《玉海》云："唐开元时两京各聚书四部，列经史子集，四库皆以益州麻纸写，其本有正有副，轴带帙签皆异色，以别之。经库细白牙轴，黄带，红牙签；史库钿青牙轴，缥带，绿牙签；子库雕紫檀轴，紫带，碧牙签；集库绿牙轴，朱带，白牙签。"徐氏《法书记》云："先后阅法书数轴，将塌以赐藩邸，时见官人出六十余函于亿岁殿曝之，多装以镂牙轴，紫罗缥，云是太宗时所装。其中有青绫缥、玳瑁轴者，云是梁朝旧迹。"从古籍记录中，可以看到，轴的种类很多，是按照藏书者与卷子的贵贱来决定的。还有一些特殊的轴，如金轴、珊瑚轴、金镂杂宝轴、竹轴等等。

《画史》云："檀香辟湿气，画必用檀轴有益，开匣有香而无糊气，又避蠹也。"轴的作用除便于舒卷以外，尚有防潮避蠹和区分书的贵贱、种类的作用。"卷轴的轴，不仅有它功能上的作用，而且具有像木轴的髹漆、雕花，牙轴的镂雕、镶嵌等工艺加工，材料的质地与色彩的选择调配，也是艺术处理的重要部分。"（邱陵著《书籍装帧艺术简史》）现在书画装裱多采取卷轴的形式，卷轴装以这种特殊的形式一直延续下来，中国人欣赏这种传统的形式。

卷轴装书由四个主要部分，即卷、轴、缥、带，两个次要部分，即签、帙组成。

（二）卷轴装书的版式

卷轴装书的版式受到简策书和帛书的影响很大。刘国钧在《中国书史简编》中云："纸卷长短不同，长的有二三丈，短的仅有二三尺。长卷有十几

或几十幅纸粘接而成，短卷少的只有二幅纸。每张纸也有一定的尺寸，越到晚期纸张就越大些。隋唐时代卷子纸一般长宽为四十到五十厘米左右，高约二十五到二十七厘米。个别的有比一般尺寸更大或更小的纸。每张纸用墨或铅画上直行，唐朝人称为'边框'，宋朝人称为'解行'。这就是帛书的'乌丝栏'或'朱丝栏'。每行的字数也有一定的规律，经卷一般为十七字左右。书写的格式是：每卷起首空两行，这是'赘简'的遗迹，预备写全书总名用的。然后开始写本篇的名称（小题）和卷次。此下空数字，再写全书名称（大题）。也有起首不留空行，径直写小题的，然后写正文。正文写完，隔一行，再写本篇篇名和卷次，这空着的一行是为了填写抄书年、月和抄书人姓名而用的，但也有不写的。有时卷首还写上用纸的数字、装裱人、校正人的姓名。如果是写经，还要写上抄经的目的、愿望或经文、注文的数字。如果一页有正文，也有注文，往往用朱笔、墨笔两色分别抄写经文和注，或者用单行与双行来区别正文与注文。还有一种式样：正文与注都用单行，而把注文的字另行提写，写得比正文字小一点。"

斯坦因从敦煌窃去大量经卷，其中大部分为卷轴装书。据斯坦因在《敦煌取书记》一书中供认，王道士偷卖给他的第一批经卷，"皆系卷叠圆筒，高约九寸半至十寸半，都是佛经的汉译写本或古文书。很平软的黄色卷子，外裹以丝织物，甚是柔韧。卷中插以小木轴，间有饰以雕饰者，轴端或系以结。纸张长度各有不同，故卷轴之形式亦各异，大约每张之长，自十五至二十寸。书写时则每张连接而成一卷，至文字终结为止，故展而阅之，延引颇长"。北京图书馆藏《大般若波罗蜜多经卷》第一百卅九，为唐写经，玄奘译，有轴有边，麻心纸，纸张长一尺三寸七，高七寸八分，原为敦煌石室所藏。

卷轴装的佛经书有扉画，这是一种很特殊的形式，从唐朝开始，一直延续下来。如唐朝咸通九年雕版印刷的《金刚经》，扉画之后是四边的方框线，经文刻印在方框内，而现存最早纸质、在韩国发现的《无垢净光大陀罗尼经》，也采用四边框线的版式，只是没有扉画。还有在框线内加界格的形式，这是

从"乌丝栏"、"朱丝栏"演变而来。

卷轴装书出现后，由于延续时间很长，经历了卷轴装书从抄本书到印本书的时代，而抄本书的版式和印本书的版式是不同的，但其基本的形制没有太大的变化。

手抄本的卷轴装书卷子上的栏界，有简策的遗意。《国史补》云："宋毫间有织成界道绢素，谓之是乌丝栏朱丝栏，又有茧纸。"《书史》云："黄素黄庭经是六朝人书，上下是乌丝织成栏，其间以朱墨界行。"现在收藏的唐宋抄本，栏界多用铅画。在这些抄本中，已经有天头、地脚的含义，栏线、界格也逐渐趋于明显。

（三）卷轴装书的装潢和装裱

卷轴装书的纸需要装潢，或者叫入潢，其目的是避免虫蛀。《齐民要术》云："凡打纸欲生，生则坚厚，特宜入潢。凡潢纸，灭白便是，不宜太深，深则年久色暗也。入浸蘗熟，即弃渣，直用纯汁，费而无益。蘗熟漉汁，捣而煮之，布囊压讫，复捣煮之，三捣三煮，添和纯汁者，费省功倍，又弥明净。写书经夏热后入潢，缝不绽解。其新写者，须以熨斗缝缝，熨而潢之，不尔久则零落矣。豆黄特不宜寰，寰者全不入潢矣。"早在5世纪时，人们就已经知道一种用黄蘗汁染纸可以使书不被蛀的方法，这种方法叫"入潢"。纸入潢后变成黄色，叫做"黄纸"。潢纸就是染纸，古人把入潢的书称为"黄卷"。南北朝、隋唐时代的写本卷子，大都是"入潢"过的。黄纸写书比白纸为好。敦煌发现的佛经大部分是用黄纸写的。纸可以先写后潢，也可以先潢后写。这种染潢工作是装治工作的一部分，装治现在叫装裱。

卷轴装书因为比较长，又要经常展开阅读，为了避免边缘破裂，同时也为了使卷子舒展硬挺一些，就需要装裱。所用材料通常是纸，也有用不同色的绫、罗、绢和锦的。《法书记》云："唐太宗所装的都是紫罗褾，梁朝所装的为青绫褾，安乐公主用黄麻纸。"在卷子的两端和上下装裱，称为"褾"、"玉池"或"装褫"。米芾《书史》云："隋唐藏书卷首贴绫谓之玉池。"褾的材料，也有特制的。现代的字画都

需要装裱，而且非常讲究，已经没有入潢这道工序。入潢的纸除防蠹外，对人的眼睛非常有利，因为色彩上比较柔和。

（四）卷轴装书的著作

卷轴装书有两种版本形式，一种是手抄本，一种是雕版印刷本。雕版印刷本是雕版印刷术发明之后的印本书。手抄本的卷轴装书从东汉开始一直延续到北宋初年，在这么长的时间里，书籍的流传主要靠手抄，自己抄书，请人抄书，还可以到书铺去买"经生"（专门抄书的人）抄的书。

手抄卷轴装书主要有以下几个方面的内容：

历史方面的著作，如《三国志》、《后汉书》、《史记》、《汉书》（后人称这四种书为"四书"）、《魏书》、《宋书》等等。

文学方面的著作，如《文章流别集》、《文选》、《玉台新咏》、《典论》、《文赋》、《文心雕龙》、《诗品》等等。

类书，如《皇览》、《修文殿御览》、《文思博要》、《三都赋芨》、《艺文类聚》、《北堂书钞》等等。

佛经方面的译著，如《开元译教录》、《道藏》、《三洞琼纲》等等。

哲学方面的著作，如《老子注》、《庄子注》、《无鬼论》、《神灭论》等等。

经书方面的新解，如《易经》、《易略例》、《论语集解》、《五经正义》、《十三经注疏》等等。

还有声韵学、科学技术方面的著作。

四 旋风装书

旋风装书是一种特殊的装帧形态，历代学者对它有不同的看法，本节将作一介绍。旋风装书中出现页子，并双面书写，这对书籍装帧形态的演变有重要的历史作用。

（一）旋风装书的形制

旋风装书（图2-14）从外观上看和卷轴装书是完全一样的，把旋风装书展开之后和卷轴装书就不

旋风装书及书签

旋风装书的外观（敦煌藏经洞）

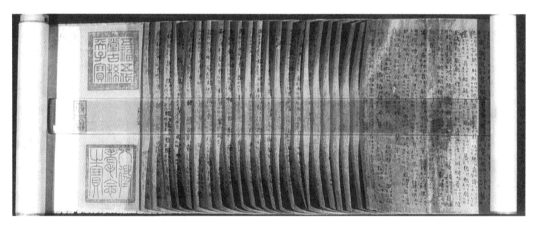

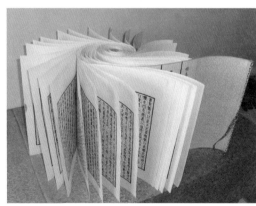

图 2-14 旋风装书

一样了。"旋风装书是在卷轴装的底纸上，将写好的书页按顺序自右向左先后错落叠粘，舒卷时宛如旋风，故得名。又因其展开后形似龙鳞。故称龙鳞装。"（姚伯岳著《版本学》）故宫所藏《唐写本王仁昫刊谬补缺切韵》就是这种装帧形式。"全书共有五卷，凡二十四叶。除首叶是单面书写外，其余二十三叶

均为双面书写，所以共有四十七面。每面三十五行，自四十'耕'起，为每面三十六行。每叶高 25.5 厘米、长 47.8 厘米。其装帧方式，是以一比书叶略宽的长条纸作底，除首叶因系单面书写，全幅裱于底纸右端之外，其余二十三叶因均系双面书写，故以每叶右边无字空条处，逐叶向左鳞次相错地粘裱在首叶末尾的底纸上，看去错落相积，好似龙鳞。收藏时从首向尾卷起，外表仍是卷轴的形式，但打开来翻阅时，除首叶全裱于底纸上，不能翻动外，其余均能跟阅览现代书籍一样，逐叶翻转。这种装帧形式，既保留了卷轴装的外壳，又解决了翻检必须方便的矛盾，可谓独具风格，世所罕见。古人把这种装帧形式称为'龙鳞装'或'旋风装'。"（李致忠著《中国古代书籍史》）《刊谬补缺切韵》是类书，相当于现在的词典，带有工具书的性质，是准备随时查检使用的。如果用卷轴装，一来是因为卷子不可能太长，而《切韵》内容又不能缩短；二来是《切韵》要随时查检的，卷轴装书不便于查找，而旋风装书则方

便多了。所以，旋风装书是随着需要而产生的。旋风装中的页子是两面书写（摘引原书用"叶子"，本书则用"页子"），这开了双面书写的先河，对后世有很大启迪作用。

《却扫编》云："彩选格始于唐李郃。李郃撰骰子选，是备查之用的叶子戏。"北宋欧阳修在《归田录》卷二中云："唐人藏书皆作卷轴，其后有叶子，其制似今策子。凡文字有备查者，卷轴难数卷舒，故以叶子写之。如吴彩鸾唐韵，李郃彩选之类是也。"吴彩鸾唐韵就是王氏《切韵》。南宋张邦基对这种装帧形态的称谓更明确了，他在《墨庄漫录》卷三中云："成都古仙人吴彩鸾善书名字。今蜀中导江迎祥院经藏，世称藏中《佛本行经》十六卷，乃彩鸾所书，亦异物也。今世间所传《唐韵》犹有，皆旋风叶。"张邦基明确它是"旋风叶"。清初，钱曾在《函芬楼烬余书录》中云："吴彩鸾所书《唐韵》，余在泰兴季因是家见之，正作旋风叶卷子，其装潢皆非今人所晓。"从历代典籍中的记载可见，对旋风装书有一个认识和确定的过程。

（二）对旋风装书的其他看法

刘国钧先生在《中国古代书籍史话》一书中云："旋风装与梵箧装不同之点，仅在于它将梵箧装的前后封面改为一张整纸，以其一端粘于最前页的左边，另一端向右包到书背面而粘在最后一页的左边。这样便将书的首尾粘连在一起，因此在翻到最后一页的时候，便可以连着再翻到首页。往复回环有如旋风，所以叫做旋风装。"（图 2-15）刘国钧谈的旋风装和前面介绍的旋风装是不一样的，并认为"旋风装是经折装的变形"。另外，刘国钧先生认为经折装即是梵箧装。

学者们对旋风装书的认识不尽相同，有数种之多，没有一个统一的认识，笔者倾向于刘致忠先生的看法。

（三）旋风装书的页子及优缺点

页子的概念是从旋风装书开始出现的，古人把页子叫成"叶子"。页子的出现逐渐改变了书的装帧

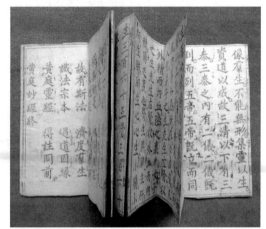

图 2-15 旋风装书示意图（经折装书）

形态，没有页子，就没有卷子，也就没有现代书。旋风装书中出现的页子对册页书的出现具有重要的意义，它在中国书籍装帧史上、印刷史上、装订史上都占有重要的地位。

旋风装书比卷轴装书的容量大，查检也比较方

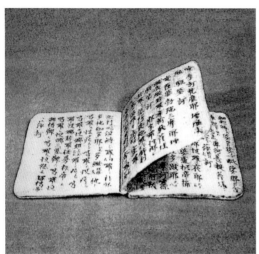

图 2-16 粘页装书

便一些，这是个进步。由于旋风装书保留了卷轴装书的躯壳和外观，查检时仍需要打开卷轴，如果查检的是卷尾的韵条，仍要把卷子全部打开，所以，这种卷子式的旋风装书，使用起来仍感到不方便。页子已经出现，为什么不突破卷轴装，另外采取更新的装帧形态呢？当时，卷轴装书盛行，一时又难以创新和突破，只是在卷轴装书的基础上进行了改进，开始了向册页装帧形态的过渡，也可以认为，

旋风装是册页装的最初形式。

五　粘页装书、缝缋装书

敦煌遗书中有两种形式的书的装帧方法很特别，其在唐末、五代时期流行，后来就逐渐消亡了。这两种书的装帧形态与传统的书籍装帧形态有着明显的区别，由于其流行的时间不长，且没有详细的文献记载，一直未被人们所认识，但是，其为册页书的发展所起的作用在历史上应当给予肯定。

（一）粘页装书

宋人张邦基在他的著作《墨装漫录》中引用了王洙曾经说过的一段话："作书册粘页为上，久脱烂苟不逸去，寻其次第足可抄录。"这里谈到书的制作方法用"粘"，就是把书页粘在一起，所以称为"粘页装书"（图 2-16）。有两种情况：

"其一：每张书叶一面写字，有字的一面对折，若干书叶按顺序集为一叠，相邻书叶和书叶之间，空白叶面相对并涂满浆糊，使所有书叶粘连在一起。其二：书叶对折，每张书叶形成四个叶面，第一张书叶的第一面作为首页，一般仅题写书名，其余三面按顺序书写文字。自第二叶开始，四个叶面全写字，一部书写完，所有书叶按书写顺序集中在一起，在每张书叶折口线左右 2-3 毫米处涂抹浆糊，使所有书叶粘连在一起。"（杜伟生著《中国古籍修复与装裱技术图解》）

粘页装书用浆糊粘，这不同于卷轴装书中长纸的粘连，也不同于旋风装书中的粘页，它为后来的蝴蝶装书的产生提供了思维方法和技术前提。

（二）缝缋装书

《墨装漫录》云："若缝缋，岁久断绝，即难次序。初得董氏《繁露》数册，错乱颠倒。伏读岁余，寻绎缀次，方稍完复，乃缝缋之弊也。"这里谈到的"缝缋"，就是指缝缋装书（图 2-17）。

"这种装帧书籍的书叶多是把几件书叶叠放在一起对折，成为长方形一叠，几叠放在一起，用线串连。

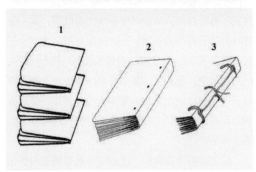

图 2-17 缝缋装书

这点和现代书籍锁线装订的方式非常相似，只是穿线的方法不太规则。这样装订的书多是先装订，再书写，然后裁切整齐。"（杜伟生著《中国古籍修复与装裱技术图解》）

缝缋装订的方法有一定的弊病，就是缝的线一断，很难找到书页原来的次序。但是，可以看到，它对蝴蝶装书、包背装书和线装书的打眼装订、锁线装订是有一定的启发作用的。

在敦煌遗书中，这种形态装帧的书有不少，中国、英国、法国国家图书馆收藏的敦煌遗书中都有发现。在日本，现在还可以看到用缝缋方法装帧的书籍。

六　书籍装帧正规形态的特点

（一）书籍的承载物

简策书、木牍书的承载物是竹、木；帛书的承载物是缣帛；卷轴装书的承载物，初期是帛，这是因为卷轴装书直接从帛书发展而来，纸发明以后，大量的卷轴装书用的材料是纸；旋风装书的承载物是纸。纸作为书籍的承载物，它的优越性是其他承载物所不可比拟的。从卷轴装书开始使用纸作为承载物后，一直被沿用下来。

从几种书籍的装帧形态来看，它们要受到制作材料——承载物的制约，不同的材料会产生不同装帧形态的书，当然还有其他条件的制约。简策书虽然可以卷起来，但体积大，太重；木牍书不能卷，容量也太少；帛书的材料有限，又很贵，卷轴装书翻检不方便；旋风装书综合了这几种书的优点，去其缺点，有了很大的进步，成了当时比较先进的书籍装帧形态，但也存在着明显的缺点。

（二）书籍的制作方式

书籍的制作方式也制约着书籍的装帧形态，简策书用竹片——"简"的编连，帛书用帛和帛的粘连，卷轴装书用纸的粘裱，旋风装书用纸页的粘，制作方法是不同的，书的装帧形态也就大相径庭。所以，书籍的装帧形态，主要是由书籍的制作方式和承载材料决定，也还会受到其他一些因素的影响。

从书籍装帧发展史的角度来说，以上所书的"书籍装帧的正规形态"是向册页形态过渡的表现形式，是初期形态。书籍装帧形态还在继续发展变化，因为都采用纸后，书籍装帧形态的演变则主要取决于制作方法。

第三章
中国书籍装帧的册页形态

中国书籍装帧经过初期形态、正规形态，进入到册页形态，也就是成熟形态 ……

第三章　中国书籍装帧的册页形态

中国书籍装帧经过初期形态、正规形态，进入到册页形态，也就是成熟形态。从梵笑装书开始，经过经折装书、蝴蝶装书、包背装书，到线装书为止，这些书，绝大部分都是雕版印刷的，使用的材料（承载物）都是纸。因此，在书籍装帧的页册形态时期，书籍的制作方式和社会需要决定了书籍装帧的形态。

这几种书中，已出现了封面和封底，并逐步开始加以装饰，版式也不尽相同。蝴蝶装书时，形成较为固定的版式，到了线装书，传统的封面特点得以形成，中国传统的书籍装帧走到了至善至美的境界。这些特点，在现在所出版的线装书中仍加以采用。中国书籍传统的制作方法，由于西方先进的制版、印刷技术、装订形式的输入和影响，装帧形态又发生了变化，出现了平装书、精装书、简精装书等等形态，这是社会发展和技术进步的趋势，还会有新的书籍装帧形态出现。

关于书籍装帧的册页形态，有的学者认为从经折装书开始，有的学者认为从蝴蝶装书开始，还有的学者认为从包背装书开始，笔者认为应从梵笑装书开始，其原因有二：1、梵笑装书已脱离卷轴装书的形态，开始使用单页；2、梵笑装书已成为册页书的形式。梵笑装书和经折装书可视为书籍装帧的册页形态的初期形式，蝴蝶装书是个过渡，包背装书的出现则标志着中国书籍装帧形态日益成熟，线装书则是中国古籍最成熟的装帧形态。所以，本章从梵笑装书开始叙述，依次为经折装书、蝴蝶装书、包背装书，直到线装书，最后做一个小结。另外，因为粘页装书和缝缋装书在文献中没有多少记载，存世时间比较短，影响很小，并没有引起学者们的注意和重视，很多现代出版的关于印刷、装帧方面的书籍中都没有提到它们，只是杜伟生先生做了专门的研究，虽然也是册页形态的，但把它们放在书籍装帧正规形态中讲述。

一　梵笑装书

梵笑装书是一页一页的单页，页和页之间并不粘连，看书时，看完这一页再看另一页，很容易乱，其弊病很明显，多用在佛经书中，因装帧形态不成熟，故把"梵笑装书"放在第三章的第一节。梵笑装书的单页和前后木板（封面和封底）对后世书的改进和发展影响很大。

（一）梵笑装书的制作

唐代，玄奘和尚到印度取经，带回一些印度的佛教经典，这些经典采用贝叶的装订形式，称为梵笑装书。"梵"字，《词典》的解释是清静，梵语（印度古代的一种语言）；笑（cè）字，《词典》的解释是：同"策"；《词典》对"策"的第一种解释是：古代写字用的是竹片或木片。竹片和木片在简策书中是书写文字的载体。连接起来的意思则是：用梵文在一片一片的载体上写的书叫"梵笑装书"。后来，这种装帧形态的书通称为梵笑装书。

"贝叶经又叫贝编，是用生长在南亚次大陆上的一种贝多罗树的树叶加工制成条形的书叶，书写方式是用一种针在叶面上刺划，然后在书叶表面上涂以颜料，再用布擦去，颜料就渗入已书写好的划痕中，成为经久不褪的文字；将许多这样的书叶整齐叠放在一起，上下用木板夹起来，再在中间穿两个眼，用绳子穿扎起来，或不穿眼而直接从外面捆扎

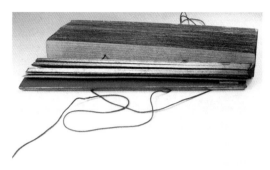

图 3-1 贝叶经

图 3-2 蒙文《甘露尔经》（梵箧装书）

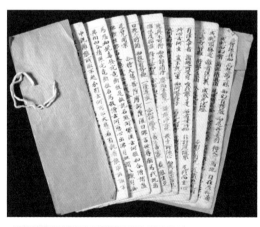

示意图

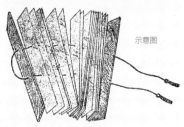

图 3-3 梵箧装书

起来，就成为一部书。由于其内容大多为印度佛经，故称之为贝叶经（图3-1）。中国的纸写本佛经也多有采用这种装订形式的，特别是现存的蒙文（图3-2）、藏文《大藏经》……"（姚伯岳著《版本学》）这种装帧形态是仿印度贝叶经的一种装帧形态，书页为长方形，一页一页，并不直接相连，中有二孔，顺序穿线，前后用两块木板夹起来起保护作用。

（二）梵箧装书的特点

梵箧装书（图3-3）的每一个页子，有点像简策书的简，因为它又薄又宽，是纸的，所以无法像简片那样编连起来，只能打眼、穿绳、捆扎。梵箧装书因为是一页一页的，只能每一页作版式，有点像卷轴装书缩短了的版式，四周有框线，有的框线是二方连续的图案，中间有文字。

梵箧装书前后用木板夹起来，目的是为了保护书页，实际上这两块木板就是封面和封底。上面的木板上粘有写着佛经名称的签条，这种最早出现的封面的形式流传下来，并加以改进，形成中国古籍的传统封面形式。所以，现代意义上的封面是从梵箧装书开始的。当时梵箧装书的封面很简单，后来逐渐变得复杂。图3-2中的藏文佛经的封面十分华丽、精美，木板用绫或绸包裹起来，再贴上印刷的签条，很好看。

梵箧装书流行于唐、五代，主要用于佛经，现在，藏文佛经仍用这种形式。有的学者认为梵箧装就是经折装，是一种误会。

二　经折装书

唐代的纸本佛经装帧方法虽然受到贝叶经的影响，采用梵箧装书的方法，但梵箧装毕竟是外来的，影响面不可能很大。另外，梵箧装也有其缺点，虽然是单页，并不很方便，页子容易莽开，串联起来也比较麻烦。卷轴装书不便于查检，高僧、佛教徒盘腿入定、正襟危坐，以示肃穆和虔诚，这种神态和姿势如何翻查卷轴装的佛经？其不方便可想而知。

于是，首先由佛教徒开始对卷轴装书进行了改革。清代高士奇《天禄识馀》云："古人藏书皆作卷轴……此制在唐犹然。其后以卷舒之难，因而为折。久而折断，乃分为簿帙，以便检阅。"

（一）经折装书的出现和制作

经折装书，顾名思义与佛及佛经有着密切的关系，折是折叠的意思。佛教徒们为了念经时查检的方便，首先对卷轴装书进行了改革，把原来作卷轴装的纸一张一张地粘接成长条形状，用手写上文字，按照一定的行数（有的学者认为经折装书是先折后写，这样便于控制每页的字数，就像现在的签字簿一样），又用类似古代帛书的叠放方式，一反一正，在两行之间，均匀地左右连续折叠起来成为长方形的折子，再模仿梵荚装书的做法，在纸的前后分别粘接两块硬纸板或木板，作为保护图书的封面和封底，再在封面上粘上写有经名的签条，一本经折装书就算制作完成了。因为它是由佛教徒首先制作，写的是经文，又是采用折叠的方式，所以叫经折装书。

经折装书（图 3-4）早期是手写的，后来也有雕版印刷的。斯坦因在《敦煌取书记》中有一段关于经折装书的描述："又有一册佛经，印刷简陋，然颇足见自旧型转移以至新式书籍之迹。书非卷子本，而为折叠而成，盖此种形式之第一部也……折叠本书籍，长幅接连不断，加以折叠，最后将其文一端悉行粘稳。于是展开之后，甚似近世书籍。"

（二）经折装书的明代经典

自北宋雕版印刷《崇宁万寿大藏经》以来，佛经几乎都采用了经折装帧的形态，如《金光明景胜王经》（图 3-5）等，很多碑帖、札记也都采用此法。北京图书馆所藏明万历四十三年（公元 1615 年）写本《九天应元雷声普化天尊玉枢经》是经折装的明代经典，华丽非常，外套为缂丝，主调是金黄色，蓝签条、金字，彩色斑斓，均为织造。同书另一套，色彩及纹样相同，但改为凸出较高的盘丝绣。

邱陵在《书籍装帧艺术简史》一书中云："这部经折高一市尺，宽三寸八分。套外边绣有福禄寿三

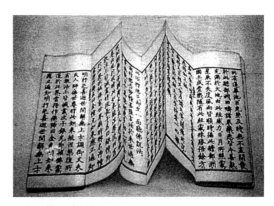

图 3-4　经折装书

字，正面绣有二龙，后面绣鹤及日月乾坤。经折全用瓷青纸，泥金写画，前有雷祖及侍从，后有天王像，色彩形象给人以肃穆之感。内文上下有文武线双栏边框，是一部装饰极为华丽而又大方的道教经藏。在套内经折外，并附有一根长九寸二分，宽不及五分的经笺一支，大约是用檀木或楠木做成的，形状像一支宝剑，上端并刻有曲线形边饰。签上题有'大明万历四十二年岁次乙卯四月吉日造'的字样……这部经折，从外套到内部的装饰，采用了对比、映衬、呼应等一系列艺术手法。外表金碧辉煌，主要是金、黄，但也有少量的红、绿、蓝。特别是蓝色的书签条，与经折的瓷青纸取得必要的联系。而经折的内部，雷祖天王前呼后拥，在内容和构图形式上，取得了前后呼应的效果。全书用瓷青纸抄写，又给人从外界的繁嚣中得到清静严肃的感受，使人安下心来读经，这就达到了宗教宣传的目的。瓷青纸上用金字书写并盖有朱红的'广运之宝'的图章，这与封面及书套设计又取得适当的联系，显得既严肃，又巧妙。木质书签的安排，主要是以实用为目的，据说在读经时把它插在经页下面进行翻阅，既可以起到保护书籍免受污损的作用，又可体现'神圣不可侵犯的宗教尊严'。"

摘录邱陵先生大段的描述，只想说明明代的经折装书已充分注意到书籍的整体设计，效果又是这么好，无论从内容的要求、实用的目的或艺术的处理上，都有一个从整体出发的设计构思。它以金、橘黄、朱、蓝等为主要色调的色彩运用，较充分地

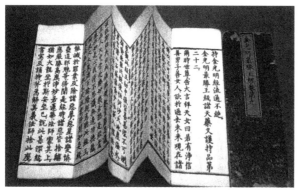

图 3-5 经折装书《金光明景胜王经》

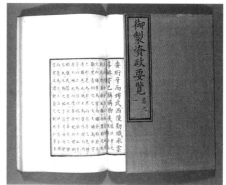

图 3-6 蝴蝶装书《御制资政要览》

体现出民族特色和宗教色彩的内涵来。

（三）经折装书的变种

有的学者认为，把经折装书的最前页和最后一页用一张大纸分别粘好，然后对折，从头翻阅时，直翻到最后，仍可连翻到第一页，回环往复，不会间断，因而叫"旋风装书"。

有的学者认为这种装帧形态是经折装书的变种，并不是旋风装书（旋风装书如第二章第四小节所述），笔者比较同意这种看法。据魏隐儒先生讲，这种装帧形态的经折装书，只见记述，未见实物，而且是出现在经折装书的后期。

经折装书，有的一面印字，有的两面印字。两面印字的，看完一面再翻过来看另一面，也很方便。在敦煌出土的唐代《入楞加经书》、五代天福本《金刚经》、宋代佛典《毗卢藏》、《崇宁万寿大藏》、《碛砂藏》、《思溪藏》等，都是经折装书。现在，经折装的形式还在应用，比如像签字簿、碑帖拓本、长幅国画、歌本等等。

三　蝴蝶装书

蝴蝶装书的出现，表明中国古代书籍装帧向成熟阶段的发展走出极为重要的一步，在我国书籍装帧史上占有极其重要的地位，对后世以至现代的书籍装帧影响很大。我们一般指的宋版书就是蝴蝶装书，它是我国历史上辉煌的一页。

（一）蝴蝶装书的形成

蝴蝶装书出现在经折装书之后，是由经折装书演化而来。经折装书由于是连续的正反折叠而成，在长久的翻阅过程中，折缝处非常容易断裂，也很容易受到磨损，断裂之后就出现了一页一页的情况，这样的书很难翻看和保存。另外，由于经折装书底纸较厚，书又不能过分厚，限定了经折装书的容量，只适合于经藏方面的典籍，而大量的其他方面的书用经折装就不合适，这种种原因促使人们寻找新的装帧形态。

隋末唐初，虽然雕版印刷术已经发明，但这两种书籍的装帧形态对于雕版印刷来说，都不是很合适。卷轴的形式太长，翻检不便；经折的形式也太长，而且容易磨坏；梵笑装书应用并不普遍，页子易散、易丢。雕版印刷是一页一页的，同时可印多册，传统的装帧形态都不合适。

蝴蝶装书（图 3-6）是随着雕版印刷技术的发明而产生的。"蝴蝶装书"简称"蝶装书"，又称"粘页书"，是册页书的中期表现形式。蝴蝶装书开创了传统的书籍装帧形态的先河。

（二）蝴蝶装书的制作及特点

雕版印刷的页子一张一张印好后，先将每一页向内对折，版心向内，单口在外，使有字的纸面对面折起来，页子是单面印刷，然后将每一书页背面的中缝粘在一张裹背纸上，粘齐，再用一张硬厚整纸对折粘于书脊，作为封面和封底，再把上下左三边余幅裁齐，一本蝴蝶装书就算制作完成。（图 3-7）封面上贴有带书名的签或印有书名，从外表看，很像现在的平装书或简精装书；打开书页向两边张开，仿佛像展翅飞翔的蝴蝶，所以称这种装帧形态的书为蝴蝶装书。

这种装帧形态对于通过版心的整幅图画，在印刷上和翻阅时更加方便。由于版心向内，集于书脊，有利于保护版框以内的文字，使文字不易损坏。上下左三面朝外，均系框外余幅，即使磨损了也好处理，可以重新裁切整齐而不伤文字。

蝴蝶装书的书衣除用硬纸外，还有用布、绫、锦等裱背，形成硬封面，可以放在插架上（图 3-8）。古人放书时并不像现在那样书根向下、书脊向外，而是书口向下，书脊向上立着。现存宋代原装的《欧阳文忠公集》（图 3-9）的书根上就有从书脊一边向下直写的书名，这样的放置法，找起书来很方便。

蝴蝶装书，每页口口与书口、书口与书衣，合用浆糊粘，不用线订，这就要求浆糊的质量要高，既要粘得牢固，又要防虫蠹。张萱《疑曜》云："今秘阁中所藏宋版诸书，皆如今制乡会进呈试录，谓之蝴蝶装，其糊经百年不脱落。"他又说看到王古心《笔录》里，有这样一段记述：王古心曾遇见一老僧永光，就问起前藏经接缝如线，可以保存很久并不脱落是什么缘故？这个老僧说，古法用楮树汁、飞面、白芨末三种东西，调和得像浆糊一样，用它粘纸，坚如胶漆，永远也不会脱落。宋王洙《谈录》云："作书册，粘页为上，岁久脱烂，苟不逸去，寻其次第，足可抄录。屡得逸书，以此获全，若缝缋，岁久断绝，即难次序。初得董氏《繁露》数册，错乱颠倒，伏读岁余，寻绎缀次，方稍完复，及缝缋之弊也。"可以看到，古人相信用糊，不愿缝缋，也说明用糊粘得结实、牢固和不怕虫蛀。从王洙的话中也可以看到，缝缋装在蝴蝶装之前，蝴蝶装克服了缝缋装的缺点。

蝴蝶装书起源于唐代，盛行于宋、元。《明史·艺文志》序云："秘阁书籍皆宋、元所遗，无不精美。装用倒折，四周外向，虫鼠不能损。"叶德辉《书林

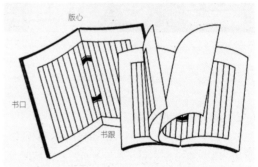

图 3-7 蝴蝶装书示意图

图 3-8 蝴蝶装书插架示意图

清话》云："蝴蝶装者不用线订，但以糊粘书背，夹以坚硬护面，以版心向内，单口向外，揭之若蝴蝶翼。"

（三）蝴蝶装书的装订及内涵

关于蝴蝶装书的装订，孙庆增在《藏书纪要》一书中作了较为具体详尽的描述，现摘录如下："装订书籍，不在华美饰观，而要护帙有道，款式古雅，厚薄得宜，精致端正，方为第一。古时有宋本，蝴蝶本，册本，各种订式。书面用古色纸，细绢包角。标书而用小粉糊，入椒矾细末于内，太史连三层标好贴

图 3-9
《欧阳文忠公集》及版式

于板上，挺足候干，揭下压平用。须夏天作，秋天用。折书页要折得直，压得久，捉得齐，乃为高手。订书眼要细，打得正，而小草订眼亦然。又须少，多则伤书脑，日后再订，即眼多易破，接脑烦难。天地头要空得上下相称。副册用太史连，前后一样两张。截要快刀截，方平而光。再用细砂石打磨，用力须轻而匀，则书根光而平，否则不妥。订线用清水白绢线，双根订结。要订得牢，嵌得深，方能不脱而紧。如此订书，乃为善也。见宋刻本衬书纸，古人有用澄心堂纸，书面用宋笺者，亦有用墨笺洒金书面者，书笺用宋笺藏金纸古色纸为上。至明人收藏书籍，讲究装订者少。总用棉料古色纸书面，衬用川连者多。钱遵王述古堂装订书面，用自造五色笺纸，或用洋笺书面。虽装订华美，却未尽善。不若毛斧季汲古阁装订书面，用宋笺藏经宣德纸染雅色，自制古色纸更佳。至于松江黄绿笺纸书面，再加常锦套金笺贴笺最俗。收藏家间用一二锦套，须真宋锦或旧锦旧刻丝。不得已细花雅色上好宫锦亦可。然终不雅，仅可饰观而已矣。至于修补旧书，衬纸平伏，接脑与天地头并，补破贴欠口，用最薄棉纸熨平，俱照旧补画法，摸去一平，不见痕迹，勿觉松厚，真妙手也。而宋元板有模糊之处，或字脚欠缺不清，俱用高手描摹如新。看去似刻，最为精妙。书套不用为佳，用套必蛀。虽放于紫檀香楠匣内藏之，亦终难免。惟毛氏汲古阁用伏天糊标，厚衬料，压平伏标，面用洒金墨笺，或石青石绿棕色紫笺俱妙。内用科举连标，里糊用小粉川椒白矾百步草细末，庶

可免蛀。然而偶不检点，稍犯潮湿，亦即生虫，终非佳事。糊标宜夏，折订宜春。若夏天折订，汗手并头汗滴于书下，日后泛潮，必致霉烂生虫，不可不防。凡书页少者宜衬，多者不必。若旧书宋元抄刻本，恐纸旧易破，必须衬之，外用护页方妙，书笺用深古色纸标一层，签要款，贴要整齐，不可长短阔狭，上下歪斜，斯为上耳。虞山装订书籍，讲究如此。聊为之记，收藏家亦不可不知也。"

从长幅的描述中可以看到，古人对书籍装订的重视，是把书当做一件艺术品去制作，并赋予它丰富的内涵。淮海周嘉胄在《装潢志》里对书籍的装帧又进一步作了总结，他说："每见宋装名卷，皆纸边至今不脱，今用绢折边不数年便脱，切深恨之，古人凡事期必永传，今人取一时之华苟且从事，而画主及装者俱不体认，遂迷古法。余装卷以金粟笺用白芨糊折边，永不脱，极雅致。"

邱陵先生在《书籍装帧艺术简史》中，对这一原则也有极为精彩的描述："可见宋人装书，不仅在艺术风格上要求'雅'，即在区区小事的浆糊上也不肯轻易放过……就目的而言，即使不一定'期必永存'，也应是经济实用，而不能'取一时之华，苟且从事'。材料的选择不仅在名贵，尤在于雅洁，所以以锦套、金笺为最俗不是没有一定道理的。今天，固然不能一概而论，我们应该悉心研究，可用则用，不可用虽绫罗绸缎亦不可滥用。古人说'俗病难医'，华而不实、俗不可耐，绝不是书籍装帧设计的上品。"中国古籍崇尚雅，以雅为灵魂，可以说"雅"是中

国古籍装帧的原则。

古籍的封面与现代书的封面含义是不同的，古籍的封面相当于现代图书的扉页（书名页）。封面上除书名、著者名之外，还经常印有出版年月、出版者等事项。

（四）蝴蝶装书的版式及名称

雕版印书在宋代得到长足的发展，主要是指蝴蝶装书。自明代以后，无不向往宋版书，视它为重宝、奇货，甚至计页酬金，寸纸寸金。收有宋版书，顿觉珍逾琬琰、身价百倍。时至今日，宋版书已成为无价之宝。中国传统的版式是在宋代的蝴蝶装书中形成，并被沿传下来。（图3-10）下面就宋版书的版式及名称简单加以介绍（古籍的版式名称，有的内涵与现在的概念不尽相同）：

印本书版面有了比较固定的格式，边栏、界行、书耳、版心、鱼尾、象鼻、白口、黑口、天头、地脚、行款等名目繁多。

（1）版口。古籍先将文字印于纸的一面，中间对折而成两个半页，折叠的直缝称"口"。有白口、黑口之分：折缝上无黑线称为白口，有黑线称为黑口（粗黑线称为大黑口，细黑线称为小黑口），刻有文字的称为花口。

（2）脑。即各页钻孔穿线的空白处，亦书本合闭时竖线的右边。纸大版小则脑阔，脑阔则天地头也相对高广。

（3）版框。即"边栏"，或"匡郭"，又称栏线。单栏的居多，即四边单线；也有一粗一细双线的（外粗内细），称"文武边栏"；还有上下单线左右双线的，称左右双边；图案组成边栏的称花边，是为了装饰版面。

（4）界行。唐人叫"边准"，宋人称"解行"，加横则为格，即版面内行的直线，由简册中的简边，帛书中的朱丝栏、乌丝栏演化而来，直线间的部分称"界格"，主要是印文字的地方。抄本书有无栏的，称为素纸抄本。

（5）天头、地脚、边。书页中，版面之外的部分，上称天头；下称地脚；左右空白部分称"边"。这种

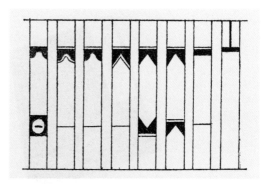

图3-10 蝴蝶装书中缝的形式示意图

叫法在现代书籍中仍沿用，是指从文字到切口的距离，天头亦称眉。

（6）眼。就是孔，用以穿线或插钉。孔愈小愈好，大则伤脑。

（7）版心。版面中心的界格，又称中缝或折行。从版心折叠，就成为一个对折页的上下面或左右面。

（8）鱼尾。把版心分作三栏，以像鱼尾的图形▼为分界（如▽白鱼尾、▨花鱼尾、◥黑鱼尾、▨线鱼尾）加下方对称部位也有一个鱼尾称双鱼尾；鱼尾方向相同称顺鱼尾，方向相反称对鱼尾或逆鱼尾；全涂黑的称黑鱼尾，线中空白的称白鱼尾；由平行线构成的称线鱼尾，鱼尾下部为曲线的称花鱼尾。三栏中，上栏从前是刊刻页数、一页字数，后来刻书名或出版家名称；中栏简略题写书名、卷次、页数；下栏原来多刻刻工姓名，后来多记出版家、堂名或丛书总名。

（9）面。有两种含义，一是封面，一是书名页（现在是扉页）。封面亦称书衣、书皮，是用来保护书面的。页面是镌刻文字的地方，封面与页面间的空白页，称为"护页"或"副页"，从简策书中的"赘简"发展而来，亦称"赘页"。

（10）象鼻。版心中上下鱼尾到版框之间的部分叫象鼻。象鼻中印有黑线的称为黑口，粗线者或全黑者称粗黑口或大黑口，细线者称细黑口或小黑口；没有黑线，象鼻为空白者称白口；其中刻有文字的称"口题"，也有人称为花口。象鼻中的黑口同鱼尾一样，是折叠书页的标记。（关于象鼻还有其他说法，从略）

（11）书耳。在版框左右两边栏外上角，有时刻一个小方格，略记篇名（小题）称书耳、耳格或耳子，是为查检方便而设，很像现代书眉上的字，单页码为书名，双页码为篇名。在左称左耳题，在右称右耳题。

（12）行款。又称行格，指版面中的行数与字数，通常按半个版面计数，称半页几行，行多少字。

（13）角与根。即包角与书根。书页订成一册之后，切齐（据说古书是一册一切，因此大小均不完全一样）、沙光。右边的上下两隅为角，珍贵的书以湖色或蓝绫包角。根在地头切光之处。卷帙浩繁之书，藏家往往请人号书根，即于角隅线的右边，写书的册数，左边写书的名称与分类，以便检查和整理，也有印书根的，如商务印书馆所出《四书丛刊》。与根相对，全书的上部切光处称为"书首"。

（14）目。书之纲目，即目录。从上面叙述可以清楚地了解，中国古籍有口、脑、头、尾、眼、耳、鼻、面、心、角、根、首等部位及其含义。从而也可以看到，这样的版面排法，构成中国古代印版书籍版面的基本形式，在不同的朝代，叫法上有所不同，其含义没有太大变化。这样的版式看上去端庄大方，严整古朴，秀雅洁美。

宋版书主要是指蝴蝶装书，在我国书籍装帧史上占有极其重要的地位。

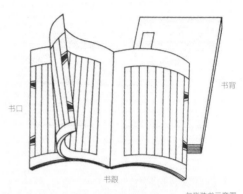

书背

书口

书跟

包背装书示意图

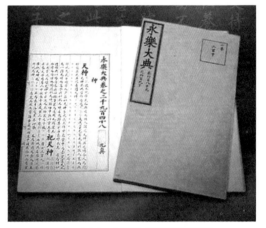

四　包背装书

包背装书出现在南宋后期，元代有很大发展，盛于明代，清代也颇盛行。由于包背装书克服了蝴蝶装书的一些缺点，一些经典巨著多采用包背装的形态。

（一）包背装书的形成

蝴蝶装书有很多优点，如：一版内便于刊载整幅图画，画幅可以占两面；因插架时版口向下，书背向上，尘土不易落入书内，便于保护书籍；如遇水浸、虫咬，不易伤及文字。蝴蝶装书也有许多缺点，

图 3-11
包背装书

由于版心向内，它的背面粘在背纸上，切口出现很多散页。蝴蝶装书是单面印刷，印刷的一面有油墨，容易有所粘连；翻阅蝴蝶装书时，时常见到反页，往往连翻两页才能看见一页，很不方便。另外，因为蝴蝶装书版心向内，无法缝缀，只能糊粘，糊粘毕竟不如线装结实，粘不好就容易脱落。造成这两个缺点的主要原因是折页不当，而包背装正好克服了这两个缺点，它取代蝴蝶装书是个进步，势在必然。

（二）包背装书的制作

包背装书是将书页正折，版心向外，书页左右两边的余幅，亦称"脑"的一边齐向右边书脊，折好的书页以书口版心为准戳齐。早期时，书页粘在书背上（这还是沿用蝴蝶装书糊粘的方法），再裹书皮，上下裁切，便成一本包背装书。后来，在右边打眼，用绵性的纸捻订住、砸平。书外用书衣绕背包裹，上下裁齐，一本书便做成。由于这种装帧形态主要在于包裹书背，因之得名"包背装书"（图 3-11）。

包背装书类似现代的平装书，如它的裹书衣、翻看书时的情况等。也有区别，包背装书是单面印刷，合页装订，平装书则是双面印刷，合页装订；包背装书是在书脑部分竖向穿眼订线捻或线，平装书则是横向锁线或平订。

包背装书的书衣有软硬两种，因为它的版心在外，怕磨书口，不宜直立，改为平放，因而，书衣也就由硬变软了。

（三）包背装书的版式

包背装书的版式和蝴蝶装书的版式在印刷时是一样的，由于装订的方法不同，包背装书的象鼻在书口，致使像象鼻、鱼尾、版口、书名等均在书口；而蝴蝶装书的象鼻、鱼尾、版口、书名等均在里边，和包背装书正相反。

包背装书的版式及装订形式使读者看起书来更方便一些。

（四）《永乐大典》与《四库全书》

包背装书克服了蝴蝶装书连翻两页和糊粘的缺

图 3-12 包背装书《钦定四库全书》

图 3-13 线装书《宋刊范仲淹集》

点，得到迅速发展，一些经典巨著都采用包背装。

"《永乐大典》是明代巨帙，书高一尺七寸，宽一尺，原书 11095 册，开本很大，也是用包背装。书以黄绫为书衣，硬面宣纸，朱丝栏，每半页八行，每行大字十五，小字三十，朱笔句读。清乾隆《四库全书》（图 3-12），共七部，分别贮放在文渊、文溯、文源、文津、文汇、文澜、文宗七阁。每阁三万六千三百一十五册，用绫书衣，包背装，分为四种颜色：经库绿绫衣，史库红绫衣，子库蓝绫衣，集库灰绫衣。盛书用木函，函面刻书名。函的长宽全阁相同，高低则随书的厚薄而分别制成。""对于包背装与线装的差异，有说主要在于包背装不凿孔

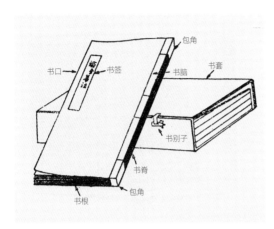

图 3-14 线装书示意图

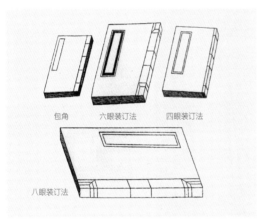

图 3-15 线装书订法示意图

穿线。其实包背装有两种，一种是不穿线，书页粘在书背上的，这是早期的情况；后来又有打孔穿纸捻，再加书衣的。"（邱陵著《书籍装帧艺术简史》）还有一些书也是这种装法，如清内阁旧藏元大德间宋本《前汉书》、大德九年（公元 1305 年）陈梦根手写《徐仙翰藻》等书。

五 线装书

线装书是中国古代书籍装帧形态的最后一种形式，它克服了包背装书的缺点，达到至善至美的境界。线装书是中国传统文化的结晶，充满着"雅"、"书卷气"，具有深厚的文化底蕴，独步世界，形成鲜明

的中国特色。认真研究线装书所具有的丰富内涵，会使我们对中国古代书籍装帧感到自豪，并对中国现代书籍装帧艺术自立于世界装帧之林，有启迪作用和重要意义。

（一）线装书的制作

在敦煌藏经洞遗书中发现有用线从中间穿订书页的办法，这是梵荚装书还是早期的线装书，难以说得很确切。线装书起源于五代，但当时应用较少，明代中期才开始盛行，到了清代达到鼎盛时期。

线装书（图 3-13）是从包背装书发展而来，在折页方面和包背装书没有区别，折页也是版心向外，书页右边先打眼再加纸捻。装订时将封面裁成与书页大小一致的两张，前后各加一张，与书页在版心处同时戳齐，把天头、地脚及右边余幅剪齐或裁齐，加以固定，而后打孔穿双根丝线订成一册，这便是线装书（图 3-14）。有人认为，书页戳齐后，右边不用打眼加纸捻，直接上下加书衣，而后再打孔穿双线订成册。两种说法略有区别，但书衣加在上下，并非包裹，都是一致的。

线装书所以称为线装书，即要打孔穿线，一般的书是四眼订法，较大的也有六眼订和八眼订的（图 3-15）。讲究的书有绫绢包角，用以保护订口上下的书角，包角影响通风、易生虫，需要格外注意。

线装书的书衣（即书皮或现代书的封面）一般也是折页，折的部分在书口，单页处用线锁住。也有用单页作书皮的，不过纸要厚一点，硬一点。我们看到很多线装书的书皮呈深蓝色，用白纸作签贴在书面左边，签上写书名，有的再加上方框文武线，显得非常朴素、古雅。从梵荚装书、经折装书、蝴蝶装书、包背装书，到线装书，一般书皮上都是贴签，签有绫子做的，有白纸的，也有不同的颜色；书名有手书字，也有印刷的宋体字，要看书的讲究与否。总之，在包背装书及以前的书籍中，书衣并不算书的一部分，只不过是书的衣服。在线装书中，书衣和书融在一起，开始改称"书衣"为"书皮"，它是书不可分割的一部分。

图 3-16 毛装书

图 3-17 夹页书

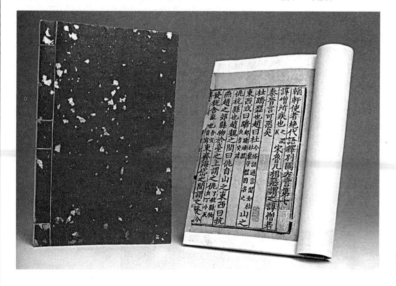

图 3-18
古书修复——"金镶玉"

（二）三种不同装帧形态的线装书

1. 毛装书

有一种线装书，在折页、打眼、下捻、加书皮后，不裁切上下右三边，保持装订后的原始状态，这种书叫毛装书、毛边装书或毛边本（图 3-16）。鲁迅先生很喜欢这样的书，自称"毛边党"。毛边本的优点是：书的上下右三边受损伤后，或存放时间长了，可以裁齐三边，并打眼、穿线装订，和新书差不多；它的缺点是存放不方便，以后逐渐就不生产了。

2. 夹页书

有一些线装书内文用纸很薄，页子印好后，在折页时加进一张稍厚一点的白纸，或其他颜色的纸，

这页纸并不印刷。其用意有二：一是为了使书页加固，硬挺一些；二是避免因纸薄透印影响阅读效果。清代后期，这种装订方法应用很普遍，现在遗存的很多清代古籍都是这样。（图 3-17）

3. 金镶玉

还有一种补缀旧书的方法，把旧线装书的线拆掉，在折页中加一张比原书大的白纸，每个折页都加，以版口戳齐、打眼、下捻，三面裁切齐整，加以线订，重新装订的线装书就完成了。此书比原书上下加长，并出现白边，这种经过修整的书，北京人叫"金镶玉"（图 3-18），扬州人称为"袍套衬"，据说此法始于明代。

图 3-19 线装书《新刊嵩山居士文全集》

图 3-20 套装《欧阳文忠集》

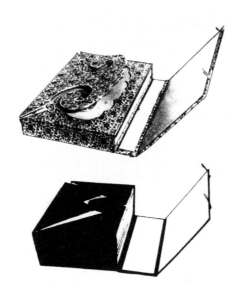

图 3-21 书套

正文可以很长，长到许多册。正文之后，有时有附录等参考材料，材料多时，往往自成一部分，叫做卷末，不计在正文卷数之内。这种参考材料有时也编列在目录之前，就叫做卷首，也不计在正文卷数之内。正文之后，除参考材料之外，有时有跋或后记。最后又有一张空白的护叶，再后面便是底封面或封底了。这就是线装书的结构，这种结构，在我们现在日常使用的铅字排印书中，也大体上保存着。"这段文字叙述得很详细也很具体。

线装书的版式和包背装书的版式一样，只是在封面的制作、装订上有区别。

（四）线装书的套、函

线装书的书皮多为软纸，这使线装成为软软的书，插架和携带都很不方便，尤其是套书，为了解决这个问题，前人即考虑加套、加函。

1. 套

书套是中国古代书籍传统的保护装具，其制作材料主要用硬纸做成，包在书的四周，即前后左右四面，上下切口均露在外面，这种形式的称为"书套"（图 3-20）。在书口那面加两个书别子，把书放入套内，别上，可放书架。还有用夹板保护书籍的，上下各用一块和书的开本同样大小的木板，左右各用两根带子缚起来，这种夹板式的形式称"版装"，有的称四合套。有的书套把书的六面都套起来，套上敷以绫或织金锦缎等，称六合套。在开启处挖成各种图案形式，如月牙形、环形、云形、如意形等等，

（三）线装书的结构

线装书（图 3-19）的排版是有一定顺序的，这种顺序是从简策书开始逐渐形成，并成为中国传统书籍的一大特点，对现代的书籍也有很大影响。刘国钧先生在《中国书的故事》一书中云："首先在外面的是一叶较硬的纸或纸版，古人称之为背，书业中人称之为书皮，现在一般叫做封面。封面之内往往有一叶空白的纸，叫做护叶或副叶，它的作用相当于现在精装书的扉页。护叶之后，是一叶题着书名的纸，有时也题有著作人姓名和雕版人地点、姓名，现在称做书名页或扉页，从前人称做封面或内封面。书名叶之后，顺着次序是序、凡例、目录，然后是正文。

以加契合，再配以牙签。（图3-21）还有其他一些形式，样子很多。

2. 函

以木做匣，用以装书。匣可做成箱式，也可以做成盒式，开启方法各不相同。制匣多用楠木，取木质本色。（图3-22）也有用纸做成盒装的，有单纸盒的，也有双纸盒的，形式很多。现在一些线装书还延用这种方法。

这些形式，不管使用哪种方法，都需在套外、盒外加题签以标书名。（图3-23）

（五）线装书的装订程序

线装书的装订是很讲究的，工序不可错乱。卢前在《书林别话》中云："装订，当先备书壳。通常用毛边拖粟色，半年后付裱，裱时面糊加矾，以免虫生，广东则多用雄黄汤。拖瓷青色者，用杭连纸，以苏州制者为佳；精者以杭连裱，次者用洋纸裱。"然后把装订程序分为十道：分、折、齐、下锥、上面、楺、沙磨、打眼、穿钉、贴签。

邱陵先生在《书籍装帧艺术简史》一书中，把装订程序分为十二道，现在简述如下：

折页。书页印成之后，首先要折页。折页要对正版心，不要随手乱折，避免歪斜。折有两种方法：一曰拈折，二曰复折。黑口象鼻宽者，用拈折；象鼻窄者，非用复折不可，否则露白。复折，即是每页对齐版口之线而后折之，佳本书多如此。"折书页，要折得直，压得久，捉得齐，乃为高手。"

分书。"折页之后，再依次排之，称为分书，亦曰排书。"分书有大分小分之别，大分者将所有书页摊开，按号揭起，小分者，顺序排列，依次取之。

齐线。分好的书页，天头地脚不一定整齐，必须逐页对准中缝，使其整齐，所以又称作"齐栏"。齐线法有二：一曰扒栏，二曰撒栏。扒栏者自上向下齐，撒栏者自下向上齐。最难为撞口、戳齐，能者可使齐成一条线，次者则参差不齐，是谓"毛栏"。

添副页。"副页"就是每册书衣内的空白页。"副页用太史连，前后一样两张"。副页的功用有二：一可以保护内页不受损伤，所以又名"护页"；二可以

图 3-22 函装《春秋经传集解》

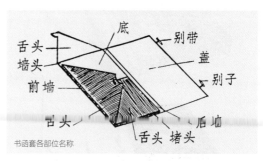

书函套各部位名称

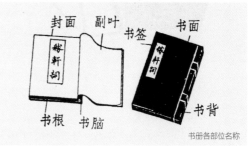

书册各部位名称

图 3-23 书函套和书册各部位名称

避免潮湿。

草订。草订又称下锥，宜直不可歪斜，上下打孔，用纸捻插之，纸捻分大小头，小头穿孔抽紧、捏平，再以锥敲之，用巴铜捻者，必须四孔，纸捻长形，反面加结。

加书面。书面位于副页之外，所以也称书衣，现在称封面。"书面有用宋笺者，亦有用墨笺洒金书面者。明人收藏书籍，讲究装订者少，总用绵料古

色纸书面，衬用川连者多。钱遵王述古堂装订书面，用自造五色笺纸，或用洋笺书面，虽装订华美，却未尽善。不若毛斧季汲古阁装订书面，用宋笺藏经纸、宣德纸、染雅纸，自制古色纸更佳。至于松江黄绿笺书面，再加锦套，金笺贴签，最俗。"书面有布、纸两种，书面纸有二：一为粟色，用毛边纸刷以粟色裱成；二为瓷青色，用太史连，拖以瓷青色裱成者。绢料绫料，多用黄色，也有用红、绿、蓝、灰，用以象征春夏秋冬，分经、史、子、集。封面有双面、单面。单面加半张看页，首加护页整张；双面则不加护页。

裁书。书面加上后，要裁书。裁书注意上下前后一律，多以脚踹下刀。明代人裁书，一本一裁，各本刀口不齐。

打磨。裁齐后，为避免有刀纹，旧日用砂石，今以砂纸磨平刀花。

包角。珍贵的书籍，多以绫绢包角，取其坚固，增其美观。还有"镶包角"，就是包角时遗去上下副页数张。

打眼。视书之长短大小，酌量行之。眼之距离，不问书有多少册，应一律。书眼要细，打得正而小，不要伤脑。用四眼、六眼或八眼，要依书本大小、书背宽窄而定。

穿线。又叫订线。《藏书纪要》云："订书用清水白绢线双根订结，要订得牢，嵌得深，方能不脱而紧。"有四、六及八眼订法。

贴签。《藏书纪要》云："书签有宋签藏经纸，古色为上，用深古色裱一层。"贴签要视书衣的颜色而定。要款贴整齐，长短宽窄相宜，上下左右不得歪斜。贴签，要用面糊满贴，亦有贴签之两端者。满贴为实贴，粘两端者为浮贴。书签四周边外白纸不可逾一分。

装帧形态有一个发展变化的过程，时间跨度约1200多年，其中纸、墨的质量有很大的提高，品种也多有增加，为书籍装帧的发展提供了必要的物质条件。纸是册页书籍的主要承载物，纸使书变得越来越轻，使用起来越来越方便，装帧也越来越完善，线装书成为最美的传统装帧形态。

（二）书籍的制作方式及内涵

册页装帧形态的书都是册、页式的：梵筴装书是单页，用线穿；经折装书是连续的折页，用糊粘；蝴蝶装书是单页折，糊粘；包背装书是单页折，下纸捻、糊粘；线装书也是单页折，线订。折页是册页书中一个重要的工序，也是书籍装帧形态发展的一个因素，虽然折是一个简单的动作，却使书籍的装帧形态产生很大变化。

册页装书基本上都是雕版印刷而成的，也有极少数的手抄书和一部分活字印刷的书籍，刻、印二字在册页书中起着重要的作用，没有雕刻和印刷无以成书。初期形态的书绝大部分是雕刻而成，如契刻书、陶文书、甲骨文书、金文书、石文书、玉文书等，没有印刷，每刻一件即是一本书；正规形态的书是手写，每写一件也是一本书。

（三）书籍装帧的标准

怎样鉴别书籍装帧的优劣，叶氏云："凡书之直之等差，视其本，视其刻，视其纸，视其装，视其刷，视其缓急，视其有无。本视其抄刻，抄视其讹正，刻视其粗细，纸视其美恶，装视其工拙，印视其初终，缓急视其时，又视其用，远近视其代，又视其方。合起七者，参伍而错综之，天下之书之直之等定矣。"叶氏提出的标准具有参考价值，是美观和实用的有机结合。

六　书籍装帧册页形态的特点

（一）书籍的承载物

从唐代出现的梵筴装书，到清代的线装书，其

第四章
中国书籍装帧的平装和精装形态

　　平装书、精装书这种书籍装帧形态主要出现在中国近代，是随着外国的制版、印刷技术传入中国而产生和迅速发展起来的，使中国传统的雕版印刷技术和线装书逐渐衰落，从而形成这一时期书籍装帧的特点……

第四章　中国书籍装帧的平装和精装形态

平装书、精装书这种书籍装帧形态主要出现在中国近代，是随着外国的制版、印刷技术传入中国而产生和迅速发展起来的，使中国传统的雕版印刷技术和线装书逐渐衰落，从而形成这一时期书籍装帧的特点。

中国近代从什么时候开始，有不同的说法，而中国近代的结束是到 1949 年，这是比较一致的。本书采取中国近代从 1912 年中华民国成立开始，到 1949 年中华人民共和国成立为止。文内叙述到书籍装帧时，从 1901 年开始叙述。

一　平装、精装及其他

由于国外的制版、印刷技术传入中国，逐渐占主导地位，这种先进的印制技术对装帧提出新的要求，装帧形态发生了变化，出现了平装、精装。平装和精装的出现是时代进步的产物，它与中国传统的装帧形态没有关联，主要是新技术的要求。由于书籍双面印刷及装订的改变，出现了新的装帧形态。

（一）平装

平装分平钉、骑马钉、无线胶装、活页装和穿线装。（图 4-1）

1. 平钉

平钉，即铁丝平钉。是将印好的书页经折页，配帖成册后，在钉口一边用铁丝钉牢，再包上封面的装订方法。用于一般书籍的装订。

2. 骑马钉

骑马钉，是将印好的书页经折页、配帖成册后，连同封面，在书的中间用铁丝钉牢的装订方法。这种装法，书页可以摊平，便于翻阅，用于杂志和一般较薄的书籍的装订。

3. 无线胶装

无线胶装，是将经折页、配帖成册的书芯，在钉口一侧裁切，再在书脊上施胶将书页粘牢，包上封面的装订方法。与传统的包背装非常相似。

4. 锁线胶装

锁线胶装是用线将各页穿在一起，然后用胶水将印品的各页固定在书脊上的一种装订方式。

锁线胶装的好处是用胶粘书芯的同时加上线固定，书翻开时可以完全展现书的内容，书页能够摊平，外观坚挺，翻阅方便。

5. 活页装

活页装，是各单页之间不粘连的装订方法。一般用于日历、相册等。

（二）精装

精装分圆脊精装、方脊精装和软面精装（图 4-2）。精装书多用于页数较多、经常使用、需要长期保存、要求美观和比较重要的图书。它的封面和封底要求用硬质或半硬质的材料。

1. 圆背精装

圆背精装，是将精装书封面之书背扒圆成圆弧形的装订形式。这种装订方式，可使整本书的书帖相互错开，便于阅读，提高书芯的牢固程度。

2. 方背精装

方背精装又称平背精装，与圆背精装基本相似，区别仅在于书背没有扒圆，呈平板状。遇到将平装改成精装，或书页都是单页，则因无法穿线而只能

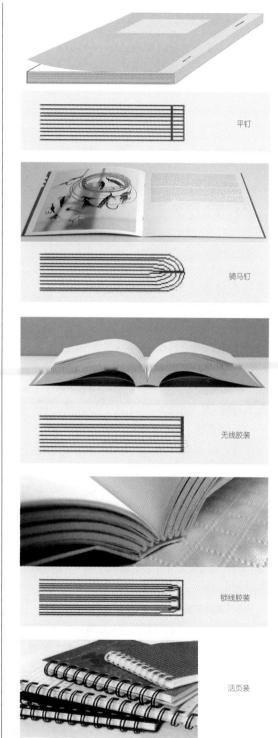

平钉

骑马钉

无线胶装

锁线胶装

活页装

图 4-1 平装

圆背精装

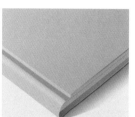

方背精装

软面精装

图 4-2 精装

做成平背……

3. 软面精装

软面精装（俗称"简精装或假精装"——编者），是为减轻书籍重量和方便翻阅，把硬面改为软面，即用较薄的纸板代替一般精装书上较厚的纸板。一般较厚和经常翻阅的书籍，譬如各种工具书，多用此法装订。（张树栋、庞多益、郑如斯等著《中华印刷通史》）

（三）其他装帧形态

其他装帧形态主要是指包装、函装及版装三种。

1. 包装

中国线装书皮软脑弱，不能直立，只能平放在书架上，如果上面压上别的书，则用时不好取；如果上面不压上别的书，则太占地方，于是加以改装。其方法是将线装书的线拆去，4—5 册或 7—8 册合而为一，另加坚固耐久的封面，采取平订的方式，这样书就可以立起。

2. 函装

函装是指用木板作函，或用布纸之类包厚纸作函，用以装线装书，使之能立于书架之上。函套各种各样，大小厚薄也不等。后来，函套也装平装书、精装书。现在，这种方式仍在使用。

3. 板装

所谓板装是指以板夹书，使之能立住，其形式不一，有两板装、三板装及扶立装之分。其法无非是使旧书籍得以在书架上直立，取放便利，耐用美观。

二　开本、两面印刷、版式及版权页

清末传入中国的西方近代印刷技术，不仅带来了中国图书印刷的技术变革，同时也对中国的图书装帧产生了巨大影响。在近代图书由传统的线装进化到平装、精装的同时，图书的开本、字体、封面、环衬、扉页、版面、插图等也产生了新的变化。

（一）开本

开本是现代印刷用语，指书刊幅面的大小，比如 32 开、64 开、16 开等等。现代平版印刷和常用的纸全张，如 787mm×1092mm，一折为对开，再一折为 4 开，三折为 8 开……折数越多开本越小；也有不少的畸形开本，即不是按上面的方法折页，比如像 20 开、24 开等等。

"中国古代采用手工造纸，印刷时也无固定的标准，书籍的开本也就大小不一。虽然也有巾箱本等，但以大开本为主，这主要是因为古代采用手写上版的方式，字迹太小不易刊刻，印刷时也容易模糊。铅石印传入我国后，书籍的开本可谓是大、小并存，并逐渐向小的方向过渡。大则相当于中国古代的雕刻本，小则与现在的 32 开相当。"（张志强《西方近代印刷技术与中国图书装帧的变化》）西方生产的印刷机都有固定的规格，印刷用纸的幅面有固定的尺寸，相同规格的印刷机用相同尺寸的纸。西方传入的石印、铅印、胶印逐步取代中国传统的雕版印刷，所以，书籍的开本必然发生变化。西方开本的开法

也很科学，适用不同用途的开本都有，遂逐渐为中国人所接受。

这一时期的书籍开本从大趋向于变小，但图书开本尚未统一，还处在一个相对不稳定的时期。例举一些书的开本如下：

上海美华书馆 1895 年铅印的《福音辑训》一卷，开本为 27.2cm×15.5cm；

商务印书馆代广学会 1903 年出版的《全地五大洲女俗通考》，开本为 29cm×17.7cm；

上海广智书局 1902 年印的《欧州十九世纪史》，开本为 24.3cm×14.6cm；

富春文书局 1901 年印的《赫胥黎天演论》，开本为 14.8cm×25.2cm；

世界繁华报馆 1904 年印的《海天鸿雪记》，开本为 13cm×19.7cm；

小说林社 1905 年印的《新法螺》，开本为 12.7cm×18.5cm；

上海普及书局 1906 年印的《中国矿产志》，开本为 14.8cm×22cm；

神州日报馆 1907 年印的《老残游记》，开本为 13cm×19cm；

商务印书馆为南洋公学译书院 1910 年铅印的《按谱》，开本为 25.2cm×15.3cm；

平报社 1913 年印的《剑腥录》，开本为 13cm×19.5cm；

金陵刻经处 1915 年印的《百喻经》，开本为 26.2cm×16.8cm；

上海亚东图书馆 1920 年印的《三叶集》，开本为 13cm×18.8cm；

上海泰东图书局 1921 年印的《女神》，开本为 26.2cm×16.8cm；

上海印书局 1923 年印的《兰闺恨》，开本为 15.3cm×20.4cm；

……

这些书中有平装本，有线装本，开本尺寸几乎没有一样的。线装本和平装本开本尺寸明显不同，线装本多竖长。平装本中有很多本接近黄金比例。

外国人在中国有很多图书印刷机构，用的是铅

印、石印技术，在开本上他们率先打破类似于雕版书的开本，或者说打破线装书的开本，采用适合于石印、铅印的开本。

美查所办的《申报》馆印的《申报馆聚珍版丛书》，开本大小基本相同，大都在 17.5cm×11cm 左右；《订伪杂录》十卷，开本为 17.5cm×11cm；《变史》四十八卷，开本为 17cm×11.3cm；《文海披沙》八卷，开本为 18cm×11.5cm……

图书集成局铅印的《后汉书》等书，开本均为 19.5cm×13cm；1898 年印的《日本国志》四十卷，开本为 20cm×13cm；

金陵基督书院 1903 年铅印的《培根新学格致论》，开本为 20cm×12.8cm；

上海点石斋 1884 年印的《无师自通英语录》，开本为 18cm×11.4cm；

……

外国在华开办的印刷机构印了很多书，国内的印刷机构纷纷效仿，很多书的开本已经非常接近今天通行的 32 开和人 32 开。如上海鸿文书局印的《四海图考》十卷，开本为 20.5cm×13.5cm；上海文瑞楼石印的《孔子集语》十七卷，开本为 19.5cm×13cm。

从雕版印刷的线装书的开本进入到铅印、石印图书的开本，由大趋向于小，这是个进步，便于携带、便于上架，又省纸。

（二）两面印刷

两面印刷说起来很简单，印完这面再印那面。但是，这确实是个巨大的改革，改变了中国从隋末唐初一直到清朝末年一千多年单面印刷的传统技术，是个划时代的进步。用洋纸、两面印，不但节约图书的用纸，降低成本，减少书本的体积，便于提高阅读速度。

外国人在中国办的印刷机构，有外国人办的，也有和中国人共同办的。"中国留学生在日本发现了新的印刷技术以及西式装订方法，就把它们用于刊物和翻译著作，转而输入中国。"（费正清等编《剑桥中国晚清史》）中国留日学生戢翼翚和日本著名女

教育家下田歌子合办的作新社，就是专出洋书（用铅印、石印两面印刷，用平装、精装方式装订成册的书，当时的人称为"洋书"）的印刷出版机构。他们印刷的《东语正规》，是中国人第一部科学地研究日语的书，也是第一本采用两面印刷、洋式装订的图书。其他外国印刷机构也出版了不少洋书，江苏的一些中办印刷机构开始这方面的试验，如 1902 年创立的"文明书局"，1903 年成立的"商务印书馆"、"通社"等出版单位，均采用两面印刷、洋式装订，除活字形体不同外，与日本印刷的格式基本相同。

不久，北京、广东等地的印刷机构也采用两面印、洋式装订，极大地推动了国内图书印刷业的更新，如一股旋风很快席卷了中国出版印刷界，成为清末印刷业的最大变革，颠覆了传统的装帧形态。

（三）版式

版式是指出版物版面的格式，版式包括字体、正文排法、装饰、页码、标题及版面设计方法等等。铅字不同于雕版印刷的字体，外国人阅读的习惯不同于中国人阅读的习惯，石印、铅印不同于雕版印刷，所以洋书的版式不同于雕版印刷的版式。

1. 字体

1804 年英国伦敦出版的《中国游记》一书中，穿插一些汉字（图 4-3），并在汉字后附有英文意译。

外国人为了在中国印刷书刊，要用中文铅字和中文字模，他们通过不断努力、精心研究取得了较

图 4-4 汉字活字印刷

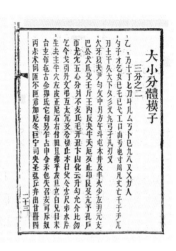

图 4-5 《铅字拼法集全》封面及版式

图 4-6 《英文诂》一书版式

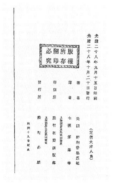

图 4-7 《欧洲十九世纪史》
一书版权页

大进展。1858 年，美国长老会派遣姜别利来华主持美华书馆，制成七种大小不同的汉字活字，分别命名为：一号"显"字，二号"明"字，三号"中"字，四号"行"字，五号"解"字，六号"注"字，七号"珍"字。后来传入日本，日本人又加以改进，改变字体大小和高度，改进的汉字活字在中日间长期使用。由于印刷的需求，许多新的汉字活字制作出现，图 4-4 是图书集成局采用自己创造的三号扁体铅活字排印的《钦定古今图书集成》，共 1628 册，还排印了《二十四史》等书籍。

由于铅字大大小小有多种，印刷时先要排版，这使标题字用大号铅字、内文用稍小的字号，加眉线、装帧花边等都变得很方便。由于字模铸字很便捷速度又快，已经用过的铅字就不再用了，以保证印刷的质量。

由于铅字的字号多，铅字开始向审美方向发展，字体变美；不但大小变化，还出现不同的字体，能够满足各种不同内容书的版式需要。

2. 标点

"中国古代也使用标点，称为句读。但古人写文章不用标点，就是写信，如果加上标点，会被看作对收信人的不尊敬。印刷的图书上因而也很少有标点。"（张志强《西方近代印刷技术与中国图书装帧的变化》）随着鸦片战争后西方文化的东渐，随着西方印刷制版技术不断传入中国，以及教育的普及，句读的优越性越来越明显，人们的意识也逐渐在发生变化，这一时期印刷出版的一些图书，开始印刷句读，并在人名、地名等专有名词上作出标志，以便于读者的阅读。清朝末期雕版印刷的书中也出现句读，铅印、石印的书就更普遍了。随着时间的发展，标点符号运用的就更普遍和成熟了。

3. 页码

中国传统书籍的页码编制是按卷而不是按册编排页码，一般放在版心处。这一习惯从宋朝的蝴蝶装书开始，一直到清朝末年的线装书，有悠久的历史，中国人已经很习惯。

清末，西方图书按册编排页码的方法在铅印、石印的图书中得到了应用。如 1897 年上海文瑞楼铅印的《孔子集语》十七卷，分为上下两册，没有按卷编排页码，而是按册编排页码。以后很多书都采取了这样的方法。另外，中国雕版印书用中文数字一、二、三、四、五、六、七、八、九、十，而洋书中已采用阿拉伯数字。

4. 正文横排

从现存的资料来看，中国最早的文字是甲骨文，甲骨文是单个的方块字，排列顺序从上而下（竖写立行），从右向左读，形成中国传统书籍的排版方式，一直到清朝末年的线装书（就是现在，有的书还特意采取这样的排版方法），可谓历史悠久、源远流长。

西方国家是字母拼成词组，没有字，他们的书只能横排，和中国汉字竖排的方式大相径庭。而中国人对于文字竖排又根深蒂固，为了文化上的需要，西方在中国的出版印刷机构和中国的出版印刷机构印的书，其版式和雕版印刷的版式基本相同。如美华书馆 1873 年出版的《铅字拼法集全》一书的版式（图 4-5）竖排，有黑鱼尾，单口，中文数字页码，黑边线，和雕版印刷的版式差不多，只是没有栏线；又如《炮法图谱》，双边，单鱼尾，版心题书名，而码；上海文瑞楼铅印《孔子集语》十七卷，四周单边，双鱼尾，有栏线；商务印书馆印的《桉谱》，四周双边，单鱼尾，版心印有书名、卷数和页码……有很多书都是采取这样的版式。

1902 年商务印书馆出版严复著的《英文诂》一书，因有英文，正文采取横排（图 4-6），这是学术界一直认为最早的横排书。其实在 10 多年前的 1884 年，点石斋印书局印刷《无师自通英语录》一书时，由于此书中英文对照，按照中国传统英文不能竖排，只好英文横排，中文也横排。只是英文从左向右读，中文从右向左读，一左一右，看起来挺别扭，阅读极不方便。正文排版，中文虽遵循了从右向左读的传统，却并未遵循由上而下，成了中西文化冲撞下的"畸形儿"。该书为国内最早的文字横排书。随着时间的推移，横排书越来越多，这是有原因的，简述如下：

（1）从《易经》传下来的"上为天、下为地"的哲学思想，在甲骨文书中得到竖写直行的体现，不断传承，到了清末，已经没有人从哲学思想上来看待竖写直行了，只是成了个习惯。

（2）人的眼睛一左一右，左右观看的宽度比上下观看的高度，其绝对长度要大得多了；人的眼睛是横长竖狭，俗话说细长形，眼球左右转动看书比上下转动看书要灵活多了。

（3）书籍的开本大都是长方形，竖比宽的尺寸要大，竖排的字数比横排的字数多，看竖排的字自然要比看横排的字要累。

从以上原因可以看到，正文横排比竖排要科学，更适合眼睛的生理结构，横排是从科学角度出发；而传统的竖排，是从思想角度出发。关于横排从左向右读，主要是受了西方图书横排习惯的影响。

5. 现代版权页

中国传统书籍的版权记录叫牌记、刊记、木记、书牌、墨围等。

这里叙述的是现代版权页，是对书刊名、书刊的作者、编辑者、出版者、出版时间、印数、发行方以及其他版本情况所作的记录。早期的铅印或石印图书，沿袭了中国古代牌记的方法，在书名页或书名页的背面的方框内标记印刷单机构，如 1904 年商务印书馆代广学会印刷的《致进化》、申报馆印刷的《申报馆聚珍版丛书》都是如此。广智书局 1902 年印刷的《欧洲十九世纪史》一书，其版权页（图 4-7）是仿效从留日学生带回来的书籍中的版权页。

清政府对版权页的出现很支持，还制定了法律，致使各类图书慢慢都出现了现代形式的版权页，并一直延续到现在。

三　封面设计

随着西方铅印、石印及制版等技术传入中国，平装、精装开始出现，并不断得到发展，这使装帧设计中的书籍封面也发生了变化，改变了线装书封设计的特点，而逐渐运用颜色、构思等向艺术方向发展，从初期的萌芽状态最后走到比较成熟。有如下原因：

1. 使用西方的印刷、制版技术，速度快、印书量

图 4-8《巴黎茶花女遗事》封面　　　图 4-9《雪中梅》封面　　　图 4-10《女狱花》封面　　　图 4-11《玉梨魂》封面

大，这和雕版刻版、印刷完全不同，复制相同的书变得很容易，为打开销路而装饰封面显得格外重要；

2. 平装书、精装书是新的装帧形态的书，必然要求新的封面设计与之相配。书从偏重于制作工艺范畴中解脱出来，走向广泛的平面设计领域，开拓了思路，必然是走向艺术化；

3. 中国留日学生带进来外国的图书，封面设计讲究、好看，这必然要影响到中国新兴的平装书、精装书的封面设计；

4. 外国先进技术的传入和文化的交流，使生活在闭关锁国的腐朽没落的清朝末年的人们看到了很多新的东西，欣赏水平在提高，已经不满足在白纸上或色纸上写几个字或印几个字这种较为简单的封面样式，尤其是关于普及教育或学生们的用书，为了吸引读者必须讲究封面设计。

西方近代印刷技术传入，并没有给中国书籍装帧带来巨大变化。日本汉学家实藤秀惠认为："原因之一，是为了保存明末来华的传教士利玛窦等人的传统，富有'力求不抵触中国人的风俗习惯，和尽量避免引起摩擦'的深意。其次，当时的西洋人，将世界各国划分为文明、半开化、未开化和野蛮四个阶段。而日本为半开之国，中国为未开之国。他们认为对未开之国直接输入文明的事物，是有害的。"（实藤秀惠著《中国人留学日本史》）所以，中国书籍装帧的变化，主要是受日本的影响。这是外部原因，还有自身内部原因：

1. 盲目自尊的清末背负着传统的巨大包袱；

2. 第二次鸦片战争之后，国人方开始清醒，且速度很慢；

3. 由于中国和日本的近邻关系和传统的交往，从心理上中国更容易接受日本的装帧方式；

4. 由于技术和材料上的困难。

虽然由于外来的和自身的各方面的原因，中国的书籍装帧、封面设计还是有所发展，经过萌芽、不同风格逐渐走向比较成熟。

就从 1901 年算起，一直到 1949 年，封面设计是个大的过渡时期。其中还有政治上的原因，如清政府的倒台，中华民国的建立，军阀的混战，日本人的侵略，共产党的成立和解放战争等。

为了叙述得稍微有些条理，把这段历史分为几个时期，分别简单地加以叙述。

事实上，中国书籍装帧艺术的发展阶段是不能截然分开的，它们虽有不同，却又互相联系交叉和相互渗透。

装帧包括书和刊，还有人认为也包括报纸。在初期，书和刊的封面设计采用相同的方法。

（一）1901 年—1919 年

这个时期是中国现代封面设计的萌芽时期，主要还是在白纸或色纸上印书名字，或手写，或用印刷字体，手写的比较多，有行书字、楷书字、隶书字、魏碑字体等。如：

1901 年出版的《巴黎茶花女遗事》（图 4-8）一书，老宋体书名字，围一圈花边，既无作者名，也无出版单位名，是线装书封面设计的翻版，从照片上看像是平装。

1903年出版的《雪中梅》（图4-9）一书，书名字较大，在书中央，有小说类别和卷次，花边较大，基本布置在书的四边，这已经脱离开传统线装书封面的设计，给书名字灵活的空间，但仍是线装。

1904年出版的《女狱花》（图4-10）一书，封面上一个人在骑马，拿着一杆旗，旗上有书名字和作者名，封面有了灵活的因素，符合书的内容，封面设计已经考虑到和书的内容相结合。

1913年民权出版部出版的《玉梨魂》（图4-11）一书，书名字、赠品名及作者名均由作者用有力度的行书书写。这是鸳鸯蝴蝶派小说的开山之作，用醒目、有力度的大字符合内容。封面没有花边装饰，显得干净。

以这种方式设计的书籍书较多，并延续了相当长的历史时期。在那个时期，这种设计方式占主流，鲁迅等著名的文学家都采用这样设计方式。虽然设计简单，却在一定程度上体现出中国文人的气质及审美。

这一时期也有不同的设计方式，如1905年由小说林社出版的《新法螺》（图4-12）一书，是我国较早的科幻小说，通过对新法螺先生探险生活的描述，介绍宇宙的知识和在月球上的见闻。封面上画一个人站在山头上举着个东西，背景是光。山石是中国画的画法，光线是装饰性的，人是写实的，力求表达书中的内容，这是受西方影响的早期封面设计。

1907年神州日报馆出版的《老残游记》（图4-13）一书。封面用了一张中国花鸟画，书名字勾红边，白地，"新小说"三个字为红色，文雅唯美。

1909年鲁迅设计的《域外小说集》（图4-14）出版，浅土红色地色，上面放一张书中的插图，陈师曾用小篆体题写书名字，横排。封面下部放"第一册"三个宋体字。采用外国插图是想点明是翻译书，用小篆作书名是想加进民族特色。

这三本书追求现代封面设计风格的作品，虽然方法各不相同，好像从不同角度寻找设计方法。这个时期，大多数还是以字为主的封面，在字体上找

图4-12《新法螺》封面　　　　图4-13《老残游记》封面

图4-14《域外小说集》封面

变化，由规范的、格式化字体改变成多样的、活泼的字体和布局，甚至用几个铺满封面的大字来突破陈旧的构图。这已经是从线装书传统封面的框框中解放出来的一种设计，从字体设计上寻找突破。

（二）1920年—1930年

这个时期，出现不同风格的封面设计，积极地探

图 4-15《共产党宣言》封面

图 4-17《兰闺恨》封面

图 4-18《剑鞘》封面

图 4-19《尝胆录》封面

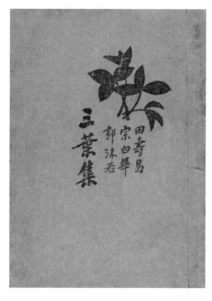

图 4-16
《三叶集》
封面

图 4-20《故乡》封面

图 4-21《伏园游记》封面

马克思肖像放在中心位置，显得庄严、醒目，封面设计体现了书的内容，这是最早的译本。

1920 年出版的《三叶集》（图 4-16），由曹辛之设计，作者是郭沫若、宗白华和田寿昌（田汉）三个人，封面上用了三株阔叶的植物，互相穿插，形式很美，非常得体；单色；植物和书名、作者名比较紧凑，放在中间偏右上的位置，非常合适，空间关系处理得非常好。书的序中写道："……系一种三叶蔓生的植物，普通用为三人友谊的结合之象征。"设计紧紧抓住主题，今天看来仍是一幅精彩的作品，又有内涵，又美，单色设计也可以成为经典之作。

1923 年上海新华印书局出版的《兰闺恨》（图4-17）一书，封面是国画白描的树和作者的照片，颜色上比较协调，用作者的照片是个尝试。

1924 年出版的《剑鞘》（图 4-18）一书，封面由丰子恺设计。右侧一架古琴，左上是五线谱，五片枫叶与五线谱巧妙结合，无声的枫叶随着音符的跳跃好像也有了生命。古琴与五线谱的结合，表明

索和向前发展,这个时期称为探索时期较为准确一些。由于五四运动的影响，进步的书刊不断涌现。封面设计突出的进步是大胆地引用绘画手段于书籍的封面上，最初是将绘画作品直接用在封面上，与内容是否配合并未多作考虑，而从美学的角度考虑较多。这样的设计是一种探索，正在探索中国书籍装帧以具有艺术性的语言进行设计；尝试把照片放在封面上的，照片的选用和书的内容有直接的关系，这说明设计者试图用封面设计来诠释书的内容；也有用图案或装饰设计的作品，借鉴西方艺术的同时，探索体现具有民族特点的书籍装帧艺术形式语言，这些作品的诞生意味着中国书籍装帧设计潮流的到来。

1920 年出版的《共产党宣言》（图 4-15）的封面，

图 4-22《文艺与性爱》封面　　　　图 4-23《茶杯里的风波》封面

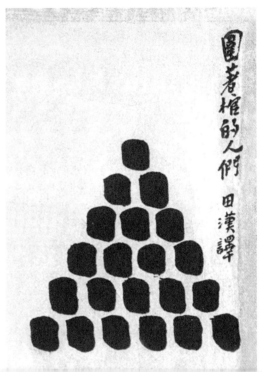

图 4-24《痛心》封面　　　　图 4-25《红灯照》封面　　　　图 4-26《围着棺的人们》封面

1925 年出版的《尝胆录》（图 4-19）一书，单色，色纸，魏碑体书名；有特点的是方框的左上角并未封死，有空间感。

1926 年北新书局出版的《故乡》（图 4-20）一书，陶元庆设计，鲁迅深为喜欢这幅被称为"大红袍"的封面设计，如今已是现代书籍装帧史上的经典之作。陶元庆从北京的戏馆里出来，为戏台上的人物所震动，一夜不眠，终于完成这一里程碑式的杰作。

1926 年出版的《伏园游记》（图 4-21）一书，由孙福熙设计，单色，蔡元培题写书名，孙伏园的头像，西式开本。设计虽然简单，效果却不错，显得很雅气，由于有"蔡元培"三个字和印章，打破了左右对称。

1927 年开明书店出版的《文艺与性爱》（图 4-22）一书，封面由钱君匋设计，"讲求章法多端变化，也强调布局平衡统一"，花叶图案占据主要位置，对称变化自如，给人以开朗明丽之感。书名字不大，

无作者、译者及出版者名称，空间感很强。只是图案略显粗糙，书名字太小，有作者和出版者名会显得封面内容丰富一些。

1928 年上海现代书局出版的《茶杯里的风波》（图 4-23）一书，只有两色，封面设计采取构成的方法，用点、细线、粗线和色块进行空间分割。书字体大小有变化，这种受西方艺术影响的设计，也是一种探索。

1928 年上海乐群书店出版的《痛心》（图 4-24）一书，手、眼睛、背景屏风图案，使人产生联想，两色，空间分割很舒服，颇有形式感和现代感，显然是受西方设计的影响。书名字后出现感叹号，独树一帜，也起到装饰作用。

1928 年上海乐群书店出版的《红灯照》（图 4-25）一书，封面用两个变形的人体，且一黑一白，一黑一红，两人共用一个圆形的灯，人物剪影独特。

1929 年上海金局书店出版的《围着棺的人们》（图 4-26）一书，单色，浅蓝色地纸。设计很大胆，

图 4-27《何侃新与倪珂兰》封面

图 4-28《幻醉及其他》封面

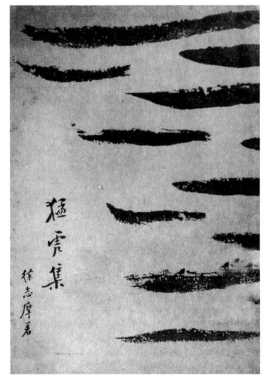

图 4-29《猛虎集》封面

的探索由最初挣脱束缚时的热情冲动转向内在的思索和探求。艺术上受到外来影响越来越大，引入已不再是仅限于照搬形象，而是发展为借用西方艺术手段和方法直接为己用，形式与内容相符合的设计作品日趋增多。夸张、抽象、写实，无所不有，受现代派、未来派和早期立体派等等流派的影响。

封面设计用照片，把美术作品放到封面，用中国传统的装饰图案、书法，以及学习外国的各种方法等等，这都是探索过程中所采取的方法，却不断地前进，是一个探求、发展和成熟的过程。

中国传统书籍的封面设计，无论官方还是私人出版机构都没有专职装帧设计人员。自从平装书、精装书在中国出现后，封面的设计变得十分重要。开始时，请社会上的美术家画封面画，如请陶元庆、孙福熙、司徒乔等画家；也有作者自己设计的，如鲁迅、巴金、胡风等文学家；还有建筑师、漫画家、诗人和书法家等等都参与了封面设计。没有专职的设计人员、没有设计理论，学校没有设计专业，所有参与者都在实践，都在探索。

1927 年，开明书店在上海成立，美术家丰子恺、钱君匋、莫志恒先后从事半专业的装帧设计工作；1926 年创造社出版部和现代书局相继在上海成立，出了不少书，大部分是叶灵凤装帧设计的；还有赵筠、萨一佛等人也在出版机构工作过，这样就有了半专业的装帧设计人员。较早的装帧艺术家中还有郑慎斋（人仄）、孙雪泥、庞薰琹、季小波、沈振黄、张正宇等人，使中国的书籍装帧设计慢慢走上了正规的道路，现在出版社有专职美术设计人员，即是从那时发展起来的。

以实墨块形成棺状，不求逼真，只求形似，墨块堆成塔形，衬以浅蓝地色，一种凄凉的气氛，没有人物，没有其他场景，以毛笔书写书名，与画呼应，浑然一体。

1930 年上海新月书店出版的《何侃新与倪珂兰》（图 4-27）一书，封面为赵尚卿绘，以黑灰两色传达出欧洲中世纪的古典情调，比较吻合原著的内容。

这时期的书很多，从中可以看到，艺术领域中

（三）1930 年—1937 年

在这一时期的封面设计，无论是构图还是表现手法，体现了设计者受西方现代艺术观念的影响，无论抽象主义艺术，还是英国版画家比亚兹莱的风格影响。在一些书籍上，使用外国的装饰图案很多，一些书籍的封面构图，大多运用色块、直线、横线或几何形体构成，这些设计技巧来自欧洲各国图案装饰或者立体主义的绘画。

这一时期的装帧设计有如下特征：

1. 包豪斯艺术潮流进入中国，文、史、社科图书多运用抽象语言，采用构成主义的设计；

2. 吸收外国设计，有了主题性的取舍，并不完全是"拿来主义"，注入了设计者的构思；

3. 追求民族性；

4. 由于留日学生，两国出版界交往频繁，封面设计多受日本影响；

5. 设计中大量使用各种图案，有古典的、东方的、西欧的和日本的等等，设计富有装饰性，又富于生气；

6. 用中国传统书法或各种字体的艺术表现力，或变形，或大大小小，或使用不同颜色，创造了非常宽泛的、灵活的构思和方式。

这个时期有些装帧设计已经比较成熟，构思深沉、成熟，表现方法得体，以特有的形式表现特定书籍的深刻寓意，有的已经成了很经典的作品。下面按时间顺序介绍一些不同形式的封面设计：

1930 年中华书局出版的《幻醉及其他》（图 4-28）一书，封面采用构成的方法，简洁明快，流荡着音乐的韵律，尤其少女面颊和酒杯里红樱桃的运用，给画面增添了几许跳跃之感。

1931 年上海新月书店出版的《猛虎集》（图 4-29）一书，闻一多设计封面，封面及封底浑然一体，颇似一张虎皮，简单明了，美丽含蓄，极富韵味。这是一幅经典之作。

1932 年开明书店出版的《桥》（图 4-30）一书，封面是构成主义作品。

1933 年上海文化生活出版社出版的《迟开的蔷薇》（图 4-31）一书，封面由本书作者巴金自己设计，简单干净。

1933 年开明书店出版的《子夜》（图 4-32）一书，精装，粉花方格布面，书脊上有小篆字体书名和行楷书作者名，封底有开明书店徽记。

1933 年开明书店出版的《夜》（图 4-33）一书，封面为木刻版画，很有意境，一个躺在旷野里的裸体男人，面对星空，旁边是石头，脚下是石雕的动物，封面设计富于想象。

1934 年上海天马书店出版的《发掘》（图 4-34）

图 4-30《桥》封面

图 4-31《迟开的蔷薇》封面

图 4-32《子夜》封面

一书，封面由陈之佛设计，用图装饰封面，书名、作者名、出版者名等都用手写，使设计变得灵活，封面下边和右边的黑色块分量很重，和右下角设计者的名字形成对比，也和细线的图案、线条及白色形成对比。

1934 年上海良友图书印刷公司出版的《黑牡丹》（图 4-35）一书，硬壳精装，布脊纸面，封面上一个装饰画仕女，整个封面是暖色的色调。

图 4-34 《发掘》封面

图 4-35 《黑牡丹》封面

图 4-33 《夜》封面

图 4-36 《未明集》封面

图 4-37 《复活》封面

1935 年每月文库社出版的《未明集》（图 4-36）一书，软精装，封面、封底用纸比正文纸厚，比硬精装纸薄。封面、封底尺寸均大于正文 3cm，但又不是毛口书。封面一色印刷，中间是一个正在敲打石像的人，很具装饰性。

1936 年上海杂志公司出版的《复活》（图 4-37）一书，疑为吴作人设计封面，因书中有吴作人设计的《复活》第一幕舞台画。封面右下角的黑色块中是托尔斯泰黑白木刻像，作者名和译者名为红色，书名为黑色，大块面积留白，显得干净、醒目。上边和右边的红色色块也很突出。

1937 年上海生活书店出版的《赛金花》（图 4-38）一书，封面由资深装帧设计家郑谷川先生设计。书是 32 开横式竖排。左边白地黑色，书名十分醒目；右边是一张装饰画，帝国主义的大炮已经对准了北京城，前门箭楼是倾斜的，寓意前门要被炸毁，北京要被蹂躏，画家深刻地阐述了全剧的主题。横排的封面，很是新鲜，有舞台效果。

1937 年上海生活书店出版的《武则天》（图 4-39）一书，这是一帧优秀的封面设计，用类似蜡笔的肌理效果，服饰细节很简化，长袖夸张，似烈焰冲天，引人遐想。设计很具现代感。

这一时期书籍装订多采取平订，用进口胶版纸（即所谓"道林纸"）印刷，毛边不切。由于读者对毛边书甚感不便，后来大部分书又都切边。也有的书包上透明纸，是受日本设计的影响。有些诗集采用飘口（又称"勒口"）的方法，平装书加勒口很普遍；书的开本为 32 开和 36 开，其他或大或小的开本也很多。

封面设计的书名，有的书名从右向左读，有的从左向右读。书名从右向左读的，其内文有可能从右向左读；书名从左向右读的，其内文一定从左向右读，即左翻。其中一些书有环衬，还有很多装饰图案。

正文字都是宋体铅字，最初字体比较大；一般书的正文，上下都有两条双线。在上面的双线里印

图 4-38 《赛金花》封面

图 4-40 《鲁迅全集》封面

图 4-39 《武则天》封面

书名和篇名，下面的双线里印页码，也有印出版机构名称的。这种在正文上部印的书名称作"书眉"，这个时期，不管正文是横排或直排，书眉总是横排的，后来也有直排书把书名及篇名直排在切口一侧的。版权页无固定格式，版次、印数等项目或不全，或没有；在版权页上加盖一枚印章，却是当时的一个特点，那时，没有书号，盖印章以示不同出版者的区别。

（四）1937 年—1949 年

这是印刷出版业惨遭损失的时期，1937 年日本侵华，东北和华北等大片土地相继沦丧，有一些印刷出版企业或迁移到武汉、重庆、桂林等大城市，或转移到穷乡僻壤继续生产。根据当时的政治情况，可分为三个地区，即国民政府统治区、抗日根据地和日寇侵占的敌占区（沦陷区）。

1. 国民党统治区

1937 年抗战开始到武汉时期，抗日怒火燃遍全国，鼓动抗日的通俗读物得以大量印行，出版事业出现了相对的繁荣。国民党由武汉撤到重庆后，由于检查制度和印刷的局限，出版事业又步履维艰。

武汉时期，出版事业相对有一个繁荣的局面，主要原因在于中国共产党坚持团结抗日的主张深入人心，左翼作家、爱国主义作家的勤奋工作以及直接或间接接受党的领导的出版机构的作用。在国统区里有共产党领导的出版机构，如生活书店、新知书店、读书出版社等，出版了大量马列主义经典著作和其他社会科学、自然科学以及文学艺术等方面的书籍。如《资本论》、《费尔巴哈论》、《拿破仑第三政变记》、《德国的农民战争》、《斯大林言论选集》、《大众哲学》等；文艺书籍有郭沫若的《屈原》、茅盾的《腐蚀》、袁水拍的《马凡陀山歌》、夏衍的《一年间》和光未然的《街头剧创作集》等。

1938 年进步的出版机构——复社出版的《鲁迅全集》（图 4-40）一书，印刷和装订都十分讲究。"这套全集共出三种版本：甲种纪念本，是用重磅道林纸（即高光度的胶版纸）精印的，封面皮脊烫金，并装以楠木箱，是很珍贵的；乙种精印本，也是用重磅道林纸印刷的，封面用红色全布面，烫金；普及本，是用白报纸印刷的，封面用红色纸面布脊。作为纪念鲁迅先生而出版的这一套全集的设计，是比较有代表性的。"（邱陵著《书籍装帧艺术简史》）

1939 年文化生活社出版的《地上的一角》（图4-41）一书，封面由巴金设计，封面有花线边框和花卉小装饰，文学意味很深。巴金针对此书设计曾

图 4-41 《地上的一角》封面

图 4-42 《飞花曲》封面

图 4-43 《美文集》封面

图 4-44 《我是初来的》封面

图 4-45 《莫里哀戏剧集》封面

说："我就靠一本俄罗斯出版的装饰图案集，那是一本老书，我从中挑选一些花边和装饰，再搭配一点淡雅的颜色。"文化生活出版社由巴金主办，还出版了一些优秀的作品，如《劳动》，其封面布局严谨大方，字体的选用大小有致，讲究构图，用棕色印刷，纸张又不考究，由于画面推敲较成熟，无低廉之感。书较厚，将内封与护封设计紧密联系，使整本书显得庄重而富有节奏感。而平明出版社出版的《农民集》，也有内封与护封的呼应设计。这个时期已注意到整体设计，内封与护封相联系，是书籍装帧设计的一大进步。

"文化生活出版社的文学丛书，在当时封面装帧确实别具一格，丛书为 36 开本，在白封面的左上角，印红色仿宋体的书名，作者、出版者用小号仿宋字排印，干净利落。封面是有勒口的，外加透明玻璃纸，显得秀丽、雅致，扉页也很清新。"1940 年至1942 年，郑振铎编辑的《中国版画史图录》陆续出版。全书共二十册，图版用泾县乳黄色罗纹纸影印，彩色版画用白色宣纸印刷。装帧采用古籍形式，有线装和仿宋蝴蝶装。如第一辑，是用彩色织锦作函画，函高二寸半，长十三寸，宽九寸半，每函装书四册，每册用瓷青色绵绸作封面，真丝双线四眼订法，有包角。每册约有图一百幅。印刷装帧都很精美。在这个时期，骆驼书店出版了《城与青》、《约翰·克里斯多夫》；光明书店出版了《静静的顿河》、《抗战11 年木刻选》，装帧都是精美大方的。"（邱陵著《书籍装帧艺术简史》）

1943 年重庆国讯书店出版的《飞花曲》（图4-42）一书，封面由特伟设计，封面上一个美丽的女士在跳舞，人体造形优美，装饰有特色，背景是红色的装饰花朵，左上角有大块留白。

1944 年重庆美华出版社出版的《美文集》（图4-43）一书，封面由廖冰兄设计，32 开，土纸本。封面以原板木刻套色印刷，一个女孩手拿篮子在小岛上，四周淡蓝的海水，有小鱼、贝壳、海鸥、海星等，极富装饰性。

1947 年上海希望社再版 1943 年桂林出版的《我是初来的》（图 4-44）一书，这是一本初次走入诗坛的诗集，胡风设计封面，封面画选自美国画家伊尔莎·比肖夫（Ilse Bischiff）的木刻。两色，有一个 Z 字形线分割，小女孩动作优美，有趣味，白地色，整个封面显得很高雅，很符合诗集的内涵。

1949 年上海开明书店出版的《莫里哀戏剧集》（图 4-45）一书，32 开，毛边本。当时毛边本几近尾声，到全国解放后，风气急转，毛边本已被视为奢侈和乖趣，被日渐淘汰，以至印刷厂、书店、读者普遍视毛边本为未合格的半成品。此书的封面设计好似让人们站在戏剧舞台的下边正在观看台上的演出。

2. 根据地

抗日战争期间，中国共产党在全国各地建立了许多抗日根据地，有陕甘宁边区、晋绥抗日根据地、华中抗日根据地等等。根据革命的需要，这些根据地都建有大大小小的印刷机构。当时，根据地的物质条件非常艰苦，比国统区要艰难多了。一方面是敌人的进攻和封锁；另一方面是经常变化的战争环境，印刷山版所需要的机器、纸张、铅字、油墨等工业用品十分匮乏，而已有的印刷厂又经常随军迁徙，大型、沉重的印刷设备运输又非常不方便。但是，在共产党的领导下，在人民的支持下，克服一切困难，不断发展革命的出版事业。

延安中央印刷厂是所有根据地中条件最好的印刷厂，可是，生产环境相当简陋，印刷机安装在鹫峰泉旁一个幽暗的石洞里，排字房挤在一个弥陀佛石洞内，十五六个人挤在一起拣字排版。到 1941 年，该厂职工多达 300 人，已有四台对开平台印刷机、两台四开平台印刷机、三台铸字机、一台切纸机、一台烫金机、一台小发电机、五台手摇石印机和手摇圆盘机等。而各根据地的印刷条件就太差了。为了克服困难，他们自制纸张，生产一种很粗糙的土纸；自制油墨；用马兰苹纸糊厚代替铅条拼版用；用桃树上的树胶代替阿拉伯树胶，解决制版之需；缺少铅字，就一斤二斤地去搜集，或者用锡、锌、锑原料代替；还发明木质轻便铅印机、铸版机、新式造纸机、石印药纸……总之，他们在自力更生地创造着物质条件，一边背着枪和敌人周旋，一边坚持出版，

图 4-46《挺进大别山》封面　　图 4-47《人与畜》封面

千方百计地把毛泽东同志的著作、党的方针政策方面的书籍和其他图书，及时送到读者手里。

整个根据地只有一个美术方面的印刷厂——晋西木刻厂（晋西美术工厂），从事报纸插图、书刊封面和各种美术设计的印刷工作。成立于 1941 年 3 月，1942 年冬撤消，9 个月时间共出版《大众画报》7 期、画图 445 幅，木刻画 105 幅……从工厂的名字中就可以看到，因当时缺少锌版，木刻是主要的替代品。

1938 年出版的毛泽东的《论持久战》，封面很简单，白纸上印毛泽东手书书名和作者名。由于毛泽东的书法非常好，书名、作者名的大小和放的位置很合适，虽然用纸不好，但封面显得很雅气，也很庄重。

1946 年中原新华书店出版的《挺进大别山》（图 4-46）一书，封面纸比较差，两色，上边是绿色块，反白的书名字，右下方是图像，简洁别致。

1948 年光华书店在哈尔滨出版的《人与畜》（图 4-47）一书，32 开本。作为东北解放区的文学读物，因印刷条件的改善，封面与封底展开后是完整的一头牛，构思巧妙，笔墨豪放，速写式的牛，很生动，封面用纸粗厚，颇有力度。

解放区和根据地出版了各种书籍，有经典著作、文艺作品、宣传抗战的小册子等等。1944 年晋察冀日报社初次编印了《毛泽东选集》，在朴素无华的新闻纸或土纸的封面上，用版画和手写字体，简单而明快的黑红两色，显得既严肃大方，又富有战斗力。延安出版"马克思丛书"，有《哥达纲领批判》《社会主义从空想到科学的发展》《政治经济学论丛》等，

图 4-48《王贵与李香香》封面

图 4-49 根据地出版的书籍

在封面设计上，处理得十分简洁，很少有杂乱的装饰，常以手写体或大号铅字做书题，出版处及年份则用小号宋体字。设计上的简洁给印刷带来方便，却颇有思想内涵，所以，根据地出版的书籍在国统区也产生了很大影响。

"1944 年冀鲁豫书店出版《李有才板话》。装帧别具一格。狭长的开本，用毛边纸印刷后，对折平订。封面一色印书名及木刻板画，十分朴素，非常吻合作家赵树理及其作品的风格，而且，这样既经济又美观的出版物，很适合当时的出版条件和人民的需要。"（邱陵著《书籍装帧艺术简史》）

1948 年陕甘宁边区出版的《王贵与李香香》一书（图 4-48），文字直排，铁丝平钉。这是一部民间革命历史故事，为了适合长篇叙事诗的特点，设计成扁方形的横 32 开本。全书用黄色土纸印刷，白

色封面，书名及出版者用不同大小、不同体制的文字印成红色。封面版画中刻画着王贵与李香香在田野和风暴中的形象，黑色印刷，极为朴素大方。这样的设计散发着泥土的芳香，是一种简单的美、朴素的美。

其他根据地也出版了不少书籍，有政治方面的、文艺方面的等等。这一时期的书籍，从封面设计的风格来看，具有朴素、大方和庄严的特点，开辟了书籍装帧的一个新局面。（图 4-49）

3. 敌占区

1937 年，日本帝国主义发动大规模的侵华战争，北平、天津、上海、南京、武汉、广州等大城市先后失陷，从而形成"沦陷区"，约有大半个中国，而且是沿海、沿江的发达地区。日寇的铁蹄踏到哪里，印刷企业或迁走，或停业，或勉强维持，或被日寇强占，或被抢掠一空，印刷业萧条、清淡，昔日的繁华均不见。即使这样，沦陷区也还出版了一些有价值的书和文艺作品。如：1939 年上海复兴社出版《鲁迅全集》；1941 年，上海有以"中国出版社"的名义出版《斯大林选集》，封面上下各加一个色条，上狭下阔，中间有斯大林的素描画像，下条上印反阴文的书名字，设计很严肃，政治性强；1942 年，时代出版社成立，出版了很多介绍苏联作家的文艺作品，封面多用苏联版画及绘画作品，色彩多用红黑两色，字体严肃、大方，风格独到，装帧工作由池宁负责。

其他一些书籍封面设计，如 1939 年上海剧场艺术社出版的《夜上海》（图 4-50）一书，封面设计比较成熟，用了两幅照片，上幅是浮雕式的照片，人在愤怒，在反抗；下幅是演出场地的照片，大字书名，黑红两色，封面设计很符合书中所宣传的觉醒、准备新的斗争的内容。

1940 年天津文华出版社出版的《旧巷斜阳》（图 4-51）一书，32 开，封面为展现本书内容的单色插画，以网线明暗的变化，追求画面的立体感。冯朋弟设计封面。

1942 年中国文化振兴会选定新民印书馆出版的《药味集》（图 4-52）一书，精装，硬纸封面封底，

外带整环套（整体设计）。封面中上部有褐色正方色块，有文武框线，有栏线，中有书名，作者名和出版者，均由作者周作人书写，书法不错，既整齐规范，又有装饰性。

1944年北京伪华北作家协会编有"华北文艺丛书"一套，《蟹》（图4-53）是其中一本。封面由王仲设计。封面中上方为一条白色色块，大号书名字体和小字的作者名、丛书名在白地上，一个精致的人物和花的图案印在紫色色块上，醒目大方。

图4-50《夜上海》封面

图4-51《旧卷斜阳》封面

图4-52《药味集》封面

五 鲁迅与装帧

谈到中国近代书籍装帧艺术不能不谈到鲁迅先生，他是我国现代书籍装帧艺术的开拓者和倡导者。他虽然不是专业的装帧艺术家，但却是一位亲自实践、随时带领青年美术家不懈前进的老师和受尊敬的长者。

鲁迅是五四以后第一个在自己的作品上讲究装帧的实践家，他把封面设计、内容编排、印刷装订、选字、选纸等几个环节统一起来，开创了书籍装帧的新局面。

（一）鲁迅设计封面、题写书名字

鲁迅亲自设计了大量的封面，1909年鲁迅自费出版《域外小说集》，是鲁迅亲自设计封面的第一本书。把书中插图用在封面上，这在当时的中国是首创。1923年以后，鲁迅又设计了《国学季刊》、《歌谣纪念增刊》、《苦闷的象征》、《热风》、《中国小说史略》、《表》、《心的探险》（图4-54）、《华盖集》、《呐喊》等60多本书刊的封面，还为很多书籍、期刊的封面题写过书、刊名字。鲁迅不仅在书法上有很高的修养，当时的所谓美术字，鲁迅也写得相当好。如《华盖集续编》（图4-55）一书中的"华盖集"三个宋体字，端正而又活泼，没有手刻宋体字的呆滞之感，"续编"两个字，画成图章一方，用红色倾斜地印在书名之下，生动、有变化，主次分明。

1921年，鲁迅出版第二本小说集《彷徨》（图4-56）。《彷徨》的封面，是在火热的橘红色的底子上，用深蓝色画着三个坐着着舞装的人，面对一轮也用深蓝色画的昏沉沉的大太阳，晃晃悠悠，彷徨不定。太阳圆而不圆，装饰味很浓。这个封面画与书中内容很有关联，既美化了书籍，引人注目，又是点出小说书名的精心之作。鲁迅设计封面，陶元庆画封面画，单纯、浑厚，一帧经典之作。

1922年《呐喊》（图4-57）一书出版时，鲁迅

图 4-53《蟹》封面　　图 4-54《心的探险》封面

图 4-55《华盖集续编》封面　　图 4-56《彷徨》封面　　图 4-57《呐喊》封面

要呐喊，"聊以慰藉那在寂寞里奔驰的猛士，使他们不惮于前驱"。这是他出版此书的目的，也是他设计此书的指导思想。他用深红作底色，铺满版，显得那么沉重有力。深红色象征着受害者的血迹，又预示着斗争和光明。他把横长的黑色方块放在封面的中上部，代表着封建社会的铁屋子。黑色块中的反阴线方框，既是装饰，又使书名字显现出一种力量。书名字采用充满力量的、舒展的反阴黑体字，像用利刃镌刻而成，象征着在铁屋中强有力的呐喊，这"呐喊"是勇猛和不可阻挡的。《呐喊》的封面有独到之处，既包含着现代意识，又有深刻的含义，简单、洗炼、朴雅。可以看出，作者是满怀深情地在设计、在呐喊、在号召，封面和内容融为一体，是鲁迅改革思想在书籍装帧上的体现，又是从传统的装帧形态向现代书籍装帧形态过渡的典范之作。

1937 年《坟》（图 4-58）一书出版，陶元庆画了封面画，鲁迅设计了封面文字和扉页。扉页（图4-59）中间是一个正方形的图案，里面写着"鲁迅:坟"

三个字（作者和书名），框外右上角上停着一只一眼睁一眼闭的猫头鹰，边框内绘有雨、树、云、月及1917—25 等图案和文字，颇费苦心的组合设计，使封面和扉页的暗示、象征意义相当深远。《坟》是三套色，给人以寂静、肃穆之感。

1931 年鲁迅在设计《毁灭》和《铁流》（图 4-60）的封面时，分别选用了威绥斯拉夫和毕斯凯莱夫的插图作装饰。《毁灭》用豆绿底色，上压黑的图和文字，显得大方、雅致。《铁流》用白底色，黑字，显得干净、沉稳。两本书构图相同，情调却大不相同。

1931 年和 1936 年鲁迅设计《梅斐尔德木刻士敏土之图》（图 4-61）与《凯绥·珂勒惠支版画选集》（图 4-62）这两本外国插图集时，都采用了线装书的装帧形式，却是中式翻身，中西结合，把外国的内容纳入到中国的模式之中，丰富了内涵。

1939 年鲁迅出版的《引玉集》（图 4-63）一书，是一本介绍前苏联版画的画册，起名"引玉集"，用"玉"字点明书的价值和鲁迅的感情。鲁迅热爱苏联，

图 4-58《坟》封面

图 4-59 鲁迅为《坟》设计的扉页

图 4-60《铁流》封面

图 4-61《梅斐尔德木刻士敏土之图》封面

图 4-62《凯绥·珂勒惠支版画选集》封面

非常欣赏苏联的版画,《引玉集》是他满怀敬仰之情,用"三闲书屋"的名义自费出版的。有精、平两种版本。平装本封面有图案,用浅米黄作底色,铺满版,上面印红色色块,红色很稳重,又很热烈,色度饱满,有一种压抑不住的欢乐气氛;黑色的字和横竖分割的线框压在红色上,显得很庄重;竖排手写的黑体书名字既突出又活泼,圆形的反阴的"全"字加强了装饰性,显得别有趣味;横排手写的苏联版画家的外文名字和"木刻59幅"字样,用横线隔开,活泼却不凌乱,装饰性很强。

1936 年出版的《海上述林》(图 4-64)是本瞿秋白的文集,分上下卷,鲁迅亲自设计并题写了书名。这本书有两种精装本:一种是墨绿色皮脊烫金字,灰色麻布面;另一种是深蓝色天鹅绒面,书脊烫金字。该书装帧大方、庄重,堪称经典之作。鲁迅敬仰瞿秋白,对瞿秋白的遗作从悼念文章到装帧设计都下了很大功夫。

鲁迅先生设计了几十本书的封面,多以文字为主,但变化无穷,这与他在书法、金石上的修养分不开。鲁迅除用图案、木刻版画装饰书籍的封面外,还为不少的杂感集,如《热风》《华盖集》《而已集》《三闲集》等很多种书亲自题写了书名,加盖印章,经过鲁迅装帧设计的书籍,都具有朴素的美感。鲁迅译著的书,都喜欢用毛边装订,使书籍富有一种韵律美和亲切感,后来因为毛边有不方便之处,就不再采用了。

(二)鲁迅与版式设计

鲁迅对书籍的版式进行了认真的研究,他在《华盖集·忽然想到》一文中写道:"我对于书的形式上有一种偏见,就是在书的开头和每个题目前后,总喜欢留些空白……较好的中国书和西洋书,每本前后总有一两张空白的副页,上下的天地头也很宽。而近来中国的排印的新书则大抵没有副页,天地头

图 4-63 《引玉集》封面

图 4-64 《海上述林》封面

又都很短，想要写上一点意见或别的什么，也无地可容，翻开书来，满本是密密层层的黑字。加以油臭扑鼻，使人产生一种压迫和窘促之感，不特很少'读书之乐'，且觉得仿佛人生已没有'余裕'，'不留余地'了。"在印《莽原》（图 4-65）第一版时，鲁迅画了版式，要求在封面上方印刊名，下方印目录。他说："目录既在边上，容易检查，又无隔断本文之弊。"他处处在为读者着想，在致赵家璧的信中说："书的每行的头上，倘是圈、点、线、括弧的下半的时候，是很不好看的。我先前作校对人的那时，想了一种方法，就是在上一行里，分嵌四个'四开'，那么，就有一个字挤到下一行去，好看得多了。"在这里，鲁迅指导文字编辑和排字工人如何处理版式，完成自己的设想。鲁迅在致李小峰的信中说："若用每版十二行，行卅六字印，当有四百余页，未免太厚，不便于翻阅。所以我想不如改为横行，格式全照《两地书》，则不到三百页可了事，也好看。"在致黄源的信中说："插图本丛书的版心，我看每行还可以添两个字，那么，略成长方，比较的好看（《两地书》如此），照《奔流》式，过于狭长，和插图不能调和，因为插画是长的居多。"鲁迅对如何排版、如何把竖排改编成横排都做了细致的设计。

印《北平笺谱》时，鲁迅在致郑振铎的信中说："目录的写法，照来信可拟，是好的……笺上的直格，索性都不用罢。加框是不好看的。页码其实本不可用，而于书签上刻明册数……倘每页用同一颜色，则每页须加上一回印工，所以我以为任择笺上之一种颜色，同时印之，每页不尽同，倒也有趣。"鲁迅注意到每页的颜色和排法，还认真研究了页码等问题。

印《十竹斋笺谱》时，鲁迅吸取古籍的优点，创造了一种新的版式。他说："我想这回不如另出新样，于书之最前面加一页，大写书名，更用小字写明借书人及刻工等事，如所谓'牌子'之状，亦殊别致也。"在书的最前面加上一页，就成了现在所说的扉页。他还说："我先前在北京参与印书的时候，自己暗暗地定下了三个无关紧要的小改革，来试一试。一，是首页的书名和著者的题字，打破对称式；二，是每篇的第一行之前，留下几行空白；三，就是毛边。"

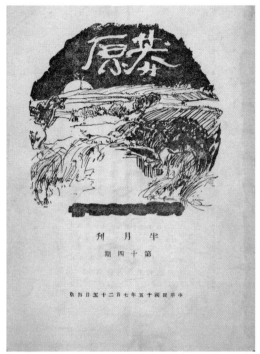

图 4-65 《莽原》封面和内文版式

鲁迅在致沈雁冰的信中说："那一本（指《苏联版画展览会》目录——笔者注）印得很漂亮的木刻目录，看了一下，译文颇难懂。而且汉英对照，英文横而右行，汉文直而左行，亦殊觉得颇缠夹也。"鲁迅对汉英对照的排法提出了自己的意见。

为了印好书，鲁迅先生经常跑印刷厂和制版厂，对制版技术非常关注。鲁迅在致方善境的信中谈到制版时说："盖同是锌版，亦大有优劣，其优劣出于

照相师及浸蚀师之技术，浸蚀太久则过瘦，大暂则过肥……"鲁迅还说："倘为艺术学徒设想，锌版的翻印，也还不够，太细的线，锌版上是容易消失的，即使是粗线，也能因强水浸蚀的久暂而不同，少浸太粗，久浸就太细……"

鲁迅说："类成铅字，其实并不好，不但无新五号，就是四号，也有大小不一律的。"鲁迅注意到版面好看与字体好坏的关系。

鲁迅先生的版式设计思想和他的封面设计思想是一脉相承的。他设计的版式、印出的书，如果是直排，题目是顶格，每行中的每一字之间都间隔四分之一个字的距离，这样看起来眉目清楚。他设计的书文内标点都排在字的中间；而且每篇文章都另页开始，这种新颖的版式是鲁迅创造的，后来成为一种版式风格。

（三）鲁迅与美术设计者

鲁迅先生是一位诲人不倦的导师，他和美术工作者有着非常友好的关系。他尊重艺术，尊重艺术家的意见，绝不盛气凌人和以势压人，他把美术设计者当成出版事业不可缺少的人才和朋友。他要美术设计者设计一帧封面，总是"请"字当头，并且不加任何限制。他请陶元庆设计《往星中》和《坟》的封面时说："璇卿兄如作书面，不妨不切题，自行挥洒也。""《坟》是我的杂文集，从最初的文言文到今年的，现已付印。可否给家作一个书面？我的意思只要和'坟'的意义绝无关系的装饰就好。"陶元庆在设计《坟》的封面时没有遵循鲁迅的意见，有意采用了高度概括的形象化的手法，鲁迅深表满意。

"《坟》的封面画，自己想不出，今天写信托陶元庆君去了，《黑假面人》的也一同托了他，近来我对于他有些难于开口……""很有些人希望你给他画一个书面，托我转达，我因不好意思贪得无厌的要求，所以都压下去了。但一面想兄如可以画，我自然也很希望。"谦虚的鲁迅在另一封信中说："但这一幅我想留作另外的书面之用，因《莽原》书小价廉，用两色版子的面子是力所不及的。我想这一幅，用于讲中国事情的书上最合适。我很希望只有空，再

画几幅,虽然大有些得陇望蜀。"

鲁迅在给许钦文的信中说:"1. 书名之字,是否可与画同一之颜色之宜,抑用黑字? 2.《乌合丛书》封面,未指定写字之位置,请指出。"鲁迅尊重设计者,还是诚心地征求意见。

鲁迅对美术设计者的尊重还表现在,在适当的位置署上设计者的名字。他在致台静农、李霁野的信中说:"于书之第一页后面,希添上'孙福熙作书面'一行。""该书(指《朝花夕拾》——编者注)第一页上,望加上'陶元庆作书面'字样。"孙福熙、陶元庆的大名就这样堂而皇之地印在了书上,以后慢慢形成风气,各种书刊上陆续都有了设计者的署名。

鲁迅还很关心青年书籍装帧设计者的成长。1927年10月间,他到开明书店看到当时只有20岁的钱君匋设计的《寂寞的国》《尘影》《春日》等书,看了又看,十分诚恳地对钱君匋说:"不错,设计的很好,受了一些陶元庆的影响是不是?但颇有你自己的风格,努力下去是不会错的。是不是还有其他的作品?给我看看。"对一个青年人不成熟的设计给予这样高的评价,完全是为了奖励。他还说:"钱君匋的书籍装帧能够和陶元庆媲美。"钱君匋先生从事装帧几十年,硕果累累,与鲁迅先生的鼓励和指导有着密切的关系。

鲁迅先生十分重视书籍装帧民族化问题,他把自己收藏多年的画像石拓片取出来,让陶元庆和钱君匋欣赏,并提醒他们从中吸取营养。鲁迅在致李桦的信中说:"惟汉人石刻,气魄深沉雄大,唐人线画,流动如生,倘取入木刻,或可另辟一境界也。"这些拓片对他们启发很大,后来在许多封面设计中都吸取了画像的构图和技法,设计出很多精彩的富有民族特色的封面。

鲁迅为美术家出画册、办展览、捐款、组办木刻讲习班、写序言及小引、观看他们的展览,支持他们的组织……鲁迅一生,对美术(包括书籍装帧和木刻)和美术工作者非常关心,鼓励他们、扶植他们,也指出他们作品中的优缺点。很多声名显赫的画家、装帧设计家,就是在鲁迅的培养、支持下成长起来的。

(四)鲁迅对书籍装帧的贡献

鲁迅自觉的民族责任感和鲜明而强烈的爱恨情感,把文学艺术当作唤醒人民斗争的工具。鲁迅提倡大众文学和大众美术,发表了大量的战斗檄文,介绍苏联、捷克的美术,特别是版画和书籍插图。作为一个文化巨人,鲁迅在书籍装帧上进行了改革和创新。

鲁迅曾对陶元庆说:"过去所出的书,书面上(书面即封面——笔者注)或者找名人题字,或者采用铅字排版,这都是老套,我想把它改一改,所以自己来设计了。"鲁迅用"老套"两个字概括了他对旧的设计的看法。他设计的《呐喊》一书的封面,正是他创新思想的体现。他在《呐喊》的序言中说:"假如一间铁屋子,是绝无窗户而难被破坏的,里面有许多熟睡的人们,不久都要闷死了,然而是从昏睡中死灭,并不感到就死的悲哀。现在你大喊起来,惊动了较为清醒的几个人……然而几个人既然起来,你不能说决没有毁坏这铁屋的希望。"《呐喊》一书内容与鲁迅设计的封面涵义相吻合,是新文化运动的产物,也是鲁迅创新思想在书籍装帧上的体现。

鲁迅曾建议陶元庆和钱君匋更多地运用一些民族形式,把青铜器、画像石等优秀的图案纹样和人物插画运用到封面设计中去,把画像图和唐人线画运用到木刻上来,表现民族的风格。鲁迅很希望在书籍装帧中创造出我国自己的特点,开辟出崭新的局面,鲁迅所说的"东方情调"、"中国向来的灵魂"、"民族性",正是中国特色的体现。

鲁迅在书籍装帧领域取得了辉煌的成就,并将其提倡的"民族性"和"东方的美"的艺术追求融入在其中。他以"新的形、新的色"开创了装帧设计的新风,为现代书籍装帧艺术做出了重大贡献。

第五章
中国书籍的插图

　　清代人叶德辉在《书林清话》中云："吾谓古人以图书并称，凡有书必有图。"徐康在其所撰《前尘梦影录》一文中云："古人以图书并称，凡有书必有图。"……

第五章　中国书籍的插图

清代人叶德辉在《书林清话》中云："吾谓古人以图书并称，凡有书必有图。"徐康在其所撰《前尘梦影录》一文中云："古人以图书并称，凡有书必有图。《汉书·艺文志》论语家，有《孔子徒人图法》二卷，盖孔子弟子的画像。武梁祠石刻七十二弟子像，大抵皆遗法。而兵书略所载各家兵法，均附有图。《隋书·经籍志》礼类，有《周礼图》十四卷……是古书无不绘图。"

中国古代书籍的插图有着悠久的历史，正如鲁迅所说："木刻的图画，原是中国早先就有的东西。"插图，不但历史悠久，而且形成优良的传统。"凡有书必有图"是个夸张的说法，但是，在浩如烟海的中国古籍中，有插图的书籍实在太多了，无以数计。

中国古人为什么垂青于图画呢？这可能和远古的图画文书时代有关，图画是传达信息的一种手段。画在树皮上的画、石壁上的画，是先民们进行宗教活动、记录重大事件的主要方式，这些画是一部史书，是一部以图画方式描绘在树皮、岩石上的史书。图画文书在远古是文字，也是绘画，中国古人们习惯于这种表达方式。文字产生后，文字可以表达准确的信息，图画失掉了图画文书的意义，但图画的形式却延续下来，并进入到书籍中。在雕版印刷术发明之前，书都是手抄的，画也是画家直接描绘在书上的。雕版印刷出现后，图画采取插图的形式，一直延续到照相制版术的发明和应用。张守义和刘丰杰在《插图艺术欣赏》一书中云："书籍的基础是文字，文字是一种信息载体，书籍则是文字的载体，它们共同记录着人类文明的成果，从而传递知识和信息。书籍插图及其他绘画也是一种信息载体，在科学意义上，它和文字一样，都是以光信号的形态作用于知觉和思维，从而产生信息效应的。"鲁迅先生从另外的角度阐述了插图的巨大作用，他在《"连环画"辩护》一文中云："书籍的插图，原意是在装饰书籍，增加读者的兴趣的，但那力量，能补助文字之所不及，所以也是一种宣传画。"

｜一　插图的起源

中国插图起源很早，作为一种绘画艺术形式，有着发生、发展和完善的过程。

（一）图腾

图腾文化是人类最古老、最奇特的文化现象之一，它对后世文化影响很大，图画、象形文字都渊源于图腾标志。

在旧石器时代晚期遗址中，发现有大量的动物画，这些动物画是原始人描绘的图腾形象。除动物画之外，尚有许多半人半兽的人物画（图5-1），似为图腾祖先。何星亮在《中国图腾文化》一书中云："图腾民族为表述对图腾的感情，常在洞穴岩壁、圣地周围、住所房屋、武器盾牌或布上、纸上绘画图腾动物，或描绘关于图腾的各种传说。"在岩壁上描绘图腾形象，是图腾民族中常见的一种现象，也有画在旗上的、画在人的身体上的……有些图腾画的风俗一直延续下来，现在，有的少数民族中还有这种图腾的遗迹。图腾画可以理解成最古老的图画，是绘画的雏形或萌芽，不但影响着人们的思想，而且影响着后世绘画和插图的发展。

（二）图画

远古的时候，文字还没有产生，图画是人们交流思想的方法之一，人们用图画把生活环境中的事物描画下来，以进行表达和交流。如画打猎，就画一头鹿或一头牛和手持弓箭的人；要说明一件事必须画很多图形，如一座山、一棵树、一头大象、一条鱼等等。住在岩洞的先民们，用图画表达着自己的意思，传达着信息。不但深深地印在石壁上，也深深地印在先民的脑海中，以绘画的形式延续下来，并有所发展。

我国目前发现的岩画很多，地区很广，图形无数，仅内蒙古阴山一地的岩画有一万幅以上。岩画大都发现在边疆地区，属古代少数民族的文化遗存。根据岩画和文字的关系，每当文字出现之后，那里的岩画形式也就逐渐消失。中原地区由于人口稠密，山川面貌改变较多，文字出现得较早，文明水平较高。边远地区遗存的岩画对后世绘画的影响是很深远的。

（三）陶器图案

陶器上的图案与图腾有着很密切的关系，从它的发展历程就可以看到这点。《中国图腾文化》认为："在属于仰韶文化的彩陶上，多绘写实动物纹样和写意纹样。半坡遗址出土的彩陶上绘有人面鱼纹、单体鱼纹、复体鱼纹、变体鱼纹和图案化的鱼纹（图5-2），此外，还有少数鸟纹和鹿纹等。临潼姜寨出土的彩陶上绘有鱼蛙纹、五鱼纹、人面鱼纹和鸟纹等。庙底沟类型的彩陶纹与半坡类型风格迥异……大多数考古学家和历史学家都认为新石器时代彩陶上的动物纹样及其象征性纹样是古代氏族部落的图腾标志。"图腾从旗帜上、人的身体上转移到彩陶上，这是个巨大的进步。彩陶图案由写实变化到抽象，说明越来越成熟，而且，这种抽象的方法和过程，几乎和文字的产生是同步进行的。同时，彩陶上的图

图 5-1 兽身人面乘两龙的南方祝融

案和线条的运用，对后来绘画的造型和用线，都有着潜移默化的作用。

彩陶上的图案不同于岩石上的图画，它不是表示一件事、一个活动、一件东西等等，而是一种图腾，或者图腾性质的画。它既是从最早期的图腾演化而来，又受到岩石上图画的影响，而岩石上的图画和彩陶上的图案，都影响着后世绘画的发展。

（四）青铜器图案

青铜器上的图案是彩陶图案的发展和继续，仍然带有图腾图案性质，并且在奴隶社会的初期赋予了新的涵义。青铜器上的几何纹样所表现出来的形式美，已不再是从原始彩陶上所感受到的那种天真与和谐之美，而是一种受压抑的、内涵着巨大力量的美，这在饕餮纹中表现得尤为突出。所谓饕餮纹和夔纹所表现的想象动物是和龙凤一样的原始图腾，或者是龙图腾的另一种表现形式。青铜器上的饕餮纹和夔纹，是以其怪异的形象，恰到好处地反映出那个时代的神秘的威力。

青铜器上的几何纹样（图5-3）逐渐取代了初期的想象中的纹样，成为青铜器的主要纹样，初期纹样的涵义已不复存在了。由彩陶图案到青铜器图案，对后世的工艺美术图案的发展和影响是直接的，而图腾或彩陶上的图案、青铜器上的图案，在形式

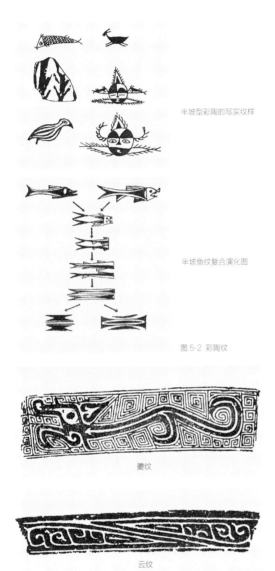

半坡型彩陶的写实纹样

图5-2 彩陶纹

菱纹

云纹

图5-3 青铜器上的纹饰

个方面的内容：

(1) 墓主生前的生活，显示豪奢；

(2) 历史故事，寓意于劝戒；

(3) 神话传说，寄托祈福与谶纬的思想；

(4) 装饰纹样，满足美感的要求。

画像石、画像砖，在许多画面上，生动而具体地反映着当时的社会思想和生活状况，构图独立完整、结构严谨。或是雕刻，或是模制，从表现方法和艺术形象上，都具备了绘画的艺术特征，一般泛称为"汉画"。

汉画像石、画像砖是刻在石头和砖上的，有别地刻印法、在主体形象上加刻阴线法、纵横平行线刻地子法、平铲地子法、浅浮雕刻法、模印法等等。这些刻法，很多都沿用在插图的雕刻中。只是画像石、画像砖是刻在石头或砖上，线条粗犷，形象是正面雕刻，采用写意的手法，只有采用背面拓印的方法，才能得到正面的形象；插图是反图镌刻，线条细腻，采用写实的方法，于雕刻版面刷墨印于纸的正面，才能得到印刷的正面形象。虽然两者用拓印和印刷，得到正面图画的方法完全相反，但是，它们雕刻的方法是基本一致的，或者有很多相似之处，构图的原则和艺术处理的方法也是相通的。从这点来说，插图和汉画有着十分密切的关系。

鲁迅先生 1935 年给李桦的信中云："唯汉人石刻，气魄深沉雄大；唐人线画，流动如生，倘取入木刻，或可另辟一境界。"鲁迅在这段话中指出的木刻，是创作版画，并不是插图，鲁迅用简洁的语言，指出了汉画的艺术特色。汉画艺术有浓厚的装饰性，它朴素却不单调，粗犷却不鄙野，浑厚却不凝滞，豪放却不疏散。

画像石、画像砖通常运用三种艺术手法：

(1) 打破时间与空间的限制，扩大境界；

(2) 运用夸张手法，充分表达意境和感情；

(3) 着重刻画感情，加强生活情调。

唐、宋以前，顾恺之已经提出"形神兼备"的理论，要求作品传神，神需要形才能有所寄托，形需要神才有生命，这个理论的产生与汉画有着密切的关系，而汉画像艺术确实达到了形神兼备的神品

美和线条的抽象、人与物的造型上，带给后世的影响是深邃的，对绘画以至插图的影响也很大。青铜器图案对汉画的影响是直接的。

（五）汉画

汉画，在这里主要是指画像石和画像砖。画像石、画像砖原是附在建筑墓穴壁面和楣楹碑阙上的装饰性艺术品，它所表现的题材十分丰富，一般选取四

之境（图5-4），这是汉画像艺术的最大特色，"气魄深沉雄大"。鲁迅先生把汉人石刻和唐人线画放在一起谈论，一方面说明两者的重要性，另一方面说明两者的内在关系。

另外，汉人石刻中的历史故事（图5-5），题材相当丰富，构图完整，有的还运用连环画的形式，选取情节发展的最高点，通过各个不同的人物体态、动作，表现出或紧张、或惊慌失措、或安闲自在的情绪，人物栩栩如生、神态毕现。这样完整的故事情节、完美的构图、成熟的处理方法，无疑对插图具有启迪和借鉴的作用。汉人石刻是插图的先河，插图是汉人石刻的继续。

图 5-4 画像石中的"造纸图"

（六）肖形印

肖形印或称"形肖印"，元、明时称"图像印"，后来，又有人称"图章"或是"虫鸟印"。肖形印的内容有人事类、走兽类、飞禽类和其他一些不易归类的。肖形印，有的只有图案，没有文字，有的图案和文字结合在一起（图5-6）。肖形印除"亚形鸟印"被认定为商代遗物、"鱼印"可能是春秋时的作品外，其余大量肖形印盛行于两汉，所以现在所见到的大量肖形印和汉代的石刻同属于一个时代。石刻中的"深沉雄大"，在小小的汉代肖形印中也明显地得到体现——粗犷传神。

肖形印的刻法不同于汉代的石刻，与插图的刻法极为相似，都采取反图雕刻的方法，肖形印的盖印和插图的刷印已十分接近：

(1) 墨或印泥都是刷或捺在版面上；

(2) 用纸的正面刷或盖印，墨或印泥转移到纸的正面，成了正面形象。

只是肖形印小，插图较大；小可以盖印，大则必须刷印。另外，肖形印的盖印不可能大量生产，因为没有必要，所以，肖形印的盖印不能称为刷印，但肖形印"无疑是一种版画的雏形"。

图 5-5 荆轲刺秦王（山东嘉祥武梁祠）

文图结合

图 5-6 肖形印

（七）帛书中的手绘图

帛是丝织品的总称，也有缣、素等名称，所以古人也称帛书为缣书、素书。帛书几乎和简策书同

图 5-7 帛画《天文气象杂占图》（马王堆汉墓出土）

图 5-8 帛画《社神图》（马王堆汉墓出土）

图 5-9 帛画《导引图》（马王堆汉墓出土）

时盛行，简策书无法完成的画、地图等，在帛书中得到充分的体现和弥补。

长沙马王堆汉墓中先后出土了一些帛书，有的帛书上面绘有各种各样的图，有的还配有文字。如《天文气象杂占图》（图 5-7），上面有马、星宿等彩图，配有半篆半隶的文字；《社神图》（图 5-8）中有四个不同形态的人和各种怪兽，附若干条竖排的文字，好像是一种宗教仪式；《天象图》，其上部天象图右边绘有红日、金乌和扶桑，左边绘有弯月、蟾蜍和玉兔，在日、月之间画有很多星辰；《导引图》（图 5-9）指通过四肢的运动达到治病的目的，图中所绘各式旁边均注有文字，如"以杖通阴阳"、"引聋"、"引膝痛"、"熊经"、"鹯"等，从这些人物姿势和注文可以看出，有些是模仿动物形态的运动姿态。

汉代，雕版印刷还没有产生，帛书上的字和画都是手写手绘的，这些以图为主的帛书称之为"图文书"。帛书上的图称其为插图也许不十分准确，但是，这些文图并重的帛书中的图，确实已具备了某种插图的意味，或者说是插图的初期形式。

（八）道教、佛教对插图的影响

东晋时期，道教作家葛洪讲的"入山佩带符"，是在木板上，用细线条反刻文字，盖印成符咒，以避邪。在一块木板上刻 120 个反字，不但锻练了在木板上雕刻线条的技术，而且对如何选木材，如何对木板进行版面处理等一系列技术问题取得了经验。所以，"入山佩带符"的雕刻，不但是雕刻印版的先河，也是雕版插图印版的先河，对插图的发明，起着积极的促进作用。

唐末，冯贽在《云仙散录》中，记载了贞观十九年（公元 645 年）之后，"玄奘以回锋纸印普贤像，施于四众，每岁五驮无余"。这是最早关于佛教印刷的记载，也是将佛像雕刻在木板上，进行大批量印刷的记载。玄奘印刷的只是一些佛像，印刷量很大，每年都印，由于未能流传下来，无法知道佛像的形式，也无法研究它的线条、构图等等。玄奘印刷的菩贤像说明，在唐朝初期，插图产生在技术和材料已上做好了准备。

二　唐代的插图

雕版印刷自隋末唐初出现以后，在唐代得到发展，并逐渐应用到雕版印书上。

雕版印书一出现就和插图结合起来，形成图文并茂的书籍。开始是以卷首扉画的形式出现，以后，图插在文中，或占半面，或随形而定，或上图下文，或左图右文，这些形式被沿袭下来，一直到清代的线装书。

雕版印图比雕版印文字要早，这在玄奘和尚印的菩贤像中已得到明证。但是，在随后的雕版印书中，图和文字同时出现了，图既成了书的一种装饰，又概括着书的内容，也成了独立的插图。

（一）三种《陀罗尼经咒》

（1）1944年，在成都市东门外望江楼附近的唐墓中出土一份古梵文《陀罗尼经咒》（图5-10）。《经咒》正中间的方形内有一小佛像，四周双线框内有一圈小佛像，约有32个，共33个。小方框和大方框之间刻古梵文经咒，右边有一行汉字依稀可辨，为"成都府成都县龙池卞家印卖咒本"。这大约是8世纪中叶的雕版印刷品。《陀罗尼经咒》四周的佛像是装饰，中间方框内的佛像已起到插图的作用。

（2）1974年，在西安出土梵文印本《陀罗尼经咒》。正中为一空白方框，方框外是梵文经咒，印文四周是三重双线边框，两层图案，布满莲花、花蕾、法器、手印、星座等，图案是装饰，也带有一定的插图含义，最外一圈星是近似绳纹的二方连续。《陀罗尼经咒》是唐代初期的雕版印刷品。

（3）1975年，西安出土汉文《陀罗尼经咒》印本，中心方框内绘二人像，一站立，一跪跽，画像以淡墨勾描，填以淡彩。经咒咒文环绕四周，四周外印有一圈佛手印契，每栏边各有手印12种，此经上限不早于7世纪末。经咒中间的人物绘像，已经在表达一定的场面，可能是一个人在念经，一个人在跪着听经，这很不同于前面说到的佛像插图，插图的意味浓多了。另外，画像用淡墨勾描，填以淡彩，这是最早的墨印填色，说明唐朝初期就有了彩色插图。

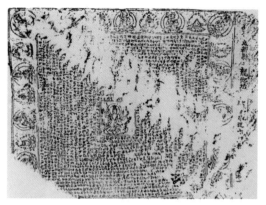

图5-10　成都出土的唐代印刷品梵文《陀罗尼经咒》

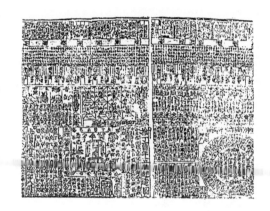

图5-11　现存最早的印本历书

（二）历书

唐僖宗乾符四年（公元877年），印本历书残本（图5-11）虽残缺不全，却是现今世界上最早的历书。从残页历书中看到，有横线、竖线、斜线、弧线，历书的上半部画有装饰的小图案，中间偏左的部分有雕刻的狗、兔、牛等图案，左下部分刻有房子，这些具有具体形状的图画，并非只是美化版面的装饰，更是文图并茂的插图。

（三）《金刚般若波罗蜜经》

《金刚般若波罗蜜经》（图5-12），简称《金刚经》，这是举世闻名的、发现于我国境内有确切日期的最早的印本书，是一部首尾完整的卷轴装书。该书长约16尺，高约1尺，由6个印张粘接起来，另加一张扉画，扉画是由一整块木板雕刻再印刷的，内容

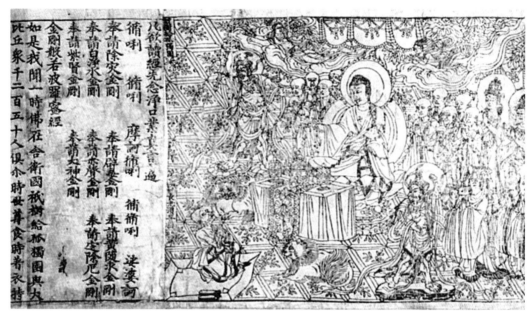

图 5-12 唐咸通九年刻印的、《金刚般若波罗蜜经》扉画

为释迦牟尼在给孤独园坐在莲花台上的长老须菩提说法的图像。画上释迦牟尼的躯体较大，居于图的中心，右手举起正在说法，脸部微向左侧。座前有一几，上供养法器，长老须菩提偏袒右肩，右膝着地合掌，呈向上之状。佛顶左右，飞天旋线，二金刚守护神座两侧。妙相庄严，栩栩如生。四周诸天神环绕静听，神色肃穆，姿态自由。整个画面上的人物除左边的飞天和长老须菩提以外，都是侧身向左的。这个构图，就故事的情节本身，即释迦牟尼对长老说法中的人物大小和互相关联上，都明显地服从着故事主题的要求。插图画家充分考虑到扉画同后面（即左边）将要展开的长卷文字间的呼应关系，图文并茂，融为一体。

《金刚经》扉画，布局严谨、雕刻精美、功力纯熟，表明 9 世纪中叶，我国的插图已进入相当成熟的时期。所以，人们有理由认为插图在此之前可能早已出现了。《金刚经》卷尾刻有"咸通九年四月十五日王 为二亲敬造普施"字样。咸通九年为公元 868 年，距今已有 1100 多年。

卷轴装的佛经书均采取卷首扉画的形式，唐代还有《陀罗尼轮经咒图》和《无量寿陀罗尼轮图》等。

这种形式对后世影响很大，中国古籍从此开始"有书必有图"的时代。

三 五代的插图

五代时，刻印了儒家九经、佛经和佛经插图。

（一）《大圣文殊师利菩萨像》、《大圣毗沙门天王像》和《大慈大悲救苦观世音菩萨像》

1.《大圣文殊师利菩萨像》

《大圣文殊师利菩萨像》（图 5–13）刻于后晋开运四年（公元 947 年），描绘文殊菩萨坐狮驾云而行、普渡众生的故事。"狮子倔强不驯，昂首雄健，但被护法天神所牵制，又表现得无可奈何。护法天神身体稍向后倾，双目直盯雄狮。神、狮相望，不但形象逼真，而且彼此的性格也跃然纸上。菩萨手持如意，稳坐狮背，妙相慈祥。背后佛光缭绕，前边童子合十拜谒。图像两旁，右题'大圣文殊师利菩萨'，左题'普劝志心供养受持'。图像下是题记。"（李致忠著《中国古代书籍史》）玄奘和尚的菩贤像只有图，

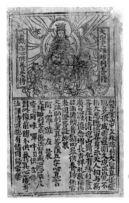

图 5-13
《大圣文殊师利菩萨像》

图 5-14
《大圣毗沙门天王像》

图 5-15
《大慈大悲救苦观世音菩萨像》

没有文字，此图则上图下文，开创了上图下文、图文并茂的先河。这种形式显然比只有图、没有文字的更便于宣传，结构严谨，中心突出，线条简洁，刀法清晰。

2.《大圣毗沙门天王像》

《大圣毗沙门天王像》（图 5-14），描绘的主人公毗沙门天王，在佛教中是护法天神，是所谓四大金刚中的北门天王，神通广大。"版画的结构很紧凑，一个健壮的地神，从地下露出半个身子，用他的双手擎住毗沙门的双足。毗沙门右手执附旗长戟，左手托着供养释迦牟尼的宝塔，头戴宝冠，旁附羽翼，双肩喷射火焰，腰间紧窄，横佩长剑，长铠披肩，铠片鳞鳞，目光炯炯，胡须上翘，充分表现了毗沙门天王的性格与威力。辩才天女捧花果侍立于左；童子与罗刹侍立于右，面目狰狞的罗刹右手高举着一个婴儿。"（李致忠著《中国古代书籍史》）构图很有特点，中心突出，结构严谨，布局合理，很有气势。线条刻画刚劲而不呆板，飞舞的飘带很流畅，线条展转层次分明，神态各具特色，很是生动。图案下面分界刻有题记，字数较多，主要是讲大圣毗沙门天王的情况和印刷时间，左上角镌"大圣毗沙门天王"字样，上图下文，图文并茂。由曹元忠请匠人于大晋开运四年（公元 947 年）雕刻而成。曹元忠时为归义军节度使特进检校太傅，或为瓜沙军州观察使的职务。瓜沙军州在敦煌一带。

3、《大慈大悲救苦观世音菩萨像》

《大慈大悲救苦观世音菩萨像》（图 5-15），上图下文，文中刻有"曹元忠雕此印板，奉为城隍安泰，

阖郡康宁"、"时后晋开运四年丁未岁七月十五日"、"匠人雷廷美"等字样。这段文字既有刻印者的姓名，也有刻印的年月日。更可贵的是载有刻工的姓名，雷廷美成为印刷史上最早见于记载的刻版工匠。后来，在历代古籍中，多见到刻工的姓名。这是对劳动人民的尊重，也是对雕刻技术的尊重。

此图画面"描绘观世音菩萨头戴宝冠，脚踏莲花，左手提净瓶，右手拈莲花，长带披肩，飘然至足。图版两旁，左刻'大慈大悲救苦观世音菩萨'，右镌'归义军节度使检校太傅曹元忠造'。像下镌刻长题……"（李致忠著《中国古代书籍史》）

这三种佛像的版面都是上图下文，风格相近，刻的年代完全一样。很可能《大圣文殊师利菩萨像》也是曹元忠请匠人镌刻的，只是题记中没有记载下来。另外，还有《圣玩自在菩萨像》和《圣观白衣菩萨像》，和前三种佛像相比，显得粗糙一些。

（二）《一切如来心秘密全身舍利宝箧印陀罗尼经》、两种《宝箧印经》和九经

1.《一切如来心秘密全身舍利宝箧印陀罗尼经》

此经于 1917 年在湖州天宁寺发现，卷首刻有"天下都元帅吴越国王钱弘 印《宝箧印经》八万四千卷，在宝塔内供养。显德三年丙辰（公元 956 年）岁记"字样。卷首的扉画为《佛说法图》，线条有断，刀法粗笨，人物造型也不生动，雕刻较为粗糙。

2.《宝箧印经》(1)

1924 年，杭州雷锋塔倒塌，发现黄绫包裹

图 5-16　钱弘俶于公元 975 年刻印的《宝箧印经》（1）扉画

图 5-17　钱弘俶于公元 975 年刻印的《宝箧印经》（2）扉画

图 5-18　千佛图（五代捺印）

的《宝箧印经》（图 5-16），卷首有扉画《佛法说经》，还印有"天下兵马大元帅吴越国王钱弘俶 造此经八万四千卷，舍入西关砖塔，永充供养。乙亥八月日纪"字样。经卷长 2 米，高 7 厘米，分竹纸、棉纸两种。扉画描写吴越国王宠妃黄氏礼佛的情景。线条简练，构图及环境布置很严谨。同时还发现藏在砖塔内的塔图印本，全长 1 米，每层画一塔，四塔连接，画有佛经故事。塔图比佛经晚 1 年。塔图是现存最早的雕刻印本连环画；汉人石刻历史故事，虽说也是连环画，但不是印本的。所以，此印本连环画非常珍贵。

3.《宝箧印经》⑵

此《宝箧印经》（图 5-17），于公元 1971 年在绍兴金涂塔内发现，卷首印有"吴越国王钱弘俶 敬造《宝箧印经》八万四千卷，永充供养。时乙丑岁记"字样。卷首扉画仍为拜佛说法的场面，线条有断续现象，人物造型简练、写意构图严正，场面宏大，文图清晰，纸质洁白，墨色精良，是五代晚期印刷的精品，非常珍贵。乙丑年为宋太祖乾德三年（公元 965 年），当时宋朝的统治还未达到这里，仍视为五代雕版印书。

4. 九经

五代还刻了佛家九经，每本经前都有扉画，据说九经特别受到读书人的重视，但是一本也没有保留下来。五代还捺印"千佛图"（图 5-18），线条粗犷，有断线，很大气，呈二方连续状。

五代时期的插图，题材比较单一，内容以宣传佛教为主旨，单张的多为上图下文，扉画为配合经文，雕刻水平不一，吴越地区扉画雕刻显得粗糙。

四　宋代的插图

经过战争，结束了五代半个世纪的混乱局面，建立了归于统一的宋代。国家稳定，社会生活的各个方面都得到恢复和发展。雕版印刷得到普及，插图从内容到形式都获得很大成绩，佛教插图继续深入，不断走向成熟，不但出现了科技和医药等方面书籍的插图，还出现了以版画为主的画谱等等；在形式上，突破了五代时的扉画和上图下文的单一形式，变得丰富多样。

（一）佛教经典

1.《开宝藏》中之《佛说阿惟越致遮经》

此经扉画（图 5-19）继承了唐代以来扉画的形式，画面更长了一些，在内容上有了突破。扉画不只是人物，突出了山水，人物处在次要地位。画面构图严谨，内容丰富，镂刻有力，雕刻技巧格外精致，整个画面很富于诗意，不再是赤裸裸的说教。此为宋代佛教经卷扉画的最早作品。

图 5-19 《开宝藏》中的扉画

2.《崇宁藏》、《园觉藏》、《碛砂藏》

宋代的经书很多，每部书都有扉画，数量之多超过前代，雕刻技术也有很大进步。《崇宁藏》、《园觉藏》的扉画很精美。《碛砂藏》卷首扉画，线条流畅，结构恢丽，刀锋明确有力。

3.《陀罗尼经》、《佛国禅师文殊指南图赞》

北宋崇宁年间（公元 1102-1106 年），江苏地区刻印的《陀罗尼经》，采用的是连环插图的形式。"一幅图版，分段描写故事内容，'其人持诵此经，日夜常有百千罗刹暗守护之'，'官人从普光寺主借钱，寺主令小和尚分付处'等，每一结构中都布置中心人物三五个。高下错落，穿插周详，结构密致，刀锋刚健。"（李致忠著《中国古代书籍史》）这是雕版印书中较早的连环插图形式。

南宋临安众安桥贾官人宅雕印、中书舍人时商英主持的《佛国禅师文殊指南图赞》，也是连环画式的，有插图 56 幅，雕刻精美，乃上乘之作。

4.《妙法莲华经》

宋代《妙法莲华经》为经折装书，有精美的插图（图 5-20），此画人物众多，构图复杂，雕刻精细，线条尤为流畅，刀法纯熟，情态各异，很是生动。

在宋代雕刻的佛教插图中，有的上图下文，有的左图右文，有的内图外文，形式多种，生动活泼，很吸引人，其目的是为了争取信徒。

（二）儒家经典

儒家经典六经：《易》、《书》、《周礼》、《礼记》、《春秋》、《诗》，宋代都配以插图，以通俗的形式刻印，受到广泛的欢迎。

由吴翠飞、黄松年、赵元辅等人合编的《六经图》，于乾道年间刻成。《六经图》是一部典型的宋刊插图书籍，共 6 卷，用图解刻印实为"以教诸生"。苗昌言在该书序中云："凡得易七十，书五十有五，诗四十有七，周礼六十有五，礼记四十有三，春秋二十有九，合为图三百有九。"每幅图都有小标题和文字说明，或上图下文，或左图右文，不拘形式；构图大小相参，或全页为图，或连双页为图。图中以《周礼文物大全图》最为丰富，图中器物纹样，多用大片黑地衬出字体和动物等形象，细腻生动，极有法度。原书已看不到，明万历有粗刻本。

（三）文学

1. 小说

皇祐元年（公元 1049 年），刊刻《三朝训鉴图》，由高克明绘画，历史故事，有 10 卷。

嘉祐八年（公元 1063 年），刊刻《烈女传》，由建安余氏勤有堂刻印，内有插图 123 幅，相传由汉刘向所编撰、顾恺之补画。该书上图下文，图文对应。徐康在《前尘梦影录》一文中云："绣像书籍以来，

图 5-20 宋刻经折装书《妙法莲华经》插图

图 5-21 宋代复刻本《平妖传》上图下文的版式

以宋椠列女传为最精。"元代有复刻本，其形式大体保持宋代的原貌。"有南宋建安余氏刻本。内容分为母仪、贤明、仁智、贞顺、节义、续烈女等八卷。插图一百二十三幅。每页为一传，每页先后为一图。有的传文冗长，就斟酌缩小版画画面。雕的风格，是以简略的线条勾勒人物形象。其中的几案、纱帽、栏楯、树石的阴暗部分，重用墨板衬托，极为显明。"（李致忠著《中国古代书籍史》）宋代还复刻《平妖传》，采用上图下文的版式（图 5-21），插图人物各具情态，表情各异，线条有粗有细，衣纹飘动，刀法纯熟，人物还有体积感，构图很讲究。

2. 诗

嘉定三年（公元 1210 年），楼璹的《耕织图》诗集出版，内有多幅插图。

（四）科技、医学

1. 科技

崇宁二年（公元 1103 年）刊印《营造法式》

34 卷，由将作少监李诫撰绘，记录了宋代营造修建等方面的样式，包括木作、雕刻、石作、瓦作、泥作等工艺方法，是建筑学的实用图书。内有大量的插图，被认为是世界上现存最早的工程图谱版画，其绘画、雕刻技术已达到相当高的水平。

程大昌于公元 1177 年编绘《禹贡山川地理图》，共 30 幅画，都用颜色彩绘而成。因当时未有彩色印刷，刻印时变为单色。这是世界上现存最早的有确切刊印年代的印刷地图册。《九州山川实证总要图》是其中的一幅，绘有山脉、河流、湖泊及政区，并有若干考释性的注记。

南宋杨辉著《详解九章算法》，书中有大量数学插图。

2. 医学

在医学书籍方面，插图数量最多。《孙思邈灵芝草》和大观二年（公元 1108 年）刊印的《经史证类大观本草》两书，都刻有大量的精湛插图相配。

北宋医官王惟一编撰《铜人腧穴针灸图经》一书，内有多幅精美插图（图 5-22）。

（五）画谱、棋谱

1. 画谱

现存南宋景定二年（公元 1261 年）刻印的、由画家宋伯仁绘画的《梅花喜神谱》（图 5-23），有人说是嘉熙二年（公元 1238 年）刻印。这是我国最早的画谱，它以大量的插图展现了梅花的各种姿态。书的版式很别致，每页以画为主，左边配诗，上边刻画题，文字用楷体。刻工简洁生动，极富韵味。该书分上、下两卷，"卷上计蓓蕾四枝，小蕊十六枝，大蕊八枝，欲开八枝，大开十四枝；卷下计烂漫二十八枝，欲谢十六枝，就实六枝"。（李致忠著《中国古代书籍史》）现藏于上海博物馆。

2. 棋谱

《忘忧清乐集》是围棋谱，现藏于首都图书馆。

（六）其他

1、杂类

《礼乐》，陈道祥所纂，以篆图互注为号召的各

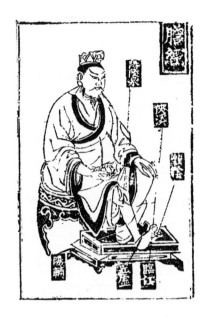

图 5-22 宋刻《铜人腧穴针灸图经》插图

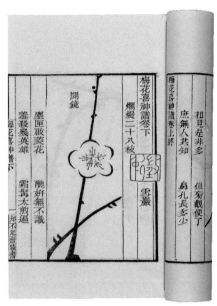

图 5-23 宋刻《梅花喜神谱》

种经书、子书等十几种。

淳熙二年（公元1175年），宇文国、聂宗义编纂的《新定三礼图》，绍兴年间（公元1131-1162年），孔传撰刻本《东家杂记》卷首扉画，刀锋明确有力。

宣和年间，纂编《博古图》《文选》等，还有《群书类要》，都有很好的插图。

2. 宣传画

宋代，已用雕版印刷了宗教张贴宣传画，现存的一张是北宋雍熙元年（公元984年）刻印的《弥勒菩萨》（图5-24），这张宣传画和玄奘和尚的菩贤像有点类似，只是此画构图精密，线条复杂，衣纹中已有阴影，中间部分的两边均有题证，是非常成熟的雕刻版画。这一方面反映宋代佛教的盛行，同时也为中国雕版印刷年画开了先河。

济南刘家功夫针铺的广告画和铜版（图5-25），中间是个白兔挂棍的有趣的漫画形象，两边有两行字，为"认门前白兔儿为记"，下面是关于针的广告，非常有装饰性，很吸引人。

北宋后期，版画内容已由宗教方面转为历史故事及民间风俗等。宋代的雕刻版画达到很高水平，版画家大多不署名，最有名的有陈升，刻工有陈宁、孙佑等人。

五　辽金西夏和蒙古的插图

（一）辽代的插图

辽代的雕版印刷品均从三座辽塔中被发现，共有309件。仅应县木塔就有佛经47件，辽版书籍和杂刻8件，雕刻着彩佛像画6幅。

1.《炽盛光佛降九曜星官房宿相》

该画（图5-26）为雕版墨印填色佛像版画，画心纵长94.6厘米，横长50厘米，皮纸，残缺，经修复后裱为立轴。《中华印刷通史》云："画面中心为炽盛光佛结跏趺坐于八角莲台上，面如满月，丰颐厚颊，慈眉善目，微现笑意，唇边三缕胡须，顶有肉髻，眉间白毫，身披裟裓，双手平托法轮，似在说法。身后有背光、项光，内层是纲目纹，外层为火焰纹。莲台前置摩尼宝珠。环佛而立，静聆法音的是人形化的'九曜'和地　女神。左为太阳、木星、水星、罗睺；右为太阴、金星、火星、计都；前左为土星；前右为地　坚牢女神。各星皆有项光。画幅下端似有模糊不清被捉拿的披头散发、残肢断臂之人形，还有羊、犬等，似为地狱。画幅上端有象征天界的天蝎、朱雀、巨蟹、金牛的星座，还有脚踏祥云的天众，中问为全画总标题，可惜大都缺失，

图 5-24 北宋雍熙元年刻《弥勒菩萨》　　　图 5-25 北宋济南刘家功夫针铺现存的　　　图 5-26 辽刻《炽盛光佛降九曜星官房宿相》
印版及印刷广告

只剩个别残存。"

此画整版雕刻，一次敷墨刷印而成。墨印后又填染红、绿、蓝、黄四种颜色，颜色搭配协调，重点突出，色彩艳丽，层次鲜明，画面气氛热烈，很有感染力。

整个画面从线条判断为一块木板雕成，雕刻技法十分娴熟，线条刻画或遒劲凝重，或流畅飘逸，如同运笔一样自如。炽盛佛处于画面中心，形体大，面部端庄，主线条刻画厚重有力，显露出凝重之气，衣纹圆润流畅，富于动感，突出了说法时的庄严肃穆的氛围，又体现了佛慈悲为怀的亲切感人气质。此画千年之后仍如此艳丽，实为中国现存雕版墨印填色版画中最大最早的珍品。

2.《药师琉璃光佛》

此画（图 5-27）共两幅，大小略有出入，皮纸墨印。《中华印刷通史》云："画面为药师琉璃光佛结跏趺坐于八角莲台，左手下垂，右手作与愿法印。慈眉善目，宝相庄严.祖胸露腹，身披通肩袈裟，似在说法。身后有背光、项光，最外层为火焰纹光环。佛

顶有祥云托着的华盖，正中有楷书榜题'药师琉璃光佛'。佛左立胁侍日光遍照菩萨，是一面相清癯的长者，祖胸露腹，双手作大智拳印，闭目苦修，十分虔诚。右立胁侍月光菩萨，身披袈裟，左手托钵，右手执杵，年轻英俊，专心听法，目光炯炯，若有所思。二菩萨皆有项光。莲台前置摩尼宝珠，上为药师佛形象化的十二大愿，各愿佛像或坐莲台，或驾祥云，皆有项光，旁有榜题。"下为十二药叉大将，左右各六，三跪三立，有的双手合十，有的作大智拳印侍命，披甲挂械，个个神威勇猛，皆有项光。居中有楷书榜题'十二药叉大将'。"

此画为整版墨印，印好后填染朱磦、石绿两种颜色，色彩至今仍然鲜丽。

3.《释迦说法相》

此画（图 5-28）为绢本三色彩印，共三幅，尺寸略有出入。《中华印刷通史》云："画面为释迦佛坐莲台，双手抚膝，身披红色袈裟，面貌端庄肃然，螺发肉髻。项光内红外蓝，上出华盖，满饰宝相花并垂着帛缦。两侧有折枝花朵，象征飘洒的雨

图 5-28 辽刻《释迦说法相》

图 5-30 辽刻《观弥勒菩萨上生兜率天经》

图 5-27 辽刻《药师琉璃光佛》

图 5-29 辽刻《辽藏·妙法莲华经》扉画

花。莲台前置方案，上供摩尼宝珠。两侧有对称的四众弟子，头戴宝冠，足登莲花的胁侍菩萨合十侍立，还有身绕祥云的化生童子双手合十，跪在莲台前。弟子、菩萨、童子头部皆有项光。画面布局紧凑，气氛庄严热烈。榜题为楷体阴文黄色'南无释迦牟尼佛'七字，右侧为正文，对称左侧为反文。"

此画左右对称，中间有折痕。

4. 扉画

辽代的佛经中还有 20 余幅卷首扉画，雕刻生动，细腻精美。内容上可分为经变相图、佛说法图、护法天王图。经变相图作为扉首画是描述该佛经的主要内容；佛说法图作为扉首画与本卷佛经无关，只是象征佛在为众弟子众信士说佛法而已；护法天王画作为扉首画也与佛经内容无关，是象征护法天神在雄赳赳地护持佛法。

(1)《辽藏·妙法莲华经》

《辽藏·妙法莲华经》卷首的扉画（图 5-29）是变相图，全图场面宏大，构图复杂，以组画加榜题的形式表现内涵。刻画生动具体，细微突出，生活气息浓郁，画面上的佛、菩萨、世俗人物，甚至鸟兽都各具神韵。

(2)《契丹藏·大法炬陀罗尼经》

《契丹藏·大法炬陀罗尼经》卷首的扉画是佛说法图，画面布局严谨，人物形象栩栩如生。

(3)《观弥勒菩萨上生兜率天经》

《观弥勒菩萨上生兜率天经》卷前有连续 8 幅线刻经变图，为护法天王像（图 5-30），现存半页，为蝴蝶装书。画面四周双线边框内有线纹、鱼尾及金刚杵图案，画中心为一扶剑天王坐像，背光为云气纹，旁有双髻童子托盘侍立，刀法圆熟，刻画传神。

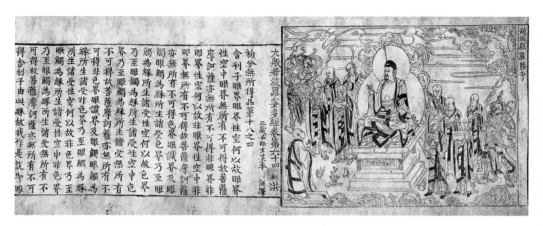

图 5-31 金刻《赵城藏》扉画

图 5-32
金代平阳姬家刻
印的《四美图》

图 5-33
金代《佛说生天经》

辽代佛经卷首扉画画幅不大，多与所刻经卷文字相配，每幅占一纸左右，一般用藏经纸和麻纸，在印刷前可能进行防蛀处理。画面都生动细腻，生活气息浓厚，无论简繁，雕刻精细、流畅，刀法纯熟，很有韵味。

（二）金代的插图

金代雕版印刷非常发达，图文并茂的书和刻印的佛教经典也为数不少，所刻佛经卷首均有扉画。

1.《赵城藏》

平阳版刻《赵城藏》，有7000余卷，每卷卷首都有扉画（图5-31），各卷扉画在构图、线条及雕刻刀法上，都严整和生动有力。《中国古代书籍史》云："……描绘如来佛偏袒正座，头肩圆光，妙相肃然，与佛弟子说法。左右侍立弟子十人，一人仰首合掌，聆听佛法。其余亦各具神态。两角分别侍立一戎装金刚，以示护卫。"扉画线条十分生动有力，表现出北方豪放雄浑的风格。

2.《随（隋）朝窈窕呈倾国之芳容》

金刻《随（隋）朝窈窕呈倾国之芳容》又称《四美图》（图5-32），描绘的是我国历史上有名的四位美人。《中国古代书籍史》云："一位是汉成帝时宫中女官婕好、后来立为皇后、体态轻盈、能歌善舞的赵飞燕；一位是怀抱琵琶、出塞和亲的王昭君；一位是才华出众，继班固完成《汉书》的班姬；一位是晋朝石崇的爱妾绿珠。构图画面富于变化，人

图 5-34 金代《高王观世音经》

图 5-35 西夏经折装书《现在贤劫千佛名经》的卷首扉画《译经图》

物形象生动自然。赵飞燕、绿珠居前，王昭君、班姬在后。绿珠面左朝正，其余三人面右朝正，但衣裙都向左飘斜。因而使画面的视线既集中，而又仿佛都在微风中款步徐前，故画面又显得动中有静，静中有动，动静结合，跃然纸上，颇有呼之欲出的效果。人物背后布置有玉阶、雕栏、牡丹、假山，并细绘花边，饰以鸾凤，因此画面显示出贵夫人深居宫苑的庄重，却又兴致萧然的气氛。"《四美图》是用墨印在黄色纸上，高二尺五寸，宽约一尺余，属民间招贴画，原件现存俄罗斯博物馆。

3. 金代有扉画的佛经

1986 年在美国发现金代有扉画的刻本佛经二种，其名称为：

（1）《佛说生天经》（图 5-33），经折装，半页 4 行，行 12 字，扉首有地藏菩萨像，贞元三年（1155 年）刻本。字体工整，行款与《赵城域》相异。

（2）《高王观世音经》（图 5-34），经折装，半页 4 行，行 13 字，有水月观音扉画，大定十三年（1173 年）刻本。扉镌刻细致，线条道劲，反映了金代平阳府一代印刷水平。

4. 其他

大定二十六年（公元 1186 年），书轩陈氏刻印了《铜人腧血针灸图经》5 卷；明昌三年（公元 1192 年），刻印了《新刊图解校正地理新书》15 卷；泰和四年（公元 1204 年），晦明轩张氏刻印了《经史证类大观本草》30 卷和《重修证类本草》；贞祐二年（公元 1214 年），嵩州福昌孙夏氏书铺刻印了《经史证类大全本草》31 卷。另外，《义勇武东王位》图也颇具盛名，亦是平水刻印的雕刻版画。金代还出版有《董西厢》，文内也有插图。

这些书籍都有插图，或是草药插图，或是针灸经位插图等，说明金代的插图在宋代的基础上，继续向前发展，应用范围更加广泛。

（三）西夏的插图

西夏的印刷业大约是崇宗年间开始发展起来的，到仁宗时（公元 1140-1193 年），发展到很高水平，西夏的版画内容十分丰富。

1. 佛经扉画

西夏统治集团多数都信奉佛教，刻印大量佛经，

图 5-36 西夏刻《梁皇宝忏图》

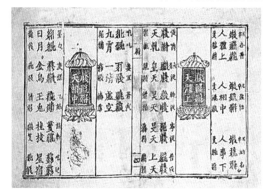

图 5-37 西夏刻《番汉合时掌中珠》

图 5-38 西夏刻印的经折装佛经

如汉文《金刚般若波罗蜜经》、《妙法莲华经》、《大方广佛华严经》、《转女身经》等，经文都有卷首扉画。西夏文《现在贤劫千佛名经》的卷首扉画名为《译经图》（图5-35），上绘僧俗25人，西夏文人名题款12条。《中华印刷通史》云：图中 "……白智光以国师之身，居画面中心，制约全局；助译者番汉各4人，穿插分坐两侧，有的握笔，有的持卷，似

有分工，形态各异；前方体形较大的两人，衣着富丽，形态安详，是皇帝秉常、皇太后梁氏"。此画构图严谨，场面隆重，主题突出，层次分明，线条精细，刻工认真，刀法流畅，内涵丰富，画中少见。

《梁皇宝忏图》（图 5-36），线条流畅有力，人物造型生动，构图复杂、优美，头部的圆形佛光很具装饰性，非常有特色。

2. 连环画式插图佛经

有连续插图的佛经，有的上图上文，有的左图右文，有的不规则插入，目的都是为了通俗解释佛经。崇宗乾顺时期的西夏文《妙法莲华经·观世音菩萨普门品》（简称《观音经》），即是插图本佛经。《中华印刷通史》云："首页为水月观音扉画，余页皆为下文上图；图文间横线相隔……除第一图是由卷云、栏柱、莲花组成的题图外，其余53图皆为与经文相配的故事图。经图图幅宽窄不一，根据画面的内容，窄的只占半面，宽的达一面半。"

刘玉泉在《〈观音经〉版画初探》中云：《观音经》"全部版面涉及的神怪和世俗人物约70左右。神怪人物和动物有：佛、菩萨、天王、夜叉、罗刹鬼、声闻、独觉、梵王、帝释、自在天、龙、乾闼婆、阿修罗、紧那罗、人非人、金刚、毒龙、雷神、雨师、风火神、地狱恶畜、蛇蝎等。世俗人物有：商人、强人、白痴、比丘、比丘尼、婆罗门、武士、妇女、童男、童女、刽子手、囚犯、将军、长者、小王、居士、宰官、优婆塞、优婆夷、恶人、怨贼、老人、病人等。此外，还有火焰、山水、船舶、监狱、伽锁、刀箭、戟杖、旗帜、伞盖、行李、珠宝、地毯、佛塔、床榻、莲花、莲花座、鼓形座、靠背椅、碗、树等"。

此画画面小，人物众多，全图由右向左展开，简直是一部西夏社会生活的长长画卷。插图以阳线刻为主，辅以阴线刻，具有民间坊刻本粗放、质朴的特点。《观音经》扉画，是典型的连环画插图。

西夏乾祐二十年（公元1189年），刻印西夏文佛经《弥勒菩萨经》，经折装，在一页上有9张图，画的场景不同、人物不同，情节各异，有的画用竖线分界，有的画以背分界，表现着一定的故事情节，采取的也是连环画插图形式。

3. 单幅佛经雕刻版画

这是与佛经脱离而单独存在的佛经雕刻版画，目的在于广为散施，以作为"功德"的"彩画"、"八塔成道像"等。如《文殊菩萨佛像》，佛像的四界为子母栏，上栏中间为坐在狮子上的文殊像，左为牵狮胡奴，右为供养童子，下栏为二经。《顶髻尊胜佛母像》，由宝盖、塔身、座三部分组成。塔身中心为三面八臂的顶髻尊胜佛母像，环像四周为梵文经咒。这幅画很像成都发现的《陀罗尼经咒》中的六臂菩萨像。

4. 钤印佛像

古称"佛印"、"印绢纸"，是刻好并钤印在纸上的佛像，如结跏趺坐的释迦牟尼像。一般用朱红印在麻纸上，少则一印，多则十印。

5. 书籍的插图

仁宗乾祐二十一年（公元 1190 年），由骨勒茂才编纂的《番汉合时掌中珠》（图 5-37）刻印完成，这是一部西夏语汉语字典。书中有大量装饰性的插图，既有图案，也有人物，造型非常生动有趣。翻看这部字典，不但不感觉闭塞难找，反而觉得很有意趣。

西夏文经折装的佛经也有图案性的插图（图 5-38），佛像连续出现，还有二方连续图案，这不同于卷轴装的卷首扉画，也不是连环画式的插图。佛像采取雕刻插图的形式，连续地出现在版面上，有两个意思：

其一，点明这是有关佛经方面的书籍；
其二，装饰版面，吸引教徒及信士。

在西夏文书籍中，在字里行间空白处多插入形形色色的小花饰，有菱形、火炬、小花、十字、小鸟，还有头戴荷叶、足登莲花的小人等等，这些小装饰出现在多种书籍中，足见西夏人对版面装饰的重视、对插图的热爱，也说明他们的审美情趣。

（四）蒙古的插图

蒙古有插图的刻本很少。首都图书馆藏有蒙古乃马真后元年（公元 1242 年）孔氏刻本《孔氏祖庭广记》，内有精美的卷首扉画两幅，一为《乘辂》，

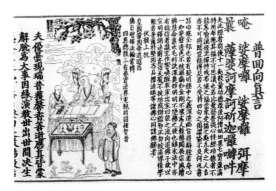

图 5-39 元刻《金刚经注》

赵王赐李牧死

乐毅图齐七国春秋

图 5-40 元刻《新刊全相平话》插图及版式

一为《颜氏从行》。画面气象端正，可与佛家扉画之绚丽相比。《尼山》、《颜母山》等图，线条刚劲有力，刀法洁净精细，是山水插图中的杰作。

六 元代的插图

元代，雕版印刷技术进一步发展，印刷技术更为

图 5-41 元刻《吕洞宾三醉岳阳楼》插图　　图 5-42 元刻杂剧《听琴》插图　　图 5-43 元刻《礼书》插图

普及，出现了王桢创造的木活字及转轮排字盘；在雕版印书方面，使用了朱墨套印的方法，这种双色套印的工艺使用复杂，很长时间并未真正得到发展。

（一）《金刚经注》

元代至正元年（公元 1341 年），中正路资福寺雕版刻印的《金刚经注》（图 5-39），卷首刻有无闻和尚注经图，注文和上部分的松树用黑色印刷，画面中的无闻和尚、侍童、另立一人及书案、方桌、云彩、灵芝等均用红色印刷，经文也用红色印刷，这是我国现存最早的朱墨双色套印的经折装书。至于是采用两块版分两次套印，还是一块版上分区涂刷不同色墨，用一次印刷，尚不清楚。

（二）其他书籍的插图

1. 五种平话

元代至治年间（公元 1321-1323 年），建安虞氏书房雕版刻印了五种平话，为《全相武王伐纣平话》《全相秦并六国平话》《全相续前汉书平话》《全相三国志平话》《全相乐毅图齐七国春秋后集平话》。五本书从封面的构图形式到版式的上图下文，以及刻版的刀法等都浑然一体，很具时代特点。每种三卷，五种平话的每面插图都约占版面的三分之一，为两面连接式的连环画，构图连环有序，人物生动传神，富于变化，气氛浓重，刀法圆润爽朗，韧而有力，

婉丽中又显出浑朴，发挥了传统的插图形式和技法，奠定了明代插图的基石。（图 5-40）

2.《博古图录》

至大年间（公元 1308-1311 年），杭州刻印铺陈考究用黄纸刻印《博古图录》，雕刻得十分精美，一个图占两面，版式大方、舒朗，很有价值。

3.《事林广记》

《事林广记》由建安椿桩书院刻印，陈靓著，42 卷，开本很大，插图很多，其中两幅，"一为两位贵官对坐，做双陆之戏。床后侍童二人，一捧仗，一捧盉。旁陈一几，上设酒茗杯箸。人物背后，以屏风作衬景，屏风上绘牡丹、孔雀。一只黑色的猎狗正由屏风后面转出。另一幅亦是两位贵官，分左右而坐，侍者跪地献酒果。床后侧有乐队，正在拨弦吹奏。床左右各立一只黑、白猎狗。整个画面描绘的是蒙古族达官贵人的生活场面"。（李致忠著《中国古代书籍史》）

4. 其他

《全相成斋考经直解》一书有 15 幅插图，现藏日本人村秀一手中；《竹谱详录》是一本画谱，刀法镌刻有力，线条流畅；《绘像搜神前后集》雕刻精巧别致，其绘画与雕刻均极精湛，堪称元代插图的代表作。

马致远撰的《吕洞宾三醉岳阳楼》（图 5-41）、石子章撰的杂剧《听琴》"秦修然竹屋听琴"（图

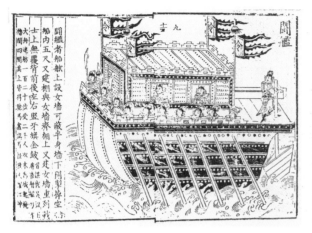

图 5-44　明刻《武经总要》插图

图 5-45 明刻《观音变相图》插图

图 5-46　明刻《便民图鉴》插图

5-42），都有精美的插图。

元代饮膳太医蒙古族人忽思慧所撰《饮膳正要》，全书 3 卷，以讲述饮食营养、烹饪技术、患病期间的饮食宜忌为主。书中附图 168 幅，其中有一幅图为食物中毒时的医疗场面，病人痛苦，家人焦急，医生沉着，侍者匆忙，十分传神。元代还出版带插图的《礼书》（图 5-43）。

元代，插图十分发达，形式多样，题材广泛，有单幅图、冠图、连环图画等，为明清时期插图的发展积累了经验，打下良好的基础。

七　明代的插图

明代，我国的雕版印刷发展到全盛时期，插图也飞速发展，出现饾版印刷和拱花技术。插图本书籍越来越多，几乎是无书不插图，特别是文艺类图书和科技类图书的插图，成为书籍的有机组成部分。有三个因素：

（1）出现一批雕刻高手；

（2）一批著名画家参与画稿；

（3）出版业竞争激烈，以精美的插图吸引读者。

图 5-47 明刻《水浒传》插图 "火烧瓦砾场"

图 5-48 明刻《西厢记》插图

图 5-49
明刻《金瓶梅》插图

（一）明代初期的插图

永乐至正统年间刻印的《释藏》《道藏》卷首都有扉画，画面肃穆庄重，线条精细流畅，数篇连刻，形式新颖，十分精美。

洪武年间，民间雕印的《天竺灵签》，经折装，厚黄纸双面印刷，构图较粗糙，人物仅具形象，绣像式的画法。

永乐元年（公元 1403 年），三宝太监郑和刊印、姚广孝为之作跋的《佛说摩利支那经》一书的插图，富丽精工，堪称永乐时代的插图代表作。

永乐十八年（公元 1420 年）刊印的道家经典《天妃经》扉画，以天妃为主，侍从诸人，冠履显赫，气象森然，刻印极为工整。

弘治年间，由北京书坊金台岳家刻印的《全像新刊注释西厢记》，上图下文，插图占版面的五分之二，人物生动，线条粗细结合，很具线描的特点。图文之间由粗线条分界，图旁有图的标题，文字雕刻略显粗重，整个感觉不够精细。

宣德十年（公元 1435 年），金陵积德堂刻印的《金童玉女娇红记》，插图有 86 幅，每幅占半版。明初的插图构图繁复多变，以背景衬托人物，其中厅堂池馆、画廊帘幕、车马驮千、花草树木等景物，也都为突出人物。雕刻刀法顿刻钩斫运用自如，运用图案纹样以作为补白。

《武经总要》（图 5-44）一书有大量反映军事技术和武器的插图，对当时的武器制作具有实际意义，

图 5-50 明刻《燕子笺》
插图"丽飞云"像

图 5-51 明刻《西厢记》插图"逼婚"

图 5-52 明刻《历代古人图像赞》
插图"李白"像

图 5-53 明刻《列仙全传》插图

图 5-54 明刻《平妖传》插图

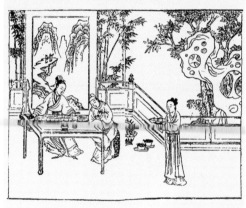

图 5-55 明刻《玉簪记》插图

对以后了解明代武器也非常有价值。

佛教书籍如《观音经普门品》、丁南羽绘《观音变相图》（图 5-45）、《鬼子母揭钵图》、《佛说阿弥陀经》、《礼三十五忏悔法》等，均有插图，多寡不等，水平也不一致。

其他如《考古图》、《全相二十四孝诗选》、《道学源流》、《老子道德经》、《广信先贤事实录》、《便民图鉴》（图 5-46）、《阙朔里志》、《吴江志》、《石湖志》、《安骥集》、《云庄集》、《欣赏编》等书，都带有多寡不同的插图。

明代前期的插图，自然奔放，人物的须眉、衣服的皱折尚有较明显的以刀带笔的痕迹，水平优劣不等，参差不齐，在黑白关系的对比上，大胆处理，多有创新。

（二）明代中期的插图

嘉靖年间翻刻的元代王祯的《农书》，有农业方面的大量插图，形象地描绘了很多农业技术和用具，为推广农业技术和发展农业做出贡献。

明代嘉靖、隆庆以后，带有丰富插图的戏曲小说大量刻印，艺术水平也有很大提高，如《水浒传》（图 5-47）、陈洪绶绘《西厢记》（图 5-48）、《金瓶梅》（图 5-49）、《牡丹亭》、《玉玦记》、《汉宫秋》、《望月记》、《荆钗记》、《白兔记》、《燕子笺》（图 5-50）、

图 5-56 明刻《英雄谱》插图
"梁山好汉劫法场"

图 5-57 明刻《傀儡图》
插图"三才会"

图 5-58 明刻《古列女传》插图

图 5-59 明刻"水浒叶子"

图 5-60 明刻"博古叶子"

图 5-61 明刻《农政全书》插图

《西厢记》（图 5-51）、《拜月亭》、《一捧雪》、《邯郸梦》、《四声猿》、《历代古人图像赞》（图 5-52）、《列仙全传》（图 5-53）、《平妖传》（图 5-54）、《玉簪记》（图 5-55）、熊飞绘《英雄谱》（图 5-56）、《傀儡图》（图 5-57）、《琵琶记》《古列女传》（图 5-58）等等，无不带有精美的插图，这些插图数量很大，都很成熟，可以说是明代插图的典范之作，也是中国古代插图的典范之作。

臧晋叔刻《元曲选》，附有多幅插图；《古本戏曲丛刊》所收明代插图有 3800 余幅。

明代中期，一批著名画家参与到插图中来，画了大量的插图画稿，如画家丁南羽、何龙、王文衡、陈洪绶等人。画家和刻工开始分工合作，为使书籍更能吸引人，都在插图上下功夫。由于画家的介入，出现了不同风格的插图，特别是在人物的刻画、构图的特点、景物的衬托、雕刻的刀法等方面。

万历年间刻印的李时珍的《本草纲目》，用大量的插图，形象地描绘了各种药用植物，文图并茂，实用价值很大，颇受社会欢迎，这是只有文字而无法达到的效果。明太祖第四子朱棣（公元 1630-1424 年）编写《救荒本草》一书，这是一部结合实用、以救荒为主的植物学著作，用通俗简洁的语言叙述植物的形态、生性及用途。每描述一种植物，都附有图，图的精确程度远胜于以往的本草著作。还出现了王盘的《野菜谱》、鲍山的《野茶博录》等著作，书中都有大量的插图。

万历以后，插图突飞猛进地向前发展，寻找到新的方向和道路，出现不同的风格，形成以地域划分的不同流派，如金陵派、徽州派、建安派等。插图一改以往大刀阔斧、粗枝大叶的刀法，由结构松散疏落的构图和粗犷、质朴、简练的风格，逐渐发展为工整婉丽、雕刻细致的风格所代替。

（三）明代后期的插图

明代中期以后，出现了以图为主的画册，如：嘉靖二十九年雕刻印刷的《高松竹谱》，这是早期的画谱；万历二十五年刻印的《画薮》；万历三十一年刻印的《顾氏画谱》；万历四十六年刻印的《雪湖梅画谱》以及《诗余画谱》、《集雅斋画谱》等书。这些画谱中的图，都是以插图的形式出现，雕刻都很精美，是画

图 5-62 明刻《天工开物》插图

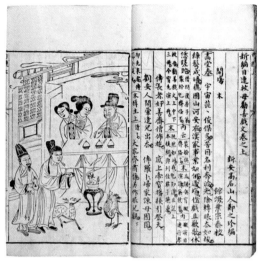

图 5-63 黄铤刻《目连救母》插图

家和刻工互相配合的典范之作。此时，也出现了以图为主、配有少量文字的书，这些书近似现代的连环画。还出现一种游戏用的纸牌，称为"叶子"，每叶上都刻印有人物故事，如陈洪绶的"水浒叶子"（图 5-59）和"博古叶子"（图 5-60）。水浒叶子画的是梁山泊好汉 40 人，博古叶子共 48 页，画的都是古代名人。这两种叶子都是用雕版印刷而成。

万历年间（公元 1573–1620 年），汪廷讷所撰《人镜阳秋》刻本，插图是通过中缝的全面大图，勾描细致，笔法流畅。顾炳辑《历代名公画谱》、程大约辑《程氏墨苑》，均为左图右文，文字介绍和插图人物交相辉映。周履靖撰、万历年夷门广牍本《淇园肖影》，是一本竹谱的版画丛书。天启年间（公元 1621–1627 年）刊印的《三国志传》，在文内正中有一小方插图，十分别致，版刻有民间粗犷风味，而张栩辑《彩笔情问》，插图则纤细秀丽。

明末，徐光启编著《农政全书》（图 5-61），书中除系统介绍中国的农田水利技术外，还首次介绍了由传教士带来的西方水利技术。明代著名科学家宋应星于公元 1634 至 1637 年撰写《天工开物》（图 5-62），书中记载了农业、纺织、化工、机械、车、船、兵器、陶瓷、造纸、琢玉等多种工艺技术，并附图 123 幅。

明代后期的图版雕刻，更加工整细致，画面极富雅丽，以精取胜。

图 5-64 明黄一彬刻《青楼韵语》插图

（四）徽派的插图

1. 黄氏的插图

徽派的发源地为徽州歙县虬村，以雕版刻画见长。徽州刻工世代相传，造就一大批优秀的刻工。有些刻工不但是镌刻能手，而且自己刊刻版画，甚至还能 自己创作画稿，人才济济，名手辈出，影响很大。

黄氏在徽派刻工中非常著名，所刻插图精细、老到，人物动态极为生动，造型很准，线条流畅，衣纹富于流动感，构图完整，十分精美。如：万历十四年（公元 1582 年），黄铤刻《目连救母》（图 5-63）；

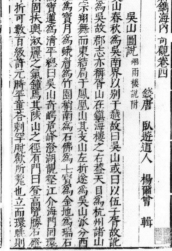

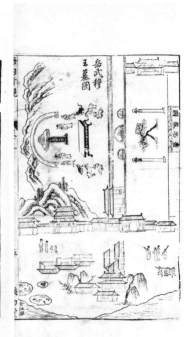

图 5-65 汪忠信刻《海内奇观》插图

图 5-66 明刻《红佛传》插图

万历四十四年（公元 1616 年），黄一彬刻《青楼韵语》（图 5-64）；万历四十五年（公元 1617 年），黄一楷刻《牡丹亭》；天启四年（公元 1624 年），黄君刻《彩笔情辞》。这几幅插图很有代表性，其风格大体相似。从这几幅插图中，就可以看到徽派黄氏刻工雕刻的精细、完美。

黄氏一族刻工甚多，据记载有 100 多人。正是黄氏家族把徽派插图推向高峰。

2. 其他姓氏的徽派插图

徽派除了黄姓外，还有汪、刘、郑等姓刻工，也有不少刻版名手。如汪忠信刻《海内奇观》（图 5-65），汪文宦刻《仙佛奇踪》，汪士珩刻《唐诗画谱》，汪成甫刻《万宝图》，汪先华刻《琵琶记》，汪楷刻《十竹笺书画谱》，刘君裕刻《忠义水浒全传》，刘启先刻《水浒传》，刘振之刻《女范编》，刘次宗刻《集雅斋画谱》，郑圣卿刻《琵琶记》，洪国良刻《吴骚合编》《怡春锦》，汤尚刻《太平山水图》，汤复刻《离骚图》，谢茂阳刻《幽闺记》，姜体乾刻《红拂记》等。

徽州派还刻印了由汪耕所编的《王凤洲、王卓

图 5-68 明代胡正言刻《十竹斋笺谱》

图 5-67 明代胡正言刻《十竹斋书画谱》

图 5-69 明代颜继祖刻《萝轩变古笺谱》

吾评本西厢记》、黄一凤刻的《唐明皇秋夜梧桐雨》、《古杂剧》、《原本还魂记》、《闺范图说》、《昆仑奴杂剧》、《校注古本西厢记》、《李卓吾评本玉合记》、《李卓吾先生批评琵琶记》、《徐文长先生批评北西厢记》、《元曲选》、《坐隐图》、《坐隐先生精订捷经弈谱》、《程朱阙里志》、《仙源记事》、《方氏墨谱》、《帝鉴图说》、

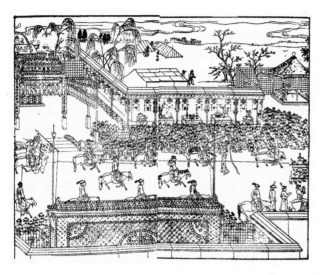

图 5-70 清刻殿版《万寿盛典》中"万寿盛典图"

图 5-71 清刻《无双谱》

《养正图解》等等。这些书中的图刻绘得或娟秀精湛，或隽永婉丽，或精密细巧、俊逸秀丽，成为绘刻双绝的插图。

（五）各派的插图

除徽派插图以外，还有金陵、苏州、湖州、杭州、福建的插图。

1. 金陵的插图

金陵插图继志斋陈氏刻《重校古荆钗记》、世德堂刻《新刊重订出像附释校注香囊记》，都有精美的插图。《李十郎紫箫记》、《分金记》、《虎符记》、《齐世子灌园记》、《韩信千金记》、《绨袍记》、《岳飞破虏东窗记》、《拜月亭记》等100多种书都附有较多的插图。《丹亭记》、《白兔记》，以半幅为图；《双环记》、《易娃记》、《红拂传》（图5-66），都以对幅为图，在版式上注意翻新，打破设计呆板、单一的现象。插图画面题词有长有短，以位置而定，文图结合，生动活泼，阅读时赏心悦目。

2. 苏州的插图

苏州的插图绘刻俱精，知名画家多为创作版画稿本，如崇祯年间刻印的《一捧雪》传奇，采用团扇形式的版式，使图面生动、灵巧、新颖、活泼。

3. 湖州的插图

湖州吴兴版画如《明珠记》、《艳开编》、《二刻拍案惊奇》等书，插图多精工秀逸，套色成书，色彩斑斓，赏心悦目。

4. 杭州的插图

杭州插图以画谱和地方性山水名胜为主，如万历年间印的《西湖志摘粹补遗奚囊便览》12卷，形象生动，颇受珍视。项南洲刻印的《西厢记》《诗赋盟》等都有大量精美的插图。

5. 福建的插图

福建的插图，以建阳为中心，多为民间刻绘，风格质朴。万历年间翠庆堂印的《大备对宗》，是对联联语汇编，每卷卷首刻有冠图，颇具特色。明代晚期，精品不多。

（六）套色插图

明代，首先使用套色印刷的是湖州吴兴的闵氏一家和凌氏一家，在20多年的时间里，他们共刻印套版书籍130多种，其中不乏有精彩的套色插图。

之后，胡正言用饾版印刷技术刻印了《十竹斋

图 5-72 清刻《南巡盛典图》中"曲院风荷"

书画谱》（图 5-67）、《十竹斋笺谱》（图 5-68），颜继祖用饾版印制了《萝轩变古笺谱》（图 5-69）。

明代，插图杰作很多，远不止上面提及的，几乎有书必有图，明代可以说是插图的黄金时代。

八　清代的插图

清朝由于文化专制，提倡出版正统的儒家经典著作，对民间流行的小说、戏曲加以限制，致使插图总的趋势是不但没有新的发展，且逐渐步入衰落。

（一）殿版书的插图

清初，官刻插图承袭明代遗风，多有精彩佳作。如：初期编纂的天文历象等自然科学书籍的插图《律历渊源》中的绘图，极为精致、工整。康熙五十一年，由著名画家沈嵛绘图、吴中刻工名匠朱圭、梅裕凤雕刻的《避暑山庄三十六图景》，是为康熙御制《避暑山庄诗》配画。乾隆六年（公元 1741 年）又增乾隆诗，由朱圭重新刻印，比康熙本更加精细纤丽。朱圭是清代初期的雕刻名手，他还雕刻了《万寿盛典》一书中的"万寿盛典图"（图 5-70），全书 120 卷，其中 41、42 两卷全是插图，其内容是记录康熙祝寿的场面，画面构图严谨，人物布置精密有致。朱圭还雕了《凌烟阁功臣图像》《无双谱》（图 5-71）《耕织图》）等图版，这些插图都达到较高的水平。

雍正年间，用铜活字排印《古今图书集成》，插

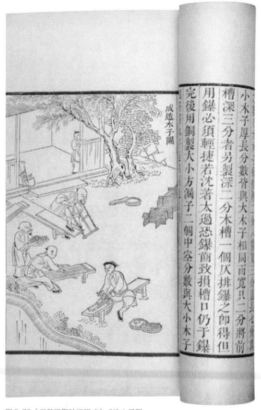

图 5-73《武英殿聚珍版程式》成造木子图

图用木板雕刻，其中山水、地志、名物图录，均请名工雕刻，刻印极为精细，为殿版插图的杰作。

乾隆二十一年（公元 1756 年）至二十四年（公元 1759 年），完成官修方志《皇舆西域图》52 卷，有插图 100 多幅；绘《图考》3 卷，新旧图版 30 余幅。《盛京舆图》、《黄河源图》等大型版画图录，均为清殿版插图的重要组成部分。

乾隆二十八年（公元 1763 年），刻印《皇清职贡图》，图中绘中外各民族的男女图像，附有 600 多幅插图，这是一部官修地理书。

乾隆三十一年（公元 1766 年）雕刻的《南巡盛典图》，记录了乾隆四次南巡的盛况，雕刻水平很高。乾隆六十年（公元 1795 年）刊印的《八旬万寿盛典图》为雕版插图，木活字排版印刷，插图水平不及《万寿盛典图》。乾隆年间还刻印了《南巡盛典图》（图 5-72）。

图5-74 清刻萧云从画的《太平山水图画》中"白纻山"

图5-75 清刻《晚笑堂画传》

图5-76 清刻《棉花图》中"轧核"

乾隆时期，用木活字排印的《武英殿聚珍版程式》，内附木刻雕版插图16幅（图5-73）。插图形象逼真、准确，很好地配合了文字内容，记述了用木活字排印《武英殿聚珍版丛书》的全过程。

（二）坊刻书的插图

清代初期，比较注重由著名画家提供画稿底本、由名工匠镌刻。顺治年间刻印的《张深之正北西厢秘本》，有著名画家陈洪绶绘6幅插图。

顺治二年（公元1645年），刊刻萧云从绘画的《离骚图》；顺治五年（公元1648年），刊刻萧云从绘画的《太平山水图画》（图5-74），刊刻极精，被誉为历史上的不朽之作。康熙年间（公元1662-1722年），刊刻《凌烟阁功臣图》，绘唐代开国功臣24人像，末附观音、关羽等绘像30幅，镌刻纤丽工致，极具功力，为清代人物绘画雕刻的代表作品之一。康熙三十一年（公元1692年），刊刻吴逸绘《古歙山川图》24幅，所绘山水连嶂叠秀，笔墨生动，堪称清代徽派插图中的杰作。康熙五十三年（公元1714年），刊刻吴骢绘画的《白岳凝烟》，有插图40幅，镌刻精雅，为清代墨苑典型作品。康熙五十五年（公元1716年），刊刻程致远绘画的《第六才子书西厢记》，属于精雅作品之列。

朱圭刻的《赏奇轩四种》，有插图40幅，线条流利，刀锋爽洁，人物形象英武。乾隆八年（公元1743年），刊刻的《晚笑堂画传》（图5-75），收有汉高祖、楚霸王、颜真卿、苏东坡等120余位历史人物绣像，构图奇伟，形象生动，可称清代人物插图的典范；还刻有《棉花图》（图5-76）。

清代前期还刻印了一批小说，多有插图，以人物为主。康熙三十八年（公元1699年）刻印《隋唐演义》，王祥宁绘画，全书共100幅插图，皆细致入微，可与明代高手媲美。康熙五十年（公元1711年），刻印《封神演义》，书中有不少结构奇幻、刀刻有力的插图。还刻印有《东西汉演义》、《东西两晋志传》、《西游真铨》、《唐书志通俗演义题评》、《水浒后传》、《玉娇梨》、《平妖传》等，书中都有多寡不等的插图。乾隆十五年（公元1750年），刻印《西游证道奇书》，内附精致插图17幅，内容为孙悟空与天兵天将斗智场面，构图奇丽，很有趣味。

《水浒图像》由杜堇绘，内有54幅插图，雕刻精良，人物生动。乾隆二十年（公元1755年），刊刻《百美新咏图传》，由王翔绘；乾隆二十六年（公元1761年），刊刻《黄山导》4卷；乾隆二十七年（公元1762年），刻印吴铖辑《惠山听松竹枦图咏》等等。还刻印了《三国画像》、《吴郡五百名贤图》（图5-77）、《历代古圣贤像传略》、《息影轩画谱》（图5-78）、任渭长人物绣像"老子"（图5-79）、《唐诗七言画谱》等。书中插图多为人物，绘画雕刻均精良有致，都是清代较为精彩的插图。

清代后期，《红楼梦》、《聊斋志异》、《儒林外史》、《镜花缘》等小说相继问世，不久，大量附有插图的小说出版，版本很多。其中，乾隆五十六年（公元1791年），由程氏萃文阁书屋刊刻王希廉评本《红楼梦》，内有插图64幅（图5-80），是该书最早的一种版本，非常珍贵，但人物形象比较呆滞，水平不高。

图 5-77 清刻《吴郡五百名贤图》中"沈周"

图 5-78 清刻《息影轩画谱》中"海瑞"

图 5-79 清刻任渭长人物绣像"老子"

图 5-80 清代程氏萃文阁书屋活字本《红楼梦》插图

图 5-81 清刻《红楼梦》中"林黛玉"

《红楼梦图咏》，构图简练，线条流畅，似不够精良。另一版本《红楼梦》插图十分精美。（图 5-81）

自乾隆之后，插图日趋衰落，刻印水平下降。

（三）《芥子园画传》与《耕织图》

1.《芥子园画传》

《芥子园画传》（图 5-82）共分四集，初集刻于康熙十八年（公元 1679 年），分五卷，前有李渔

作的序，第一集有 133 页。第二集刻印于康熙四十年（公元 1701 年）。第三集于康熙四十一年（公元 1702 年）印刷完成，前有王宓草及王泽弘序。第四集于嘉庆二十三年（公元 1818 年）刻版印刷，它的编辑、刻版和印刷，都是由另外的人进行的。

《芥子园画传》采用饾版印刷的传统方法，既有彩色套印，也有水墨套印，套色新鲜而不落俗套，色彩丰富而有变化，印刷上的雅致与细心，令人饮佩。

图 5-82 清刻《芥子园画传》

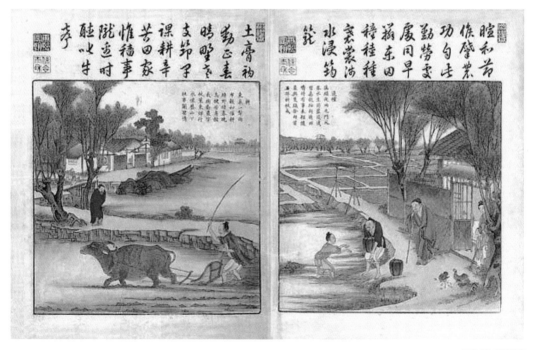

图 5-83 《耕织图》

《芥子园画传》可称为清初彩色印刷的高峰。另外，因为《芥子园画传》第一集的刻印，距《十竹斋笺谱》的刻印仅 30 年，《芥子园画传》起到了承上启下的作用，为清代的彩色套印开了先河。

2.《耕织图》

《耕织图》（图 5-83）为饾版彩色套印，由内廷画家焦秉贵绘画，朱圭和梅裕凤刻版，于康熙五十一年（公元 1712 年）刻印出版，内容为"耕"和"织"两部分，各有图 13 幅。《耕织图》的刊印晚于《芥子园画传》，描绘细致入微又富有艺术感染力，有对农业生产的长期观察体验，代表了清初殿版彩色套印的技术成就。

九 近代的插图

（一）中华民国、抗日战争和解放战争时期的插图

　　清代末期一直到五四运动，虽然雕版印刷逐渐被石印、铅印代替，新的制版技术出现，出现了平装书、精装书，新的封面设计方式也开始出现，但是插图的表现形式在这段时间却没有太大的变化，基本上还是传统的形式。"直至民国时期新文化运动，西方的文艺思想影响到美术界，插图的面貌才有所的改观……20 世纪 30-40 年代，中国的新文艺进入成熟时期，也是一个人才辈出的年代，文学力作果实累累，也带动了插图的发展，不少知名的画家参与了插图创作，插图的题材、插图的形式语言都有了空前的变化，本土语言和外来语言的相融性也成熟起来。值得一提的是，一些插图作品出自作家之手，有鲁迅、闻一多、张爱玲（图 5-84）、端木蕻良。

　　文人作画的传统延续到插图的领域，也说明了文学艺术的发展与插图的共生性和语言的互换性、互补性的一体化特征。"（高荣生著《插图全程教学》）那个时期，很多青年学生，包括一些美术青年学生到日本、欧洲等国留学，学到了很多国外的美术技巧和美学思想。学成归来，他们办美术学校，培养新式美术人才；或在出版机构从事新式图书、报刊的美术、设计工作，或为出版机构画插图、设计封面等。由于他们的知识结构和见识，使旧中国的插图和装帧设计有了新的变化，从传统走向了现代，插图中运用西化的表现方法，一些国外流派风格出现在封面设计和插图中。

　　其中以闻一多（图 5-85）、丰子恺的插图颇有特色。闻一多的插图优美典型，作品中吸收了英国画家比亚兹莱的画风，注重不同的书用不同的个性风格来表现，手法多样，雷同较少，正如他自己所说："不专指图案的构造，连字体的体裁、位置，他们的方法，同封面的面积，都是图案的主体文素……"他的封面设计和插图都是如此。丰子恺的插图从漫画入手，概括风趣，他的插图人物，用笔简单，富于幽默，很有趣味。他常以自己的漫画、西洋画、

图 5-84
张爱玲为自己小说所绘插图

图 5-85
《梦笔生花》插图

日本黑白画和美术名作装饰书和刊物，他还创作过不少木刻插图，他为夏丏尊所译《爱的教育》（图 5-86）就作过插图数十幅。

　　活跃在 20 世纪 30 年代装帧插图领域中的著名画家还有陶元庆、孙福熙、郑川谷、莫志恒、张光宇（图 5-87、88）、叶灵凤、钱君匋等先生。后来还有丁聪（图 5-89）、叶浅予、黄永玉、古元（图 5-90）、彦涵、刘建庵等人，如现在能见到的作品《阿 Q 正传插图》、《打箭楼日记插图》、《湘西民谣》、《周子山》、《狼牙山五壮士》、《童年》等书中的插图。

　　日本侵略中国后，很多国土沦丧，被占领区的出版印刷业受到极大破坏，大部分被摧毁，出版印刷业损失很大，书刊的印刷都受到极大影响。但无

图 5-87《独立漫画》插图

图 5-86《爱的教育》插图

论在国统区、解放区都出版了许多经典著作及抗日的宣传品。

　　解放区的经济条件非常差，缺少各种材料，书的封面多用木刻版画，如《新长城》月刊，1939 年创刊，封面是版画，在占封面五分之四的木刻画面里刻着一群不愿作奴隶的、高举拳头阔步向前的青年，以红色印画，黑色印《新长城》的书题，非常醒目……还印了很多宣传画，包括书中的插图。

　　这一时期木刻插图占主导地位，对抗日宣传起了巨大的作用。在解放区搞装帧插图的主要画家有蔡若虹、张仃、张谔、郑沧波、赵越、晋南、邹雅等人。

　　高荣生在其著的《插图全程教学》书中论述："四十年代解放区集中了一批优秀的美术工作者，在'为工农兵服务'文艺方针的指引下，他们是和劳动人民最接近的画家群体，'喜闻乐见'成为有力的宣传方式，插图的内容和形式都有明确的定向，民间、传统和艺术语言在插图中得到了极大的发扬。他们经历过新文化运动的熏陶，'洋为中用、古为今用'在解放区的插图艺术中得到了最好的诠释，形成了

图 5-88《时代漫画》插图

插图艺术的新民族化的特征。"

（二）鲁迅与书籍插图

　　鲁迅先生非常重视书籍插图，他把插图提高到宣传画的高度来看待。他认为："书籍的插图，原意是在装饰书籍，增加读者的兴趣。但那力量，能补文字之所不及，所以也是一种宣传画。""多加插图，却很可以增加读者兴趣的。""《君山》多加插图，很好。""我以为如果能有插图，就更加有趣味，我有一本《高尔基画像集》，从他壮年至老年的像都

图 5-89《阿 Q 正传》插图

图 5-90
《祝福》插图
古元 作

缺少识字的机会，方块的汉字又是繁体的。文盲不能看书，却可以看画。"他还说："欢迎插图是一向如此的，记得 19 世纪末，绘画的《聊斋志异》出版，许多人都买来看，非常高兴的……我以为插图不但有趣，且亦有益。"

鲁迅对插图的选择很用心。他在致李小峰的信中说："我对于一切非常凌乱的插图，一向颇以为奇，因为我猜不出，是什么意义。近来看《北新》半月刊的插图，也不免作此想。"

鲁迅先生不但支持插图，自己也画插图。他在《朝花夕拾》中画"曹娥投江寻父"，四肢粗壮，坚强有力，微张着嘴巴，非常生动。

鲁迅先生不仅很早就注意到中国古书上的插图，也很重视当时书中的插图，还首次把外国插图引进中国，出版《引玉集》、《梅斐尔德木刻集》等书，鲁迅还为有些插图亲自书写了文字说明，不遗余力。

为了弘扬我国书籍固有的优良传统，教育人民和打击敌人，鲁迅谆谆告诫青年："我并不劝青年的艺术家学徒蔑弃大幅的油画或水彩……但也更注意中国旧书上的绣像和画本，以及新的单张的花纸……然而我敢相信，对于这，大众是要看的，大众是感激的。"

有，也有漫画。"鲁迅非常看重好的插图，他在致白静农的信中说："来信谓好的插图，比一张大油画之力为大，这是很对的。"鲁迅小时候就喜欢描画书中的绣像，对中国古书中的插图了如指掌。他在致陈烟桥的信中说："中国小说上的插图，除你说之外，还多得很，不过都是木刻的旧书……"许钦文在《鲁迅和美术》一文中说："鲁迅先生幼年喜欢绣像，后来提倡儿童读物要多加插图。他提倡连环画，这除对儿童以外，也是为工农大众，因为当时劳动人民

第六章
中国书籍装帧的要素·毛笔

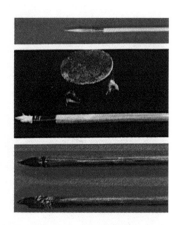

　　毛笔，对中国文字的发展，对书、画的产生和发展，对古籍的印刷、装帧等都是非常重要的……

第六章　中国书籍装帧的要素·毛笔

毛笔，对中国文字的发展，对书、画的产生和发展，对古籍的印刷、装帧等都是非常重要的。现在，毛笔仍然在使用，书法、绘画甚至签字等等，都离不开毛笔，毛笔是中国对世界文化的贡献之一。

一　毛笔的发明

（一）毛笔的早期使用

早在新石器时代，彩陶上的花纹，有的已经能看出笔锋，有用毛笔一类工具涂抹的痕迹。据有关专家分析，可能是用毛笔描绘的。半坡彩陶上有不少抽象的几何纹，线条多为直线，有的相交成网状，有的为折线，也有直线构成的三角形；彩陶口沿部位有一条黑线，画得绝妙、简练，这些都很像用毛笔画的。其他像庙底沟型、马家窑型、半山型、马厂型等彩陶上的纹样，就更像用毛笔画上去的。这时的毛笔是不是和后来的毛笔一样，不得而知，但肯定也是用什么动物的毛捆扎在某种质料上，然后再行涂抹。

商代陶片和玉片上有黑色的符号（图6-1），很像用毛笔画上去的。至于甲骨上，有的用毛笔先写字，再刻，有的先刻，再用毛笔蘸朱砂或墨涂在刻好的字画里，使用毛笔的痕迹就非常明显了。商代甲骨文中的 𦥑、𦥑 字，显示出右手握着一管饱濡墨汁的笔，笔毛分散，这就是后来的"聿"字，即笔字的前身。商代的卜辞，有几片是公元前1400—1200年间的牛骨，上有用墨书写而未契刻的文字，笔画圆润爽利，很像用毛笔书写的。现在出土大量的简策书，上面的文字都是用毛笔书写的，简策上的隶书也只有用毛笔才能写出那样的形态，而的帛书上面的字也是用毛笔书写的。

（二）蒙恬造笔

关于毛笔，传说有秦将蒙恬造笔的说法，最早

墨书陶片

珠书玉片

图6-1

见于张华的《博物志》，谓"蒙恬造笔"。晋代崔豹在《古今注》中云："蒙恬始造，即秦笔耳。以柘木为管，鹿毛为柱，羊毫为被，所谓苍毫，非兔毫竹管也。"根据这样的说法，蒙恬造笔是确实的。不过有三点要引为思考：（1）"造"笔并不等于"发明"笔，蒙恬的"造"很可能是对制笔技术进行了改造，出现高质量的笔，就好像蔡伦造纸一样；（2）蒙恬虽然是秦朝的大将军，后为史官，经常拟稿、撰述和抄写公文，而导致蒙恬改进了书写工具；（3）秦代以前，很早就有了毛笔，简策书和帛书都是用毛笔书写的，可能和蒙恬造的毛笔不一样。战国时期出

土的毛笔证明了秦以前就有毛笔（图6-2）。

蒙恬改良了毛笔的制作工艺，在历史上有很大贡献。蒙恬造笔用的是赵国中山地区最好的兔毫，取上好的秋兔之毫制笔。1975年，湖北云梦秦墓中出土三支毛笔：笔管用竹制成，笔管前端凿孔，将笔头插在孔中；另做一个与笔管等长的竹管做笔套，为取笔方便，笔套中间镂有8.5厘米长的长方形孔槽，作插笔用；竹筒涂黑漆，并绘有红色条纹。这支笔的制做工艺相当成熟，与现代毛笔的制法颇为相似，较之战国时期的楚国笔已有了较大的进步，也许这就是蒙恬始造的毛笔，至少是蒙恬时代造的笔。

图6-2 现存古代的毛笔 从上至下为战国笔、汉代笔、东晋笔

二　毛笔的形制

（一）早期的毛笔

我国目前发现最早的毛笔实物是战国时代的楚国笔（图6-3），1954年在湖南长沙左家公山战国墓中出土。这只毛笔用兔毛做笔头，毛长2.5厘米，笔管与笔套均用竹制。笔的简单做法是：将笔杆的一端劈成数开，笔毛夹在中间，用细丝线紧紧捆住，外面再涂一层漆。毛笔出土时套在一节小竹管里。此笔杆的长度，《中国古代印刷史》一书认为是18.5厘米，杆很细，径0.4厘米，笔毛是上好的兔箭毛，毛长2.5厘米。《印刷发明前的中国书和文字记录》一书认为杆长21厘米，带套23.5厘米。两本书上注明的尺寸不同，有待验查。

1932年，在居延附近红城子处发现汉代毛笔，笔管是以两束麻线捆扎四条木片而成，笔头可插入笔管，必要时也可以更换。此笔连笔头共长23.2厘米。

1932年，在朝鲜平壤郊外东浪王光墓中出土一支东汉笔，笔管已失，只有笔头，长2.9厘米，毛质未可辨识，笔毛后端犹存缚系于杆的痕迹。

1972年，在甘肃武威磨咀子东汉墓中出土一支毛笔，毛笔长21.9厘米，径0.6厘米，笔尖长1.6厘米。笔锋及笔芯用黑紫色的硬毛，外层用黄褐色较软的狼毫（像兼毫笔），根部留有墨迹，笔杆竹制，端直均匀，中空成褐色，笔杆末端刻成尖状，笔杆前端

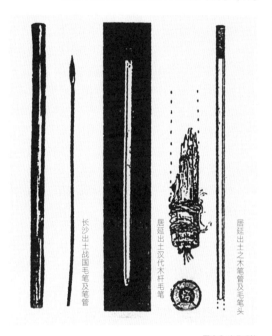

长沙出土战国毛笔及笔管
居延出土汉代木杆毛笔
居延出土之木笔管及毛笔头

图6-3 古代毛笔

扎丝并髹漆宽0.8厘米，笔杆中部刻有隶书"白马作"三个字。同一个地方一座东汉墓中，也出土一支毛笔，形制相同，笔杆上刻有"史虎作"三个字。

（二）毛笔的形制

对于笔的形制，钱存训先生在《印刷发明前的中国书和文字记录》一书中认为："毛笔可分三部分，即笔管、笔尖和笔套。笔管通常以竹管制成，间亦有用木枝者。笔头通常用兔毛、鹿毛或羊毛，一端束以丝线或麻绳，涂以油漆使之牢固，然后塞入笔管。为了保护笔毛，外面再套以笔套。笔的全长约合古制1尺（汉制1尺约合23厘米）。"

几支早期毛笔的发现，基本吻合古代文献中记载毛笔的尺寸，也使我们对古代毛笔的大小、形制和材料有了一定的认识，它们和现代的毛笔没有太大的区别。笔头用兔毛、鹿毛、狼毫或羊毫，刚柔相济，适宜书写。毛笔笔头的大小、长短，当适其用途而定。傅玄《笔赋》曾云笔头"缠以素枲，纳以元漆"，这种传统的制笔方法传延至今。

可以推测，在发明毛笔之前的中国古代，古人是如何把图画画在石壁上的。那些赭红颜色的壁画，到现在仍然清晰可见，古人或者用特制的石头，或者用削尖的树枝，或者用芦苇，古人们总要用一种"笔"，这种"笔"并不好用，逐渐地被淘汰掉，才慢慢地经过逐步的演化，发明了毛笔，使用了毛笔。毛笔的发明是中国古代的一大文明，对世界文明也是一大贡献。

古代的毛笔，经过不断改造，一直到今天，很多地方还在使用着，比如绘画、书法、签字等，还传入很多国家，它的艺术价值和实用价值，都在继续起着作用。

图 6-4 汉代毛笔

图 6-6 清代竹雕云龙纹毛笔

图 6-5 宋代青铜毛笔

三　历代的毛笔

（一）汉晋时期的毛笔

秦汉时代的毛笔如上所述，笔杆末端为什么是尖的呢？（图6-4）1972年，甘肃武威磨咀子东汉墓中出土毛笔一支，出土时毛笔在墓主人头部的左侧，据分析可能原来簪在死者的头发上的，头发烂掉，笔掉在地上。山东沂南一座东汉墓的室壁上有一幅壁画，刻有持笏祭祀者的人物图像，其冠上插有一支毛笔。这与"簪白笔"有关。所谓"簪白笔"，就是将未用过的毛笔插在发、冠上，为使笔插入方便，将毛笔的末端削成了尖状。汉代官员为奏事方便，常将毛笔笔杆的尖端插入头发里，以备随时取下来使用。

晋代以后，簪白笔的制度不再流行，笔杆的一端也无须削尖，笔杆也较短些了。晋代，王羲之等书道胜流辈出，艺事兴隆繁荣，文具精益求精。王

羲之尝用鼠须，并在《笔经》一书中云："汉时诸郡献兔毫，出鸿都，惟有赵国毫中用。时人咸言兔毫无优劣，管手有巧拙。"又云："中山兔肥毫长，可用也。"画圣顾恺之《女史箴》图卷绘有妇人持笔像，当可窥知晋时毛笔形象。《东宫旧事》载："皇太子初拜，给漆笔四枚。铜博山笔床一副。"从中可知，笔管上涂有漆，并有了笔架（笔床即笔架）。

（二）唐宋时期的毛笔

唐代，书法灿烂辉煌，制笔技术也达到了新的水平，精良的毛笔为一代书法大家提供了得心应手的工具，也为雕版前的写样提供了良好的工具。这时的毛笔，以安徽宣城所制的"宣笔"最为有名，其中"鼠须笔"、"鸡距笔"等都是以笔毫的坚挺而称为上品。唐代书家风格迥异，有写各种字体的人，书家对毛笔性能的要求也大相径庭。可见，唐朝毛笔品种的广泛、性能的不同，可以适应各种不同的风格。唐许浑《丁卯集》中有诗云："才归龙尾今鸡舌，更立螭头运兔毫。"古人制笔，喜用兔毫，亦多鼠毫、

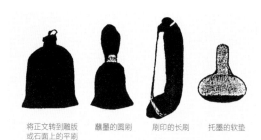

将正文转到雕版　蘸墨的圆刷　刷印的长刷　托墨的软垫
或石面上的平刷

图 6-7 印刷和刷版用的工具及附件

狸毫、狐毫、羊毫、猫毫、栗鼠毫、鹿毫、山马毫，次及鸡羽、雉羽、鹤羽、孔雀羽等等。

宋代，制笔工艺更臻精良，文人雅好文房四宝；至于南宋，可谓登峰造极，笔的产地遍及江南一带，而以浙江湖州所产的"湖笔"为最著名，一直到明、清，湖州仍是全国制笔的中心。（图 6-5）

（三）明清时期的毛笔

明代，文人个性鲜明，使文房工具研造、收藏盛况空前。

清代，康乾盛世，崇学尚艺，制笔工艺出类拔萃，名匠不乏其人，所制良笔颇多，未可指数。（图 6-6）

（四）历代制笔名匠及毛笔的种类

综观史载，古今制笔名匠难以计数。如魏之韦诞，晋之韦昶、唐之黄晖、铁头、宋之诸葛高、程奕、吴政、吴说、杜君懿、吴无至、严永、吕大渊、张通、元之冯应科、潘又新，明之陆文宝、张天锡、施又用、清之王文烨、刘必通、孙枝发、潘岳南等，皆其佼佼者也。

毛笔因毛易损，故制笔的工艺十分重要。笔除实用外，还具观赏价值，故对工艺的要求十分精细，对材料的选择十分讲究。笔管多以竹、木为之，尚有金管、银管、合金管、铁管、象牙管、兽骨管、犀角管（堆朱、堆墨、螺钿、乾漆）、绿沉管、镂管等，装饰华丽，多彩多姿。据文献载："汉末一笔押，雕以黄金，饰以和璧，缀以隋珠，文以翡翠。此笔文犀桢必用象齿之管。"

笔以毫别，种类繁多，概别言之，可分为刚、柔、中性三类。刚者用兔毫、熊毫、狼毫、鼠毫、猪鬃所造，柔者用羊毫、鸡毫或狼羊毫兼制，中性者以羊毫与兔毫（即紫毫）或羊毫与狼毫相配，如紫羊兼、五紫五羊、五狼五羊、七紫三羊、三狼七羊等等。

四　毛笔与印刷

（一）毛笔与刷印

毛笔和印刷有着十分密切的关系，其主要关系有三点：

(1) 毛笔的出现，推动了字体的发展，金文则很像毛笔书写的样子，字体圆润。毛笔使转，使线条粗细均匀，产生小篆；强调波磔，出现隶书；要求规整，产生楷书；进一步变化，为适合阅读，产生适于印刷的宋体字。雕版印刷所使用的楷体字、宋体字和毛笔的使用有着内在的关系。

(2) 雕版印刷的版，在未雕刻前，用毛笔书写文字，再行雕刻，毛笔起到了书写工具的作用。

(3) 印刷在中国本名"刷印"，即先刷后印。何以为刷？刷是用毛笔刷的，多支毛笔排列、固定即组成刷子，有长刷、短刷之别，刷的作用主要是用长刷把墨转移到印版上，再施行印。印时，在纸的背面用刷加压，来回数次，墨便从版上转移到纸上。

图 6-7 中的刷印工具主要有用来将图文转印到版面上的平刷、蘸墨和在版面上刷墨的圆刷、刷印用的长刷和拓墨用的软垫等。这些工具，一般多用马鬃、棕榈之类的粗纤维物质制作。卢前在《书林别话》一书中云："刷印器具，以棕为帚，又用碎棕包裹棕皮，包扎既紧成擦；印时帚宜轻，免伤字，擦要重，方显出字之精彩也。"现在荣宝斋在木版复制绘画、书法作品时依然延用这些的工具。

（二）毛笔的影响

毛笔从发明到现在，已有几千年的悠久历史，它的工艺不断完善，种类繁多，性能各异；作为文化产品，它的观赏价值（收藏价值）和实用价值仍然存在，并发扬光大。

第七章
中国书籍装帧的要素·墨

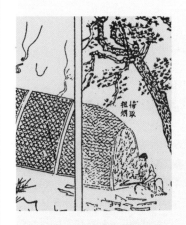

　　墨是印刷中不可缺少的材料，"印刷"中的"印"主要是指"墨"的转移。在雕版印刷术发明之前，古代人绘画、写字、抄书等都离不开墨；雕版印刷术发明之后，墨的应用更广泛了……

第七章　中国书籍装帧的要素·墨

墨是印刷中不可缺少的材料，"印刷"中的"印"主要是指"墨"的转移。在雕版印刷术发明之前，古代人绘画、写字、抄书等都离不开墨；雕版印刷术发明之后，墨的应用更广泛了；现在的书法、绘画等诸多方面也离不开墨。墨还有它的艺术价值（收藏价值），还要存在很长的历史时期。墨的发明也是中国古代文明之一。

│ 一　墨的发明

（一）墨的起源

据说墨产生于新石器时代后期，约在公元前1766年之前。"墨的起源有多种说法：一说田真造墨；一说周宣王时的邢夷造墨。客观上，新石器时期的彩陶上有多种颜色的图画；古人灼龟，先用墨画龟；殷墟出土的甲骨文有朱书、墨书的；长沙出土的战国竹简上的文字墨色至今漆黑。可见秦以前有墨是可以肯定的。"（张树栋、庞多益、郑如斯等著《中华印刷通史》）彩陶上的图案有各种颜色，其中就有墨的成分；商代的陶片上，有用墨书写的。

"甲骨文一般是先用朱砂和黑墨写在甲骨上，然后再用刀刻出浅槽，但也有不少是直接刻成的。早期的甲骨文在刻好之后，还统用朱砂、黑墨涂在字画里，学者称之为涂朱或涂黑。"（范毓周著《甲骨文》）当时使用的可能是某种天然矿物颜料。有人认为：时人始磨石涅、石炭为汁而书，曰"石墨"，与后世松烟、桐油制墨殊异矣。

（二）早期的墨

现存最早的人造墨是1975年湖北云梦县睡虎地四号古墓中出土的墨块（图7-1）。此墨块高1.2厘米，直径为2.1厘米，呈圆柱形，墨色纯黑。

考古工作者还发现有东汉残墨、秦朝或战国末期的墨块，还有晋墨、唐代"大府墨"、元代"中书省"墨（图7-2）等等，元代以后的古墨出土就更多了。

在春秋战国时期的著作中，曾多次提到墨的应

图 7-1 东汉墨锭

图 7-2 元中书省墨

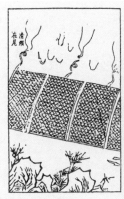

图 7-3 松烟制墨法

用。最早关于"墨"的文献记载是战国时期的著作《庄子》,《庄子》一书中就有"宋元君将画图,众史皆至,受辑而立,舐笔和墨"。(见《庄子》卷七)

(三)早期的制墨

三国时,魏国有制墨专家韦诞。韦诞能书善画,又能制墨,心精制笔,自矜所制墨,享有"仲将之墨,一点如漆"的美誉。贾思勰的《齐民要术》中有一段关于韦诞制墨的记载:

"好醇烟捣讫,以细绢筛于缸内,筛去草莽若纱尘埃。此物至轻微,不宜露筛,喜失飞去,不可不慎。墨一斤,以好胶五两浸涔皮汁中。涔,江南樊鸡皮木也,其皮入水绿色,解胶,又益墨色。可以下鸡子白,去黄五颗,更以真朱砂一两、麝香一两,别治细筛,都合调下铁臼中,宁刚不宜泽,捣三万杵,杵多益善。合墨不得过二月、九月,温时败臭,寒则难干。潼溶见风日解碎,重不过二三两。墨之大块如此,宁小不大。"

这里介绍的实际上是烧好松烟以后的制墨工序。取得松烟后,还需要很多工序才能制成墨。墨中不但要加入胶料,还要加入朱砂、麝香、涔皮等辅料。制墨时间要求在每年的二月和九月,此时天气不冷不热,是合墨的最佳时机,天热了墨容易发臭,天冷了墨块不容易干燥。墨中加入几种添加料,有的起防腐作用,有的是香料,有的则为改善墨的颜色和其他性能。可见当时制墨工艺已

十分讲究,且非常成熟。

东晋卫夫人(卫铄)在《笔阵图》中云:"其墨取庐山之松烟,代郡之鹿角胶,十年以上,强如石者为之。"东晋墓中曾出土陶瓷、墨以及石砚等。《韩诗外传》记载晋国周舍对赵仑子云:"愿为谔谔之臣,墨笔操牍,从君之过,而日有记也。"

简策书上的字都是用墨书写的,出大量出土的简策书中已得到验证。

秦、汉、魏、晋、南北朝时期的墨,有石墨、油烟墨、松烟墨之分。石墨即石油燃烧所制的墨;油烟墨系燃油所获烟炱而制的墨;松烟墨则是燃烧松木所制的墨(图 7-3)。《中华印刷通史》中云:"中国古代用墨,秦汉以前,以墨粉合水而用,秦汉始成墨丸、墨挺,后汉用墨模压制成各种形状。模压制墨一直延续至今。"

中国的墨是水质的,非常适合书画和雕版印刷,在金属活字出现之前,都是用水质的墨印刷的,效果良好。最早的雕版印刷本《金刚般若波罗蜜经》,以及宋代大量的雕版印刷的书籍都是水质的墨印刷的,到现在还十分清晰。

二 烟墨与石墨

(一)松烟墨制法

烟墨指的是松烟墨和油烟墨。松烟墨是燃烧松木所制的墨,它是通过燃烧松木获取松烟粉末,然后与丁香、麝香、干漆和胶加工制成。公元 2 世纪以前,青松木已被用做制墨的材料。郑众曾云:"丸子之墨出于松烟。"曹植的《长歌行》云:"墨为青松之烟","墨出青松烟"。古代制墨的方法,据清人姜绍书说,是由焚烧松脂与松枝而得。

(二)油烟墨制法

油烟墨系焚烧桐油、石油或漆木等木料或油质后取得的。唐代制墨大家李廷珪专用桐油制墨。在他之前,似乎没有人采用这样的方法制墨。宋人沈括曾用天然石油制墨,据说这种墨比青松制的松烟墨更乌黑。油烟墨的制做方法是:将易燃的烛心,

图 7-4 各种墨锭

放在装满油的锅里燃烧，盖好铁盖或呈漏斗形的铁罩，等到铁盖或漏斗上布满烟炱，即可刮下来，集中到臼里，加树胶混合搅拌，搅成稠糊状，将稠糊状的墨团用手捏成一定的形状，或放到模具里，模压制成一定形状的墨锭，这就是油烟墨。（图 7-4）

（三）石墨

关于"石墨"的使用，多见于晋代的著作。晋人顾微的《广州记》云："怀北郡掘堑，得石墨甚多，精好可写书。"盛弘之《荆州记》亦云："筑阳县有墨山，山石悉为墨。"石墨为矿物性物质，大抵就是现在作铅笔用的碳精，可以写字。

三 历代制墨、用墨简况

（一）远古用墨简况

陶片和甲骨上发现使用墨的痕迹。

春秋战国时期的著作中，多次提到墨的应用。

西汉以前，有不少文字记载墨，也有大量用墨书写的简策书和帛书。

（二）汉晋时期制墨、用墨简况

东汉以后，政府已设有专门制墨的作坊，并有了专管纸、笔、墨等文具的官员。汉代文献载大臣"月赐渝糜大墨一枚、小墨一枚"。所谓"渝糜墨"是渝糜地区所产的墨，渝糜就是现在的陕西千阳。当地有大片的松林，用这里的松木烧烟而制成墨。渝糜墨是当时官员的专用墨。

晋代张敞云："皇太子初拜，给香墨四丸。"汉、晋两代以"丸"和"枚"作墨的单位。从发现的东汉墨来看，呈圆柱形，可见当时的墨是圆柱形的，所以称为"丸"。河北望都壁画上有一主记史端拱而坐，面前的圆砚上有一圆锥形物立其上，这圆锥体大概就是一"丸"墨。据说当时还有扁形墨，可能称为"枚"。斯坦因曾在和田的思德尔废墟发现一"丸"圆柱形的墨，一端还有个洞眼。

东汉后期，由于用墨量不断增加，墨愈显重要，对墨的质量的要求也越来越高。

（三）唐宋时期制墨、用墨简况

唐代以前，古代的制墨技术已达到很高水平。唐代，文化非常发达，文艺争荣，对墨的需求量大增，尤其是雕版印刷技术发明之后，制墨竞尚，南北各地涌现出一大批制墨作坊，所制良墨不可胜数。唐玄宗时，易州、上党、绛州、潞州等地用鹿角胶或其他动物胶调配生产贡墨。唐代末年，歙州人李超、李廷珪父子的制墨技术，名闻天下，他们生产的墨"丰肌腻理，光泽如漆"，曾出现"黄金易得，李墨难求"的盛况，李墨质量尽善尽美，当世颂为"神品"。

宋代制墨业很发达，不但产量高，而且质量好，为宋版书的印刷创造了良好的条件。人们对宋版书极为称赞，认为宋版书"光洁如新，墨若点漆，醉心悦目"。明屠隆在《考槃余事》中云："……用墨稀薄，虽着水湿，燥不润迹……"清孙从添在《藏书纪要》中云："……墨气香淡，纸色苍润……"清乾隆帝在题宋宝元二年印刷的《唐文粹》时云："字画工楷，墨色如漆。"当时在北京，张遇始造油烟墨，取代松烟墨。陆支仁的《墨史》云：魏、晋迄宋代的制墨匠人有 193 家，其中 20 家系五代及宋人。南宋出现锡活字，用水墨印刷效果不好，因为水墨在金属字上面不能均匀附着，必须使用油烟墨，印刷墨色才能均匀。锡活字印刷促使油烟墨的发展。

（四）辽金元明清时期制墨、用墨简况

辽代，制墨十分精良，墨色凝香黑亮，印在书上的墨在热水中黑色毫不晕染。

金代，制墨兴隆，能工巧匠层出不尽。

元代，墨的制造业很发达。著名的制墨名家有：钱塘林松泉、天台黄修之，开化金溪邱可行及子世英、南杰，宜兴于材仲，歙州制墨良工狄仁遂、高庆和等很多人。

明代的印刷业非常发达，对墨的需求量很大，制墨业也很发达。明代最著名的制墨产地是徽州，这里的墨不但产量大，而且质量好，还出口到国外。徽州制墨多以黄山松为主要原料，制墨最有名的是程君房与方于鲁。当时人认为程氏的墨质量最好，即使下等墨，质量也很好。方氏的墨，以品种多而见长。

清代，"乾隆御墨"精良堪与明墨媲美。复制五色墨，见悦于画师。清代有制墨四大家：曹素功、汪昆源、胡开文、程瑶田。

四 印刷用墨

（一）印刷用墨

墨是印刷的主要材料之一，墨的品质的高低直接影响着印刷品的质量。雕版印刷用墨不同于一般的墨，常用松木烧成的烟炱加入动、植物胶炼制而成。普通的书籍印刷，多用烟炱颗粒最粗、质量最次的粗烟为料。印刷用墨无需加胶千锤百炼制成墨锭，而是加胶做成久贮的墨膏，用时加水搅拌，使之充分混合，用筛子过滤后再用。当时，市场上卖的墨汁也可以用于印刷，也能获得较好的效果。

（二）明代印刷用墨与制墨

明代印刷用墨，只刮取烟子，研细加胶水即可用。印刷中使用的墨只是制墨过程中所取的最下等墨。这种墨产量最大，价钱最便宜。有时为保证印刷质量，也选用上等墨。

套版印刷用墨的主要原料为松烟炱与油烟炱。

《中华印刷通史》云："用松烟炱制成的墨，价廉但无光；油烟炱则价高，但色泽黑亮持久。油烟炱可从燃烧鱼油、菜油、豆油、桐油、大麻油、芝麻油、石油等动植矿物油中收集，'但桐油得烟最多，为墨色黑而光，久则日黑一日；余油得烟皆少，为黑色淡而昏，久则日淡一日'……

1. 制烟炱　烧烟宜在深秋初冬明亮的密室内进行，在水盆中放入瓦盆状的油盏，盏内倾入桐油，放上灯草做的灯芯，点燃后盖上用淘练细泥烧成的长柄瓦质烟碗……每天约扫烟 20 余次，扫迟则烟老，虽多而色黄，造出的墨没有光彩而且不黑。通常情况下，一百两桐油可以获得八两烟炱。

2. 制墨　油烟印刷用墨的制造，一种方法是将烟炱研细后放入缸内，加入动物胶与酒调和成膏状，在自然状态下浸沤一段时间，临用前加入适量的水，用马尾制成的筛子过滤后使用。另外也可将烟炱放在无釉的瓦盆或其他内面粗糙的容器内，加入动物或植物胶用粗糙的研磨器具不断研磨制成膏状的墨汁，临用前加水过滤。直接用墨锭在砚台上磨出的墨汁虽也可用，但费时多得墨少，一般不用于印刷。"

（三）颜色墨

套色印刷中的颜色墨，多为常见的国画颜料，如朱砂、藤黄、黄丹等，加入动物胶或白芨胶配制而成。颜色墨制好后过滤应贮于瓷质容器内。用时，取出加水调至适合的浓度可直接用于印刷。配好的颜料应尽快用完，不宜久放，以免因胶质腐败、色素氧化等造成色彩变差甚至不能用于印刷。

第八章
中国书籍装帧的要素·纸

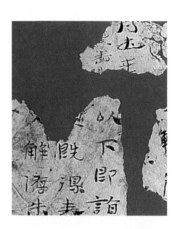

　　造纸术是中国四大发明之一，它对文明的传播起着重要的作用，有了纸才会有印刷术的发明，有了纸也才会有各种与纸有关的印刷品的产生，纸给世界带来丰富多彩，纸使世界变得如此文明……

第八章　中国书籍装帧的要素·纸

　　造纸术是中国四大发明之一，它对文明的传播起着重要的作用，有了纸才会有印刷术的发明，有了纸也才会有各种与纸有关的印刷品的产生，纸给世界带来丰富多彩，纸使世界变得如此文明。纸是印刷的载体，也是知识和信息的载体，是用以保存人类思想和文化以及增进知识传播和交流的媒介。

　　书籍构成的基本特性，是将文字用墨印在纸上，而纸在发明、制作和生产方式的演进中，中国的贡献，可以说是最基本和最重要的。在古代文化的各种成就中，很少有其他发明可以和造纸及印刷术的重要性相比，二者对文明的贡献和影响是深远的。现代社会虽然还有其他媒介的不断出现，并且起越来越大的作用，但它们都不能取得纸和印刷术二者所拥有的永久性功绩。

一　纸的发明及蔡伦造纸

　　纸是由中国古代劳动妇女在水中漂洗棉絮不经意发明的,最初的纸比较厚，粗糙，难于书写。东汉时，经过蔡伦的改造才便于书写，成为"蔡侯纸"，后来又经过左伯对纸的改良，纸的质量又有提高，逐渐取代竹、帛，成为书籍的制做材料并在各领域中广为使用。

（一）纸的发明

　　中国古代人用笔蘸墨在彩陶及甲骨上画画写写，体现出笔和墨的用途;纸出现得较晚，在笔和墨之后，起初作为写字、画画的载体，后来才用于印刷。

　　关于纸的发明有不同的说法，现在也很难确切地加以考证。不过有一点需要说明，即在蔡伦造纸之前已有了纸，这在已出土的众多西汉麻纸中得到明证。另外，在古代文献中，"纸"字在蔡伦之前已经出现过数次。《三辅故事》中曾述及汉太始四年（公元前93年）"卫太子大鼻，武帝病，太子入省，江充曰：'上恶大鼻，当持纸蔽其鼻而入。'"这是文献中最早关于"纸"字的记载。《后汉书》中有"右丞假署印授及纸笔墨诸财用库藏"。这说明，光武帝（公元25~57年在位）时，在少府设左右丞各一人，已经有管理纸笔墨的官员；对纸加以管理，也说明已

经有一定数量的纸；把"纸"字放在"纸笔墨"三个字的首位，说明对纸的重视及纸的珍贵。在班固的《汉书》中，有公元前112年用纸包药的记载；《后汉书》中有关于公元76年将《春秋经》和《左传》写在纸上的记载。在古籍中，还有其他一些记载，这些记述并不是当时记录下来的，而是在纸普遍通行之后，由后人记录的；既没有谈到纸的生产过程，也没有谈到纸的生产材料，但确实说明在蔡伦造纸以前已经有了纸。

　　西汉纸均为麻纸，主要在民间及下层士兵中使用，最初是作为书写及包装材料。东汉永元十二年（公元100年），《说文解字》完成，书中关于"纸"字的解释是："絮——笘也"；"笘"字的解释是："潎絮箦也"；"潎"字的解释是："于水中击絮也"；"絮"字解释是："敝绵也"。我们把这些字的解释联系起来审视，并结合对西汉纸的原料及特性的分析化验，就会对早期纸的制造方法有一个大概的了解。

　　根据许慎在《说文解字》中对"纸"字的定义可以知道：絮为造纸的原料，笘是造纸时于水中在箦上击打絮，箦是工具；《新华字典》中对"箦"字的解释是竹席；絮就是敝帛，也就是绵絮。据中国古代文献记载，公元前很早时，许多妇女就在水中漂洗、捶击绵絮。《越绝书》记载云：春秋时的吴国大夫伍子胥"见一女子击絮于濑水之中"。《庄子·逍

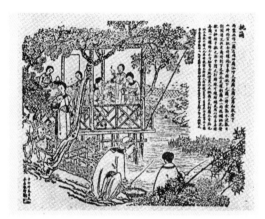

图 8-1 古代漂絮图

图 8-2 蔡伦像

遥游》记载云："宋人有善为不龟乎之药者，世世以洴澼洸为事。"《史记》记载云：淮阴侯韩信"钓于城下，诸母漂，有一母见信饥，饭信，竟漂数十日"。妇女把绵絮放在篁上漂洗，就是把绵絮放在水中帘子上不断地来回晃动。（图 8-1）绵絮在水中帘上由于来回晃动，至使绵絮澎胀，绵絮中的沙土落到水中；已漂过的绵絮从水中连帘一并取出，晒干，绵絮松软、干净，取走后，残留在帘上的短丝就成了一张薄薄的片，这些薄薄的片比较粗糙，也比较厚，这就是最初的纸。漂洗有点像现在的弹棉花，弹棉花用弓子弹，漂洗用水冲；弹棉花弹出干净松软的棉花絮，漂洗除产生干净松软的绵絮外，还无意中造出了中国最初的纸，创造了伟大的奇迹。

妇女在水中漂绵，这种绵不会是新棉，新绵用不着漂。漂洗的一定是旧棉，漂旧绵絮的妇女只能是劳动人民，不可能是奴隶主贵妇人。旧绵絮的漂洗是为了重新使用，或做棉衣、棉被等，而漂洗中不经意出现的纸便在民间产生，也首先在民间使用，最初用来包东西等。这种纸比较粗糙，也比较厚，不均匀，还不适于写字，后来又应用在下层士兵中，这时还没有引起上层统治者的重视。纸的发明从这个角度讲是劳动人民创造的，它有一个缓慢的创造和发展过程，不是一件偶然或孤立的事件。

劳动妇女用旧的绵絮制造出最初的纸，这是个启发，于是旧的鱼网、破布、麻头。废弃的蚕茧、丝绵等都成了最初的造纸原料。这些旧东西的来源

是有限的，聪明的中国古代劳动人民不断地寻找新的原料，使用了楮树皮，能生产出最优秀的纤维，而且原料很多，最为经济。楮树皮经过浸泡、锤打而成薄薄的树皮布，最初用于制衣，偶尔也用于绘画和书写，后来用于造纸。楮树皮的使用，对造纸术的发展很重要，以楮树皮为造纸原料对以后选取原料有巨大的启迪作用。

在西汉时期，用于写字和画画的承载物主要是简策和缣帛。简策和木牍很重，占的地方又很大，很不方便；缣帛价格很贵，产品又有限。一种新的书写及绘画材料的出现为人们所企及，纸的产生虽属偶然为之，其实也是合乎事物发展规律的，而纸的改进和发展将成为更重要的事情。

（二）蔡伦造纸

古今中外，公认为蔡伦（图 8-2）是造纸术的发明人，在蔡伦造纸之后不久写成的《东观汉记》一书中，最早记载了蔡伦造纸：

"蔡伦，字敬仲，桂阳人。为中常侍，有才学，尽忠重慎。每至休沐，辄闭门绝宾客，曝体田野。典作尚方，造意用树皮及敝布鱼网作纸。元兴元年奏上之，帝善其能，自是莫不用，天下咸称'蔡侯纸'。"

另一较早的古籍《舆服志》（董巴，公元 3 世纪）中也有简略的记载："东京有蔡侯纸，即伦也。用故麻，名麻纸；木皮，名谷纸；用故鱼网作纸，名网纸也。"

蔡伦之后 300 余年，范晔根据史料在《后汉书》

图 8-3 写有字的查科尔贴残纸

图 8-4 居延"金关纸"

中，对蔡伦造纸作了较为详尽的记载，略谓：

"蔡伦字敬仲，桂阳人也。以永平末始给事宫掖，建初中为小黄门。及和帝即位(公元89年)，转中常侍，豫参帷幄，伦有才学，尽心敦慎，数犯严颜，匡弼得失。每至休沐，辄闭门绝宾，曝体田野。后加位尚方令。永元九年（公元 97 年），监作秘剑及诸器械，莫不精工坚密，为后世法。自古书契，多编以竹简，其用缣帛者谓之纸。缣贵而简重，并不便于人。伦乃造意，用树肤、麻头及敝布、鱼网以为纸。元兴元年（公元 105 年）奏之上，帝善其能，自是莫不从用焉，故天下咸称'蔡侯纸'。"（见《后汉书》，中华书局出版，2513 页）

从这些记载中可以看到，蔡伦对纸确实进行了改造，上奏的时间在元兴元年。这之前，蔡侯纸已造好，使用的材料是树皮、麻头、敝布及鱼网等价值低廉的物料。蔡伦虽然是一个较有权势的宦官，但是他聪明，博有才学，善于钻研各种技艺，精通各种器械的制作，所做器械加工精细、坚实、缜密，经过不懈的努力和专心一意的钻研，方造出"蔡侯纸"。

西汉末期，纸的质地已经均匀、细白，中常侍兼尚方令的蔡伦正是总结西汉民间造纸的经验，在洛阳尚方御用作坊方造出较好的麻纸，又以楮树皮造出皮纸，这一重大工艺技术的总结、改良和发展，是由蔡伦完成的。蔡伦使纸进入了实用阶段，上报皇帝后，得到表扬，使纸迅速、广泛地推广开来，为印刷术的发明、发展和完善提供了物美、价廉、易得的承印材料。

（三）左伯改良纸

汉末，左伯对纸进行改良，出现"左伯纸"。左伯纸造得精细、洁白、光滑。据唐代张怀瓘《书断》卷一云："左伯，字子邑，东莱人……擅名汉末，又甚能作纸。"左伯纸和张芝笔、韦诞墨在当时齐名。

蔡侯纸便用于书写；左伯纸则又向前迈进一步，但当时因为社会上主要是盛行简策书和帛书，直到公元 3 世纪之后，纸才慢慢取代竹、木和缣帛，作为中国古代书籍的制作的材料。

二 已发现的古代纸

纸的发明及发展有悠久的历史，在流传下来的古籍的记载中多有说明。由于纸作为书写、印刷材料，易湿、易朽，比较难以保存，它不同于石片、青铜器、竹片、玉片、陶瓷等材料，直到 20 世纪初以来，在

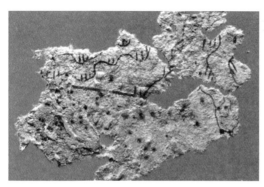

图 8-5 画有地图的西汉纸"放马滩纸"

图 8-6 写有文字的西汉纸"悬泉纸"

中国的西北部陆续出土了大量的古纸和纸质文件等，方得到了实物的验证。

（一）中国人发现的西汉纸

20 世纪 30 年代以来，在中国新疆、甘肃、陕西等西北地区，多次出土西汉纸，计有：

1933 年，西北科学考察团考古学家黄文弼博士首先在新疆罗布淖尔汉峰燧遗址掘得一片"罗布淖尔麻纸"（4 厘米 ×10 厘米）。这是西汉纸的首次发掘出土。

1942 年，考古学家劳幹博士在甘肃额济纳河东岸查科尔帖汉代居延遗址古代烽火台的废墟中，发掘出带有 7 行 50 个字的"查科尔帖纸"（图 8-3）。

1957 年，西安市灞桥汉墓葬区灞桥砖瓦厂工地出土数量较多的古纸——"灞桥纸"，经化验为麻纸。

1973 年，甘肃考古队在甘肃额济纳河东岸汉肩水金关屯戍区金关峰燧遗址掘出 2 片麻纸——"金

关纸"（图 8-4）。

1978 年，在陕西扶风县中颜村汉代建筑遗址发现窖藏陶罐，从中清理出白麻纸，最大片为 6.8 厘米×7.2 厘米，称为"中颜纸"。

1979 年，甘肃长城联合调查组在甘肃敦煌西北马圈湾汉峰燧遗址掘出麻纸 5 片，定名为"马圈纸"。

1986 年，在甘肃天水市郊放马滩秦汉墓发掘中，5 号汉墓出土 1 片绘有地图的麻纸（图 8-5），定名为"放马滩纸"。

1990 年 10 月至 12 月，甘肃考古所在敦煌东北64 公里的甜水井一带戈壁沙滩中汉代悬泉邮驿遗址出土麻纸 30 余片，定名为"悬泉纸"（图 8-6）。

以上出土的西汉各时期制造的纸均为麻纸，有三处出土的纸上写有文字或画有地图，可以证明，西汉时期的纸已开始替代简、帛作为书写材料。经化验，西汉纸的原料为大麻及苧麻纤维，取自麻头、旧布。

考古发掘和对古纸的科学实验显示，公元前 2世纪的西汉初期，中国已经有了书写用纸，比蔡伦时代早 200 多年。

1928 年至 1930 年间，中国西北科学考察团在吐鲁番发现一些古纸和写本经典，大多是晋唐遗物，其中有一本佛经，背面标注的日期是公元 436 年。

敦煌壁封的石窟中发现大批古代纸质文件，除少数印刷品外，这批纸卷大多是写本，其内容很广。这批纸卷总数约 3 万余卷，很多保存良好，被英国斯坦因、法国伯希和、日本人、俄罗斯人等携走，又有一部分为中国政府收存，一小部分散失民间。这批公元 1056 年前的古物，对研究古代书卷制度及纸、墨、印刷等非常有价值。

（二）外国人在中国发现的古纸

1902 年到 1914 年间，普鲁士考察团的格鲁韦德和凡勒二人，在新疆吐鲁番地区发现一批古纸文件。

1909 年至 1910 年间，日本西本愿寺的大谷探险队由桔瑞绍和野村荣三郎率领，也在同处发现了一些古纸。

匈牙利探险家马克·奥利尔·斯坦因（后入英

图 8-7 敦煌写经黄麻纸（北魏时期）

图 8-8
宋代四川的水碓

国籍）在 1907 年的第二次考察中，曾在甘肃敦煌附近地烽燧道旧址发现一些为期较晚的古纸。

清光绪二十六年（1900 年），瑞典地理学家斯文·赫定在新疆罗布泊古楼兰发现一批纸质文件。

1914 年，斯坦因在第三次考察中，在楼兰发现 700 多件纸质文件……

｜三　早期的造纸技术

中国古代的造纸方法，古籍上鲜有记载，很难了解造纸的详细过程。《后汉书》中的《蔡侯传》，也只提到当时造纸所使用的材料，即树皮、麻头、敝布（破布）及鱼网。其中树皮和麻头是生纤维，破布和鱼网是经过人工纺制后的纤维。

（一）西汉的造纸技术

由于西汉时期关于造纸的史料记载太少，无法表达清楚，也只能依据《说文解字》对造纸过程的解释。这个解释流于一般并带有猜测的成分，著名纸史专家潘吉星先生不满足这个看法，从西汉灞桥纸的结构入手，进行了检验后，得出灞桥纸的形态特征是：

（1）纸质较厚，表面有较多的纤维束；

（2）纤维组织松散，交结不紧，分布不匀；

（3）帘纹不清，外观呈浅黄色，交结时透眼多而大；

（4）在高倍显微镜下观察，纤维帚化度较低，细胞未遭强度破坏。

西汉的麻纸是萌芽阶段，由于造纸原料没有那么丰富和造纸技术处于起步阶段，麻纸的产量不大。另外，由于纸的质量不高，也没有引起西汉统治者的重视。

（二）东汉的造纸技术

到了东汉，造纸技术有所提高，在京城洛阳少府任尚书令的蔡伦，曾监制造出一批好纸，开始较多地在纸上书写纪事。东汉的造纸技术增加了蒸煮工序，蒸煮就是把浸有灰水的纸料进行蒸煮，用碱液可以使原料变软，纤维变细，便于捣碎，而且容易洗干净，纸才会变得白一些，纸质也会变好。实际上，东汉造的纸确实比西汉纸好，无论从纸的薄度、白度、纤维的长短上都有很大的提高，因而才得到推广。

（三）魏晋南北朝时期的造纸技术

魏晋南北朝时期的造纸技术与汉代相比，无论在产量、质量或工艺等方面，都有提高。造纸原料不断扩大，纸的白度增加，表面较平滑，结构较紧凑，纤维素较少，有明显的帘纹，纸质较薄。（图 8-7）造纸设备也得到革新，出现了新的工艺技术，产纸区域和纸的传播也越来越广，造纸名工辈出。

图 8-9 明代竹纸制作流程图

由于纸的质量的提高，人们开始用纸书写，不愿意再使用昂贵的缣帛和笨重的简策了，并逐渐习惯于用纸，慢慢使纸成为书写、绘画的主要材料，最后彻底淘汰了简策、木牍和缣帛。这里特别应该提到的是纸对书法艺术的发展起了巨大的推动作用，晋朝大书法家王羲之、王献之和一大批书法家的出现和纸的使用有直接的关系。过去人们在简策上写字，受到竹片宽度的限制，不可能放得很开，需要谨慎地写，笔在竹片上的磨擦也不如在纸上舒服；缣帛很贵，量小，在上面书写也不如在纸上书写自如。纸的面积较大，洁白而又光滑，还很柔软，受墨也比较好，笔在这种质地上磨擦，容易施展各种用笔的方法，"工欲善其事，必先利其器"，晋朝书法的辉煌和纸的开始使用有很密切的关系。

（四）隋唐五代时期的造纸技术

隋唐五代时期，中国造纸技术进一步发展，使用的造纸原料有所扩大，有麻类、楮皮、桑皮、藤皮、瑞香皮、木芙蓉等，仍以麻料为主。这时期纸的质量及其加工技术方面大大超过了前代，还出现了不少名贵的纸张，在造纸设备上也有了改进。

隋唐时期的纸在长宽幅度上，都大于魏晋南北朝，其横长有的已接近一米。唐代纸已明确区分为生纸与熟纸。生纸就是直接从纸槽抄出后经烘干而未加处理过的纸；熟纸则是对生纸经过若干加工处理后的纸。唐代使生纸变成熟纸的方法之一是施胶，或将淀粉涂刷于表面，或将它掺入纸浆中。

五代时的造纸原料、技术和加工方法，直接承袭隋唐。北方造的麻纸，多是粗制滥造的本色纸，不及隋唐造的纸精良；南方却出现颇负盛名的"澄心堂纸"。

（五）宋元时期的造纸技术

宋元时期，为了扩大造纸原料来源，降低生产成本，使物尽其用，还采用了将故纸回槽、掺到新纸浆中造再生纸的工艺技术，这种纸取名为"还魂纸"。

宋代印刷技术相当发达，印刷用纸虽然没有书画、碑帖用纸那么高的要求，但要求比写本纸要好。一般地说，印书用纸平面应尽可能平滑，不宜太厚，应坚薄而较易受墨，不易蛀蚀。

宋元时期造纸技术的进步，表现在一些新技术工序的引入和设备的更新等方面。有水力资源的地方使用了水碓（图 8-8）；抄纸器和抄纸技术得到改进，能造出巨幅的"匹纸"；把白芨粉与面筋混用，增加了粘度并防蛀。为了制造厚薄均一、结构紧密的纸，还在制浆过程中加入某些植物中提取的植物粘液，增加纤维的漂浮性。书画用纸为了防止运笔时字迹扩散和渗透现象的发生，还对纸施以胶矾。

（六）明清时期的造纸技术

到了明清，造纸技术进入总结性的发展阶段，在造纸的技术、原料、设备和加工方面，都集历史上的大成，纸的质量、产量、用途、产地，也都比前代有所增长。明清时代的造纸槽坊，大多分布在江西、福建、浙江、安徽等省，广东和四川次之，北方以陕西、山西、河北等省为主。原料有竹、麻、皮料和稻草等等，其中竹纸产量占首位。（图 8-9）入清以来，造纸业曾一度下降，但从康熙、乾隆时代起，造纸业又开始回升。

清代造纸技术和明代互有异同。清代著名的造宣纸技术，用料为青檀，制造方法与造楮皮纸、桑皮纸的方法相同。明、清是造纸技术的总结阶段，吸取了历代造纸的生产经验，出现较高的技术水平。

四 历代造纸及用纸

（一）两汉时期的造纸及用纸

西汉纸，是中国最早期的纸。其中放马滩纸的时间大约在西汉初期文景帝时期，上面绘有地图，纸质薄而软，纸面光滑平整。查科尔帖纸和悬泉纸上写有文字，这说明，中国最早的纸——西汉麻纸上已经开始绘图和写字。

东汉时期，尚方令蔡伦造纸后，出现"蔡侯纸"。蔡侯纸质地优良，比西汉麻纸无论从平滑度上、白度上都好多了，在纸上写字逐渐得到推广。汉末，出现经左伯改良的"左伯纸"。左伯纸造得精细、洁白、光滑，更适于书写。

（二）魏晋南北朝时期的造纸及用纸

魏晋南北朝时期，人们逐渐开始摆脱用简策、木牍、缣帛作书写材料，转而用纸。东晋末年，有的统治者甚至明令规定用纸作为正式书写材料，凡朝廷奏议不得用简牍，而一律用纸代之。这时的书

籍文献都改用写本卷子，书法也异常发达，据北宋米芾《书史》记载："王羲之《来禽帖》，黄麻纸。"流传到现在的西晋陆机的《平复帖》，据检验也是用的麻纸。出土的晋代纸绘地主生活图，可能是最早的纸本绘画，说明晋代已开始用纸做载体绘画了。

这个时期还出现了楮皮纸、桑皮纸、藤皮纸等，据宋代人的著作，晋代似乎还有竹纸。南宋赵希鹄《洞天清录集》云："若二王真迹，多是会稽竖纹竹纸。"古籍上还记载晋代有一种所谓"倒理纸"或"苔纸"。实际上这是后世的发笺。晋代的黄纸是用黄檗染的，黄檗既可以染色，又可防蛀。书法家们多喜欢用黄纸写字，民间宗教用纸，也多用黄纸，尤其是佛经、道经写本用纸。这时期除黄纸外，还生产了其他各种色纸。

（三）隋唐五代时期的造纸及用纸

隋唐五代时期，纸价降低，纸制品在日常生活中广泛应用。首先应用在文化用品中，如抄写公私文书、契约、各种书籍和书画以及习字之用。隋唐盛行的卷轴装书，多是卷轴装的纸写本，也有雕版印刷的纸本书；新出现的经折装书，也是用纸做文字的载体。隋唐五代时期的许多日用品，也都采用纸制品或纸制代用品。如用纸糊灯笼、糊窗户、纸马、纸人等等。唐代以后，还出现纸衣、纸帽、纸被、纸帐、纸甲等制品，剪纸也是从唐代开始出现。隋唐的纸幅面增大，并区分生纸与熟纸，熟纸很适于绘画。唐代最为名贵的纸是"硬黄"或"黄硬"，属于蜡质涂布纸。这种纸外观呈黄或淡黄色，有苦味，以鼻嗅之有特殊香气，有清脆之声。唐代还有一种供书写用的白蜡纸，便于书写，堪称一种好纸。还有蜡笺纸，或曰"粉蜡纸"，并发明金花纸和银花纸，或洒金银纸、冷金纸、薛涛纸（浣花笺）等多种纸；唐代还有精美的加工纸。

唐代还发明一种水纹纸，或曰花帘纸、砑花纸。所谓水纹纸，是指迎光看时能显出除帘纹以外的发亮线纹或图案的纸。唐代的造纸业如此发达，与雕版印刷的出现和大量用纸有关。

五代时，在南方出现颇负盛名的"澄心堂纸"，

供官中御用。宋朝时仿制唐澄心堂纸，至清代还在不断地仿制。

（四）宋元时期的造纸及用纸

竹纸早在 9 至 10 世纪初露头角，在北宋时真正得到发展，米芾的《珊瑚帖》、王羲之的《雨后帖》、王献之的《中秋帖》宋人摹本，都是采用宋代的竹纸。由于竹纸的广泛应用，很快就取代了前代盛行的麻纸和藤纸。在宋代，造纸领域中占统治地位的是竹纸和皮纸。

宋元时期的书画、刻本书和公私文书、契约中多用皮纸，如米芾的《苕溪帖》，苏轼的《人来得书帖》等，都是经研光的楮皮纸。

宋元时期还出现廉价的"还魂纸"，如《救诸众生苦难经》《春秋繁露》等本，都是用还魂纸书写的。宋元时期，纸的种类很多，大大超过前代，地方志中记：贡白苧纸、池州纸、白纸、贡笺纸、贡表纸、麦先、白滑、冰翼纸、贡白滑纸、龙须纸、进劄、玉版、观音、京帘、堂劄等等，纸的花样翻新，品种繁多。

在艺术加工纸中，唐代传下来的泥金彩笺，在宋代得到进一步发展。在各色纸中，宋代仍重视黄纸。宋代四川造的"谢公笺"纸，与唐代的"薛涛纸"齐名。宋代名纸中首推"金粟山藏经纸"。在宋元书笺、诗笺纸中，水纹纸可谓独特，李建中的《同年帖》，是世界上迄今所见最早的水纹纸帖本。

这时期温州人造桑皮纸，称为"蠲纸"，洁白坚滑，大略似高丽纸。

元代还有"明仁殿纸"和"端木堂纸"。

唐代出现纸本绘画，而大量用纸作画，则是从宋代开始。洁白平滑而又受墨受彩的各种纸，为美术家和书法家提供廉而又质量高的好材料。同时，金石拓片和碑帖用纸也对纸的质量提出较高的要求。

宋代由于印刷术相当发达，出版了大量的宋版书，雕版印书用纸虽然要求不很高，但也有一定的质量要求。宋元刻本中的精品，其用纸也是很精良的。如果说唐代的纸大部分用于抄写，宋元的纸则大部分用于印刷。

（五）明清时期的造纸及用纸

明、清两代，造纸业十分发达，纸的品种很多。王宗沐的《江西大全》中记载有 20 多种，归纳起来，计有榜纸（厚纸）、开化纸（薄纸）、毛边纸、绵连纸、中夹纸、奏本纸、油纸、藤皮纸、玉版纸、勘合纸以及各种色纸。文震亨在《长物志》论明代纸时云："国朝连士、观音、奏本、榜纸俱不佳，惟大内用细密洒金五色粉笺，坚厚如板，面砑光如白玉。有印花五色笺，有青纸如段素，俱可宝。近吴中洒金纸、松江潭笺，俱不耐久，泾县连四最佳。"

明纸中还有：连士纸、观音纸、奏本纸、榜纸、小笺纸、大笺纸、五色大帘纸、洒金纸、白笺纸、印金花五色光笺、磁青纸、无纹洒金笺、松江潭笺、荆州连纸、仿宋藏经笺、溃荆川连、素馨纸等等，纸的品种实在太多，不能一一列举。这些明代纸除做商品消耗外，还向朝廷做"贡品"，供上层统治者享用。

明代加工纸中，最著名的是"宣德贡笺"，有许多品种，比"澄心堂纸"还珍贵。明代还仿唐纸制造了"薛涛笺"和宋代"金粟山藏经笺"，明代还有"十色纸"和"防蛀纸"。

明清时期除用纸作纸币外，还流行壁纸，这是一种艺术加工纸，是将彩色图案套色印刷在纸上。还造金银印花笺，用云母荟和苍术或姜黄汁，先将纸染成具有金属光泽的银灰色或金黄色，再用印花板在纸上压成凸起的图案花纹，颇富雅趣。还有一种砑花纸，是上等的坚韧皮纸，放在透光处，能显出一幅美丽的暗红图画。当时还制造了传统的罗纹纸、发笺和慎云母的白云母笺、各色雕版印花壁纸、侧理纸等等。

清代还有"羊脑笺"；乾隆时仿造元代"明仁殿纸"，制造出"梅花玉版笺"、"金五色笺"、"洒金五色蜡笺"等等。这些都是造价很高的奢侈品，可与绸缎相比，甚至还贵。

明、清两代不但在造纸技术上，而且在纸的加工技术上，都集历史上的大成。历史上名著一时的纸，在明、清两代都恢复了生产，同时也研制出一些新的张纸品种。

第九章
中国书籍的雕版印刷

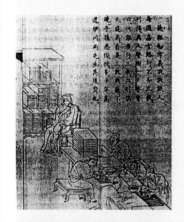

中国古代书籍装帧与雕版印刷或雕版印书，有着直接的关系。没有雕版印刷，没有雕版印书，没有传统的中国古籍，便谈不上中国古代书籍装帧。可见，雕版印刷的重要性……

第九章　中国书籍的雕版印刷

| 一　绪论

（一）概述

中国古代书籍装帧与雕版印刷或雕版印书，有着直接的关系。没有雕版印刷，没有雕版印书，没有传统的中国古籍，便谈不上中国古代书籍装帧。可见，雕版印刷的重要性。

中国古代有四大发明，印刷术即是四大发明之一。印刷术的发明，记录、总结了人类社会积累的社会科学和自然科学的知识和经验，使之成为浩如烟海的古籍，满足了社会发展和人类生活的需要；印刷术的应用，传播了知识，有力地推动了文明社会的发展。印刷术对人类的贡献是巨大的，很少有其他的技术能和它相比。"西谚说：印刷乃文明进步之母。孙中山先生曾在《实业计划》中指出：印刷在人类生活中的地位，与衣、食、住、行同等重要；印刷是民生五大工业之一。"（李兴才《论中国雕版印刷史的几个问题》）

印刷术是工业技术，又是工业。它涉及的方方面面很多，不是偶然产生的；它是社会物质文化水平发展到一定程度才会出现的，并有一个缓慢的、久远的孕育、发展、完善的过程。印刷术的发明必须具备必要的条件，就中国雕版印刷术而言，必须具备："统一、定型的文字及高度的社会文化，熟练的文字、图像的雕刻技术；轻便、广有、廉价的承印材料（纸张）和印刷色料（印墨），这三项技术是发明印刷术的基本条件。"（罗树宝著《中国古代印刷史》）

《中华印刷通史》云："就中国传统印刷术而言，印刷必须有印版，而印版是手工雕刻的……印刷是复制术。印刷通过印墨将印版上的图文转移到承印物上。印墨和承印物这些原材料于印刷术是必不可

少的……印刷术作为转印复制术，其复制对象和内容，概而言之，无非图像和文字两大类，其中由于社会文化事业的需要，尤以文字的复制为多。"这里涉及到印版、雕刻术、文字、图像、承印物、墨等等。文字上版要用到毛笔，刷印要用到刷子，好像也就这些东西，看起来很简单，把印墨均匀地刷在雕刻的印版上，放上纸，用长刷在纸背面均匀地加压，揭下，即为一页印好的页子。实际上，印刷术是一项极为复杂的系统工程。它从初期的萌芽、雏型，到完善，走过了长达3000多年的漫长历史，如果再算上它孕育的时间，那就更长了。

印刷有三种基本形式，即凸版印刷、凹版印刷和平版印刷。凹版印刷是指印墨在印版上的凹处，现在的纸币即用凹版印刷；平版印刷是指印墨和印版在同一平面上，现在大量的彩色印刷（包括印书）都用平印（也称胶印）；凸版印刷是指印墨在印版平面的凸处，过去的铅印即是凸版印刷。雕版印刷就是凸版印刷，是最古老的一种印刷方法，本文中谈到的雕版印刷就是这种古老而又传统的印刷方式。

在古籍和一部分论述中国古代印刷史、书籍史的文章、著作中，叙述雕版印刷时用的是"板"字，而另一部分著作中是"版"字，不统一。用"板"字，是因为中国古代的印版，是用木质材料雕刻而成，曰木板；用"版"字，则是因为木板上有文字或图像，是供印刷用的版，应用范围较大一些。从印刷角度来讲，"板"字所包含的意义，似应在"版"字所包含的意义之内，故本书除引用其他文章之外，均用"版"字。

（二）雕版印书起源的几种观点

在考察雕版印刷术发明的年代时，对于雕版印刷术和雕版印书这两个不同的概念要分清楚，不能

用雕版印书的发明年代去混淆雕版印刷术的发明年代。印刷是一个范围广泛的概念，古代的印符咒、印佛像、印经文、印告白，都是印刷，这些东西都是印刷品；现代生活中的印钞票、邮票、车船票、各种门票、包装品、信封、信笺、名片、宣传品、报纸、杂志、各种单据、地图……这些也都是印刷品。印刷品在现实生活中实在太多了，衣、食、住、行样样都离不开印刷品。书，只是印刷品的一种，却是非常重要的印刷品之一。

雕版印刷术的发明年代应该在雕版印书之前。因为，雕版印书毕竟是比较复杂的工艺过程，没有先期的准备，没有由简单到复杂的过程，没有长期的工艺改进、技术进步和经验的积累，是不会有成熟的雕版印书技术的。很显然，经过雕版印刷技术的孕育、发展和完善的过程后，经历漫长的历史岁月，雕版印书才会出现。雕版印书的出现，说明雕版印刷术的成熟。

关于雕版印刷术发明的年代，在历史上众说纷纭，莫衷一是，其中有东汉说、魏晋说、南北朝说、隋唐说、五代说等几种说法，现在把有关的观点简单介绍如下：

主张雕版印刷始于东汉的有：元朝的王幼学和清朝的郑机。主要根据是史书上汉桓帝延熹八年（公元 165 年）"刊章捕张俭"的记载。王幼学将"刊章"两字解释为"印行之文，如今板榜"，认为通缉布告是印刷而成的。郑机更进一步明确了这个观点。

清代的李光复和日本印刷史学家岛田翰认为六朝时发明印刷术。他们二人的观点主要是靠推断，并没有什么证据。

明朝的陆深最早提出雕版印刷始于隋朝。他所著《河汾燕闲录》中首先引用《历代三宝记》中云："隋文帝开皇十三年十二月八日，敕废像遗经，悉令雕撰。此印书之始，又在东瀛（公元 881-954 年）先矣。"他把"雕撰"理解成"雕版"，有雕版就有了印刷，所以，隋朝就有了雕版印刷。

在陆深逝世后 7 年出生的胡应麟（公元 1551-1602 年），在他的著作《少石山房笔丛》一书中，就曾引用了陆深的话，并在最后明确指出："编综前论，

则雕版肇自隋时，行于唐世，扩于五代，精于宋人。此余参酌诸家，确然可信也。"以后这个观点又被诸多学者引用，并表示赞同他的观点。比较有代表性的是：方以智、高士其、阮葵生、陆风藻、魏崧、张澍、岛田翰（日本学者）、孙毓修等人。

但是，清初王士桢在《池北偶谈》中云："予详其文义，盖雕者乃像，撰者乃经，俨山（陆深）连续之误耳。"这就否定了陆深的看法。"雕"是雕佛像，"撰"是撰写经文。这种解释也有其道理，但即使否定隋朝有雕版印书的可能，却不能否定隋朝有雕版印刷的存在，何况桑原骘藏认为："撰、造、作，既可通用，则陆深等解'雕撰'为'雕造'，不无相当理由。"如果把"撰"字理解成"造"的意思，那就不是"造佛经"，而有雕造印版的可能了。

也有人提出隋代关于雕版印刷的记载，不过，都未得到证实，难以轻易地肯定或否定。

至于雕版印刷发明于唐代何时，也有不同看法。有人认为在唐玄宗时期（公元 74-756 年），有人认为在晚唐时期，有人认为在唐太宗贞观七年（公元 633 年）。

我国当代印刷史学家张秀民先生认为雕版印刷始于唐贞观十年，这一研究成果主要来源于明朝史学家邵经邦（公元 1491-1565 年）著的《弘简录》卷 46。其原文是："及宫上其所撰《女则》十篇，采古妇人善事……帝览而嘉叹，以后此书足垂后代，今梓行之。"在古代文献上，"梓行"就是指雕版印刷。作者邵经邦是一位严肃、认真的史学家，他写的书是应该相信的，故定为唐贞观十年发明雕版印刷，又有其他一些材料佐证，故本书笔者认为这种说法还是很有道理的。只是由皇帝下令用雕版印行书籍，这必须在雕版印刷十分发达和完善的情况下，才有可能。就像纸出现后，因为质地粗糙，开始并没有引起官方的注意，便得不到承认。只是蔡伦改造了造纸技术后，纸的质量有了很大的提高，上奏朝廷，才得到官方认可，公元 404 年，东晋桓玄帝曾下令废简用纸，使纸的应用得到推广和普及。皇帝下令雕版印书，也可以说明，这之前早已发明了雕版印刷术，并且已经应用在雕版印书上，印刷的

效果也还很不错，得到社会的广泛认可，上奏朝廷，最后得到皇帝的批准。所以，雕版印刷术的发明有隋末唐初说，只是还没有实物证据。

贞观为唐李世民的年号，贞观十年为公元636年。现存韩国庆州博物馆唐朝早期印刷品《无垢净光大陀罗尼经》，潘吉星、李致忠、张树栋等几位专家学者认为该经于公元702-704年刻印，距离贞观十年已有60多年，而公元868年印刷《金刚般若波罗蜜经》距离贞观十年已有130多年，如果贞观十年发明雕版印刷，过几十年或一百多年印出上列所举的两种书，可能性是很大的。因为雕版印刷术从发明到能够印书，有几十年的发展、完善过程应该说也可以了，从道理上讲得过去。故这个观点可以作为参考。

鉴于以上情况，本书认为隋末唐初说，道理较为充分。更确切的年代，还有待出土文物的进一步证明。

二 雕版印刷术发明前的准备

印刷是个系统工程，在初期，虽然没有后来的规模和技术水平，但它的初步技术、主要工序、应用材料等，还是不可缺少的。后来，技术的提高、用料的广泛、工艺的完善，一步一步地发展过来的。而初期印刷术的出现，也必须具备一定的条件，这些条件的形成，是经过漫长的历史逐步发展而成熟的。雕版印刷术或早或迟的出现，是人类社会生产力发展的趋势。雕版印刷术的出现，在中国历史上有哪些必备的条件呢？

（一）文字的产生、统一及规范

本书第一章中讲到书籍的初期形态，是按照文字发展脉络的顺序来叙述的，在这里，仅从文字的产生及发展的角度，简单地归纳一下。

1. 结绳记事、契刻记事

在远古的时候，先民们为了帮助记忆，采用结绳记事的方法。汉代，郑玄在其《周易注》中云："古者无文字，结绳为约，事大，大结其绳，事小，小结其绳。"采用结绳记事，可以帮助人们记忆事情。结大、结小，系的方法不同，用以区别不同的事物。这种方法在中国的少数民族和秘鲁的印加人中都使用过。

刻契记事，主要是帮助记忆数字。汉代，刘熙在《释名·释书契》一书中云："契，刻也，刻识其数也。"契刻的用料是竹片或木片，在其上刻出缺口，或大或小、或深或浅、或形状不同。这些不同形状的缺口，记忆着发生的事情的数字，并代代沿袭下来。我国云南的佤族就使用这样的方法，还有实物保存下来。

结绳记事和契刻记事，虽然不是正规的文字，但却表达着一定的意义，对文字的产生有一定的启示作用。

2. 图画文

结绳记事和契刻记事毕竟有很大的局限性：

(1) 很多事情难以表达；

(2) 时间一长，有些记忆也就不清楚了。

中国古人们把眼光投向了具体的形象，如虎、象、羊、田等等，以较为具体的形象表达着简单的意义或繁杂的事情，这些图画画在洞壁的岩石上、树皮上，甚至人的身上。这些图画文已经能表达生活环境中的事物，传达着某种信息，使人一看就能知道是什么意思。

图画文虽然画的是具体的图形，但它并不像现代的连环画，没有那么准确的造型，采用的是较为抽象的造型方法，并随着时间的不断推移，其抽象的程度也越来越大，逐渐出现了符号性的陶文。

3. 陶文

在距今五六千年的陶器上，可以看到一种图画式的符号，有写的，有刻的，还不能解释这些符号的意义。郭沫若先生认为："刻画的意义至今虽尚未阐明，但无疑是具有文字性质的符号，如花押或者族徽之类。"郭沫若先生采取谨慎的科学态度，没有说得很明确，但一点是可以肯定的，就是符号带有文字的性质，它是从初期的图画文向正规的汉字——甲骨文过渡的一种形式。

4. 甲骨文

通常所说的甲骨文，一般是指殷墟出土的刻画在龟甲或兽骨上的商代晚期文字。在我国河南郑州市，山西洪洞县，陕西长安县、岐山县，以及北京昌平等地的文化遗址中，也陆续有所发现。

甲骨文是王室贵族进行占卜活动后，将有关占卜活动的内容刻或写在用于占卜的龟甲、兽骨之上的文字。可分为两类：贞卜文和记事文，主要内容是祭祀、战争、田猎、旅行、疾病、风雨、吉凶等等。

甲骨文已具有"六书"的结构规律，与今天的汉字基本上相同，它离开文字初创已有相当长的时期，走过了漫长的路程。甲骨文是最早成熟和定型了的文字。甲骨文所形成的单个方块字、甲骨文书由上到下的竖写直行规律、甲骨文书从右向左的阅读方法……都在直接影响着后来的中国古籍，无论是从字体的结构上，从版面的特点上，都和甲骨文及甲骨文书有着"血缘"关系。甲骨文在中国文字发展史上具有极其重要的作用，也占有极其重要的位置。

5. 古文

"'古文'有广义、狭义二解，分类也比较含糊。就广义而言，古文是包括大篆在内的、小篆以前的文字；狭义的讲，古文则不包括大篆，指中国文字史上大篆以前的文字。"（张树栋、庞多益、郑如斯等著《中华印刷通史》）本文取"古文"广义的解释，"金文"、"大篆"——"籀文"（图9-1），均在古文之列。唐张怀瓘《书断》云："颉首四目，通于神明。仰观奎星圆曲之势，俯察龟文鸟迹之象，博采众美，合而为字，是曰古文。"《周易·系辞下》云："古者疱牺氏之王天下也，仰则观象于天，俯则观法于地，观鸟兽之文与地之宜，近取诸身，远取诸物，于是始作八卦，以通神明之德，以类万物之情。"

这些生动形象的描述虽然不尽合理，却说明汉字既不是一个人创造的，也不是闭门造车创造的。汉字确是人们仰观俯察、博采众异的结果，体现了先民们对世间万物的审美观，及文字发生、发展的规律。

金文在大篆之前，是铸或刻在青铜器上的文字，

图 9-1 《大盂鼎》铭文

又称钟鼎文、铭文。西周自昭王以后，金文逐渐进入成熟的阶段，其代表作如昭王《宗周钟》铭文、穆王《静敦》铭文、恭王《史颂敦》铭文等。籀文中，划时代的最优秀的乃是《石鼓文》，无论文字、诗歌、书法都受到历代学者的推崇和珍爱。

6. 小篆

秦始皇统一六国后，国事繁多，文书日增，六国的文字又不统一，很不方便。秦始皇令秦朝的丞相李斯综合各国文字的特点，要求易写易读，始创"小篆"，又称"秦篆"（图9-2）。丞相李斯作《苍颉篇》、中车府令赵高作《爰历篇》、太史令胡毋敬作《博学篇》，小篆字体便被确定下来，并刻了摩崖石刻，如泰山、琅邪台刻石，现在虽残损严重，秦篆面貌尚存。其他刻石已不存在，至于峄山刻石、会稽刻石，都是宋人刻石，仅存字形格局，远非秦篆风貌。小篆字体比大篆更加抽象化、规范化。笔画粗细均等，藏头护尾，不露锋芒，筋骨内聚，圆润婉通；偏旁部首，位置固定，符号性、图案性明显增强；象形性、紊杂性大为减少。小篆又称玉筋篆，取其笔意具有劲健、

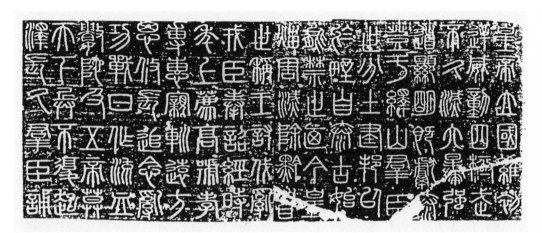

图 9-2 小篆

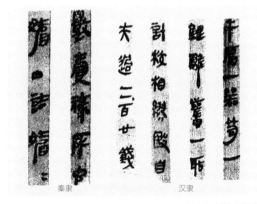

秦隶   汉隶

图 9-3 秦简与西汉简

图 9-4
隶书

遒润之意。

7. 隶书

小篆出现后，使用起来比六国不统一的文字要方便多了，比大篆字体简化了，但是书写时仍感到不方便，它的圆转、遒健难以掌握，一种比小篆更

为省简、规范的文字迫切需要产生。狱吏程邈在狱中面壁 10 年，苦心创造隶书 3000 字，上奏秦始皇，被采纳，得其推广，称为"隶书"。

隶书有秦隶和汉隶（图 9-3）之别，一般通称隶书。秦隶是隶书的早期形式，它虽然不同于小篆，但还没有完全脱离小篆的某些特点，也还未形成波磔。

唐张怀瓘在《书断》中称赞程邈所书时云："隶合文质，程君是先。乃备风雅，如聆管弦。长豪秋劲，素体霜妍。摧锋剑折，落点星悬。乍发红焰，旋凝紫烟。金芒琼草，万世方传。"这段赞美程邈书法的诗句，用来形容云梦睡地虎秦墓竹简上的秦隶当不为过。秦隶，是未成熟的隶书，融篆隶于一炉，拙中见巧，古中有新。

秦代，在中国历史上只存在短短的 15 年，然而在从小篆到秦隶的书体发展上，却留下光辉灿烂的一页。

"隶书萌芽于古，趋用于秦，定型于西汉、东汉之际……古文是从'随体诘诎'的象形开始创造、发展的。它离不开象形的意义，所以形体无定，笔画无定。至小篆，对古文大篆进行了初步的省改，使之定型化、符号化，笔画圆匀，但仍存象形遗意。隶书则把篆书逐渐方正平直化，形成了与篆书线条差别很大的基本笔画，把汉字在小篆中残存的一点象形遗意也逐渐泯灭了。"（钟明善著《中国书法简史》）

隶书从构造上看，冲破造字的"六书"本意。

图 9-5 章草《急就章》

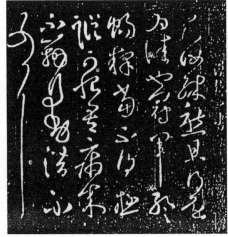

图 9-6 今草（张芝书）

图 9-7 晋代索靖《月仪帖》

蒋善国在《汉字形体学》一文中云："隶变的消灭象形文字的形体，主要是它臆造偏旁，混同了形体不同的字，同时也分化了形体相同的字，强异使同，强同使异，造成了汉字形体的巨大变化……结束了过去数千年古文的形体，开辟了近两千年来隶书和真书的形体。"隶书从书写笔画看，有了标准体的波、磔，其在左为平弯，逆而不顺，在楷书中变为撇；在右称燕尾的磔，在楷书中变为捺或勾挑；"左右分别，若相背然"，称为"八分"。隶书长横画有蚕头、有波势、有俯仰、有磔尾，点如木楔，竖如柱，折如折剑。从体势上看，由纵势长方的小篆，渐次变为正方，再变为横势扁方。中宫笔画收紧，由中心向左右开扩、舒展。从用笔到结体，形成一整套完整的规矩。隶书，上承篆书、古隶，下启楷书，用笔则通于行、草。

隶书（图 9-4），无论在字体的变化或规范化方面，都是非常重要的一种字体。字盘中有隶书，因为它规范化。

8. 草书

晋代卫桓在《四体书势》中云："汉兴而有草书。"汉代的草书有章草（图 9-5）、今草（图 9-6）之别。关于章草的起源，前人有种种说法，其中张怀瓘在《书断》中云："章草即隶书之捷。"从出土的实物来看，这个说法比较符合史实，章草是隶书的快写。在西

北出土的东汉简上，可以看到非常成熟的"简而便"的章草书。如果把它们和西汉史游的《急就章》、三国时吴皇象所书的《急就章》、晋代索靖所书的《月仪帖》（图 9-7）相比，血脉关系清晰可见。

在隶书和章草中已能见到今草，不能说由章草产生今草，但章草对今草的出现确实有较大的影响；从出土文物来看，隶书也直接影响到今草。草书的出现是为了适应当时"诸侯争长，简檄相传"，"解散隶体粗书"的"赴急之书"。隶书虽然写起来比小篆简便多了，但仍不能写得很快，需要一笔一画按照隶书的规矩来写，自然还是麻烦。隶书快写产生出章草，章草因为仍保留隶书的波磔，写起来仍不是十分方便。隶书在向章草变化的同时，也出现不但简化笔画，而且要去掉波磔的体势，这种变化进一步受到章草的影响，形成了更便于书写的"草书"（图 9-8），又称为"破草"。"破"字是针对章草而言，即破掉章草有特点的笔画。草书便于快速书写，并不是草率地乱写，而是有它的书写规律，张怀瓘在《书断》中曾描述过草书是："字之体势，一笔而成，偶有不连，而血脉不断，及其连者，气候通行隔行。"

9. 行书

行书（图 9-9）的出现比草书要晚，大约是汉朝末年完成的，从出土的《流沙》、《居延》、《武威》诸简中可以看到类似今日的行书字体，这说明行书

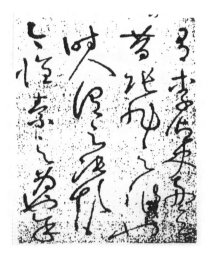

图9-8 唐代怀素狂草《自叙贴》

图9-9 唐太宗李世民行书《温泉铭》

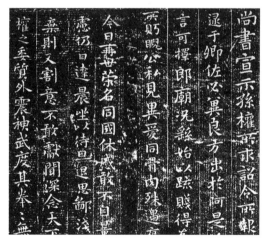

图9-10 三国时期魏国钟繇楷书《宣示表》

并非刘德升所发明，实际上行书是从隶书简化和条理中来，产生在"隶书扫地"之前。每一种字体都不可能是某个人发明的，至于刘德升，只是当时以行书闻名的大书法家。

行书萌芽于汉代，定型于汉末，到六朝王羲之的出现才臻于完成。行书由于书写速度比较快、效率高，不像隶书、楷书那样一笔一画，也不像草书那么难识。行书笔画圆润，显示出柔和和流丽的形式美。行书可随心所欲、自由地书写，并且使心绪的起伏很自然地表现在笔势之中。所以到今天，行书仍然极其广泛地应用在书法中和日常生活中，这

是其他书体所不可替代的。

10. 楷书

楷书比行书出现得更晚，也有一个发展过程。在汉隶中已有了楷书的笔意，远在标准隶书形成之前的汉人书迹中，已有了楷书或楷书因素。王国维在《流沙堕简》考释中云："又神爵四年简（屯戍丛残烽燧类第二十二）与二爨相近，为今楷之滥觞。"从汉朝末年到三国时期，汉隶失去了波磔，逐渐形成楷书书体，在楼兰发现的木简，相当清楚地说明了这种情况。

楷书，初称为"新隶"、"隶楷"，后来又叫"真书"、"正书"、"今隶"。能见到的最早的楷书是三国时期，魏国钟繇的《宣示表》（图9-10）、《力命表》、《荐季直表》。楷书结字严谨，间架方正，横平竖直，点画规则，恬淡清健，刚劲峻利。楷书从隶书脱颖而出，到发展成熟，也有个不断完善的过程，同时，也是取代隶书主体地位的过程，这个过程很长。

中国古代字体发展到楷书阶段，可以说是最规范、定型的字体，为雕版印刷用字做了文字方面的准备。实际上，雕版印书开始使用的确是楷体字，一直延用下去，直到宋体字出现，才逐渐减少。现在的印刷字体中仍有楷体字，是一种更规范的、适于阅读的楷体字，一般在表示庄重、严肃的时候使用。

有一点要指出：对于文字的演化，一般的推论是，

从古文产生小篆，从小篆产生隶书，从隶书演变到楷书，楷书快速书写就成了行书，行书的简化就演变成了草书。这个观点延续了很多年。但是，20世纪发现了汉代的简和木牍，推翻了这种说法。

11. 印刷字体

中国字体发展到楷书，雕版印刷和雕版印书，已具备了印刷的字体条件，所以在隋末唐初出现了雕版印书。在韩国东南部庆州佛国寺释迦塔内发现的《无垢净光大陀罗尼经》、咸通九年印刷的《金刚般若波罗蜜经》，这些最早用雕版印刷术印制的经书都是用的楷体字。楷书字体虽然很规矩、整齐，而不足之处是难刻。

随着印刷业的不断发展，在雕版印刷的黄金时代——宋朝，开始出现后人称为"宋体字"的一些特点的字，经过元代发展，定型于明代。这种字体亦有人称为"老宋体"（图9-11），后来又出现"新宋体"，在宋体字的基础上又衍生出长宋、扁宋、仿宋等多种变体。这些新生的字体，都是适应雕版印刷和活字印刷的需要而产生的。以后，又产生黑体字、多种美术字等等。然而，在印刷中应用最广泛的还是宋体字。宋体字的优点是规范、醒目、舒服、易读，这是其他字体所不能替代的。

字体从最初的——图画、契刻符号……到楷书、宋体字，这是一个连续的演变过程。字体是随着社会不断进步而逐步演化的，是社会发展的需要，同时也是在实用性的原则下，遗留下易读和易写的书体。字体的演化并不是为了印刷的产生而主动创造条件，但印刷需要规整的字体，文字的演化促进印刷术的产生，印刷术又促进字体的进一步发展。

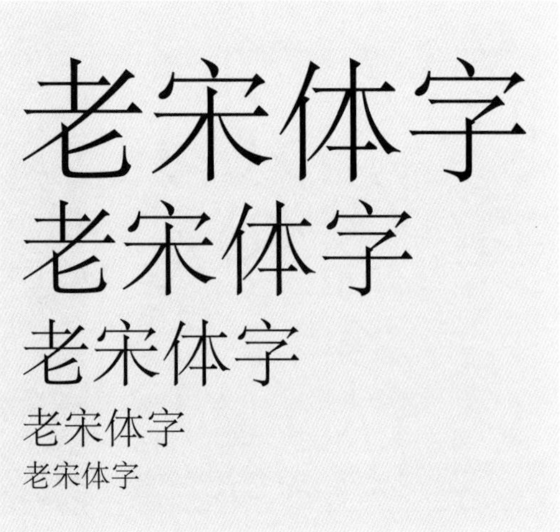

（二）雕刻术

雕版印刷的重要一环是雕刻，没有成熟的雕刻技术，无以成版，而高超的雕刻技术，尤其是文字的雕刻，是经过萌芽、雏形、发展，才走向成熟的，也有一个漫长的发展过程。

1. 石制工具

在旧石器时代，人类就开始了打制石器，主要有"尖状器"和"砍砸器"，其功能部分是锋利的尖

老宋体字
老宋体字
老宋体字
老宋体字
老宋体字

图9-11 老宋体字

和薄的刀。（图9-12）这些石器大多采用石英、绿砂岩等石料，制作还显得很粗糙，但在制作过程中已出现砍、砸和划的痕迹，这虽然还不是刻，但却是刻的萌芽。距今一万八千年的"山顶洞人"处在旧石器时代，在向新石器时代过渡的阶段，用于砍砸的大型石器已明显不占主要地位，各种功能的小型石器大量出现，其中就有雕刻器等。这说明古人已经开始有雕刻活动，主要是雕刻生活用品。

大约一万年前的新石器时代，磨制石器和原始装饰用品大量出现，石制工具的制作有了很大的进步。这种进步主要表现为磨光和钻孔技术，即在打制石器的基础上进行刮削、刻琢、钻孔、磨光等工艺。其中，刻琢就是原始的雕刻。另外，这个时期在骨角工艺和玉石工艺上，也可以清楚地看到，雕刻在装饰用品、生活用品和工具制造上的重要作用及其成果。门头沟北京猿人遗址中山顶洞人的"串饰"（图9-13）、西安半坡的石环、玉耳坠，南京阴阳营龙山文化的玉玺、玉坠，内蒙古赤峰地区发现的玉雕装饰品，辽阳牛梁河地区发现的玉雕龙等等，都说明雕刻技术已得到较为广泛的应用。只是，这时的雕刻，是现在所谓的圆雕或浮雕，还不是雕刻文字。但是，这时的雕刻工具和基本原理、基本技巧，为"雕"的进一步发展打下了基础。

打制石器

磨制石器

图 9-12

图 9-13 山顶洞人的"串饰"

图 9-14 加花印纹

图 9-15 绳纹

2. 陶器刻画

新石器时代的标志除磨制石器外，还有陶器的出现。最早的陶器实物是河南新郑裴李岗和河北磁山出土的，距今约 8000 年，有双耳壶、大口深腹罐和圆底罐、三足罐等，装饰有刻画的篦点纹、弧线纹和弧线篦点纹等。陶器上的篦点纹很明显是用利器刻画出来的，这种刻画已不同于装饰品的雕刻，出现的痕迹呈线条状，进而，向线条的雕刻迈进了一大步，此种线条称为刻画比较合适，因为刻画还是不同于线条的雕刻。刻画和雕刻虽然都有刻的成分，但是，画不同于雕；画有拖的意思，雕有镂的含义。

在黄河流域龙山文化发展的同时，长江以南地区一种用印模在陶坯上压印出几何纹的制作工艺逐渐成熟。几何印纹陶多用预先做好的印模，从出土的印模看其形状类似带把的拍子，上面刻有几何纹。拍子上的几何纹有方格纹、米字纹、加花印纹（图 9-14）、河纹、水波纹、绳纹（图 9-15）等数十种，都是比较复杂的，呈线条状。这已经不是刻画而是雕刻了，比刻画的篦点纹又前进了一大步。可以看到，雕刻向着两个方向发展：

其一是圆雕、浮雕类；

其二是线条类，或是文字，或是图画。

从第二点来讲，只有文字发展成熟、雕刻文字和图形的技术也发展成熟之后，才可能出现雕版印刷。

3. 陶文刻画

新石器时代的晚期，陶器上出现了一种符号。有的符号是用毛笔一类工具绘写上去的，有的符号是刻画的；就数量而言，刻画的比绘写的多。前文讲到，陶文是由图画向甲骨文过渡的文字的符号形式。初期的陶文符号比较简单，越往后发展得越复杂，构成一个发展序列。陶文符号的刻画，多为直画，用刀直率，很少有圆形，进刀就往前刻画，用力由轻到重，再由重到轻，自然运刀，形成两头尖、中间粗的直线条。仰韶文化的陶器符号，有的线条则显得粗，看上去很像钝刀刻画的。总之，陶文符号的线条简单，刻画单纯，是一种初刻的方法，刻画的符号是阴文正字。

陶文符号不但从形状的规律上，而且从雕刻的技术上，都为甲骨文的出现做了准备。

4. 甲骨文刻画与雕刻

甲骨文是契刻在龟甲或兽骨上的文字，一般是先用朱砂或黑墨写在甲骨上，然后再用刀刻出浅槽，也有不少是直接用刀刻成的。已发现的甲骨文刻片中，还有一些是当时学习刻写卜辞的先民练习刻写文字的作品，学者们称之为习刻或习契，大多是一些单字的重复或甲子表以及卜辞的抄刻。

甲骨契文的结构多为象形，多数字呈长形，少数略扁。在刀法上，由于镌刻工具的锐钝、骨质的松硬，以及刻者的时代风尚、审美习惯和用力轻重的不同，形成各时期不同的风格。有的雄伟豪放，有的劲峭挺拔，有的细密严整，不尽相同。总的来说，用刀方圆结合，方画居多，圆转处亦婉转有力、细劲美观、秀丽多姿、端庄灵动、古朴清新，其雕刻技术比陶文刻画要高超多了、复杂多了。可以认为甲骨文的刻画带有雕刻性，是由刻画到雕刻的过渡。

甲骨文的雕刻方法与书写顺序不同，也许在雕刻时由上而下下刀，再旋转甲骨，也许先刻好所有的直、斜笔画，再旋转甲骨，仍竖刻余下的横笔画。较小的字，采用单刀法，每一笔只刻一刀；较大的字，每一笔须刻两刀，由笔画的外沿刻下，剔去中间部分，采用双刀法，形成凹槽。雕刻甲骨的工具可能是动物的尖齿或较硬的石料制成。

已出土的甲骨有十几万片之多，出土后损失较重，未出土的也许就更多了。可见，甲骨文的契刻数量之大是惊人的，雕刻技术在甲骨文时代得到长足的发展，为金文和印章的雕刻奠定了基础。

契刻的甲骨文是阴文正字。

5. 金文范

在战国之前的青铜器上的金文（铭文），多是铸上去的，然而要铸造金文，必须要制范（图9-16），范上的字是阳文反体，有点像阳文印章。雕刻范上的字，比契刻甲骨文的技术要复杂多了：

其一，因为字是反字；

其二，范上的字的高度要比较一致。

甲骨文契刻后是直接供人看的；范上的字雕刻后，并不是直接供人看的，而是要转铸到青铜器上，

图9-16 铸铜陶范

再供人看。因为要经过转，范上的字就必须是阳文反体字，转后才能出现阴文正体字。这是雕刻技术的一次巨大飞跃，对后来的刻印章、雕版都有很大的启发。

战国中期以后，青铜器上的铭文就直接用含锡量20%～25%的青铜刀雕刻，雕刻的铭文已经是阴文正体字了。

6. 织物的雕版凸印和漏印

新石器时代晚期，我国已有较成熟的麻布和葛布织品。商代甲骨文中已有蚕、丝、桑、衣、巾等字。据《周礼》记载，周代就有"染人"和"掌染草"等词，用以表示从事印染和染料生产的人。吴淑生、田自秉在《中国染织史》一书中谈到织物印花时云："凸版印花技术在春秋战国时代得到发展，到西汉已有相当高的水平。"这在南越王墓出土的文物中得到证实，出土两件铜质印花凸版（图9-17）和一些印花丝织品，其中一件仅有白色火焰纹的丝织品的花纹与花纹近似松树形、有旋曲火焰状相吻合，正说明，是用这块版印的花纹。马王堆出土的金银色印花纱，是用三块凸版套印加工而成。

丝物的雕版凸印有两个启示：

其一是印版的雕刻，说明当时雕刻技术已很发达；

其二是通过印版上的颜色转印到织物上，这实际上是最早的在织物上的雕版印刷。

图 9-17 西汉青铜印花铜版

春秋战国之交，还有一种雕刻漏印，就是把印版按设计雕刻成透空的漏版，印几色，雕几块版，属孔版印刷，又像套色印刷。至于印版，就要靠雕刻技术了。

7. 印章

从文献的记载上，古钵可以追溯到春秋中期。从出土的文物中，大约可以追溯到商代中期。在安阳殷墟曾出土一件盖印有印陶的商代白陶残盖和三个青铜印（图 9-18）。印陶残缺三分之一，印文似为"从"字。亚形印据说为作庙宇字解，或为巫祝、司祭所守之火塘；一方为印族徽，另一方带有田字界格。

黄宾虹在《竹北栘台印存》一书中云："古昔陶冶，抑填方圆，制作彝器，俱有模范，圣创巧述，宜莫先于治印，阳款阴识，皆由此出。"唐兰认为印是由铜铭的范母演化而成。牛济普在《中州古代篆刻选》一书中云："简言之，族徽源于图腾，翻铸铜器铭文里族徽的范母就是印章的远祖。当然我们不能把这样的'范母'称为'钵'印。族徽'范母'演变为'钵'印，很重要的标志在于它脱离了翻刻铜器铭文而被独立使用，以示'凭证'并具有一定的'信'的作用。"古玺为秦代以前印章的统称，"钵"即后世的"玺"字。古文玺字或从"土"旁，即以陶土等材料制作的印章为"坏"；用铜等金属制作的印章称为"钵"。后来以玉等琢成的印章即称为"玺"。古玺有朱文玺、白文玺。制作方法多为铸印，少数白文也偶有凿印。

商　　　　战国

秦　　　　汉

图 9-18 古代印章

大多数的玺印为铸印，那么，在铸印时也必须像铸铜器铭文那样有个范母，铸印的范母和铸铜器铭文的范母是不一样的。铸铜器铭文的范母的字是阳文反体；铸玺印的范母则或是阴文正体字，或是阳文正体字。如果是阴文正体字，雕刻法和甲骨文的刻法相同，这比刻翻铸铜器铭文的范母要相对容易一些，这是其一；玺印小，铸造相对容易，青铜器大、复杂，铸造相对比较难，这是其二。所以，是先有翻铸铜器的范母，还是先有铸玺印的范母，不容易说得十分清楚。从雕刻技术来说，它们都比较接近于雕版印刷的雕刻。

8. 刻石

中国的刻石浩如烟海，其对雕版印刷术的影响很大。现存最早的文字刻石就是近似鼓形的"石鼓"。经专家考证，为公元前 344 至前 256 年间秦国之物。石鼓文是阴文正体，雕刻得端庄朴茂，笔画圆劲，气势雄强，内涵丰富。可见，秦朝时，雕刻技术已

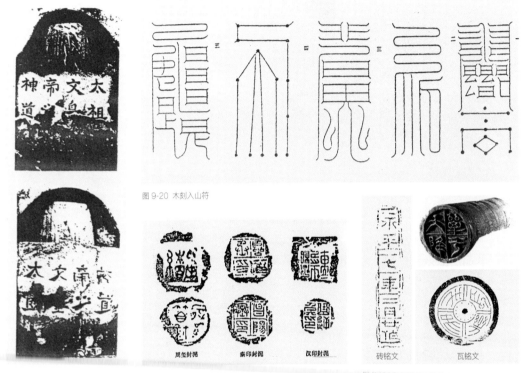

图 9-20 木刻入山符

图 9-19 梁代正书顺读与反书倒读的
华表

图 9-21 周、秦、汉三代封泥盖印印样

图 9-22 东汉砖、瓦铭文

经相当成熟了。

秦统一中国后，秦始皇巡游天下，多处刻石，为小篆体。从刻石上看李斯的小篆强健浑厚，笔画均匀，圆润而遒健，令后人极为推崇，倍加赞美，它的拓本成为后人学习小篆体的范本。人们赞美刻石的小篆体字，实际上是对雕刻术的赞美。

汉代，书都是依靠传抄，自然难免发生错误衍脱。东汉学者蔡邕用当时流行的隶书手写上石，由一批技艺高超的刻字工匠，在熹平四年（公元 175 年）开始雕刻，光和六年（公元 183 年）竣工，共刻成七经 46 块石碑，这是历史上最早、规模最大的一次文字刻石工程。《熹平石经》的刻成，为经书提供了标准文本。同时，由于刻工技术的高超，使《熹平石经》成为临习隶书的范本。以后，又有大量碑刻、摩崖的出现，随处可见。蔡邕刻石成书和后人雕版印书不尽相同，但是，也有相通的道理，都需要雕刻。一个是阴文正字，需要拓印；一个是阳文反字，需

要刷印。刻石成书，对雕版印书，还是很有启发的。

在石刻艺术中有一个特殊的现象，南北朝梁武帝时，于天鉴元年（公元 502 年），在太祖墓前树立两个华表。左华表上刻有"太祖文皇帝之神道"八个阴文正刻大字；右面华表上是阴刻反字，还是这八个大字，只要在华表上涂上墨，敷纸刷印，得到的就是正体顺读的印刷品。（图 9-19）说明在南北朝时，人们已经应用反刻文字取得正体文字的方法。

梁武帝欲宣传其死者的功德，广送诸人，需要多片，遂发明反刻倒读文字，扫拓下来可以有多片，即于碑面上涂敷墨汁，将纸铺在其上用笤帚扫纸，可得黑白分明的印片，说明当时还不会打拓法。学者疑为贝义渊发明，因贝义渊曾创有反书字体。扫拓法与刷印关系更为密切，故对雕版印刷的产生必有更明显的启迪作用。

9. 木刻入山符和督摄万机印

东晋时期，道教作家葛洪（字稚川，句容人，

自号抱朴子）所著《抱朴子》内篇载，有广四寸的枣心木"入山佩带符"（图9-20），上面刻有120个反字，印在泥土上。这实际上和雕版印刷已没有大的区别，一个印在泥土上，一个印在纸上，道理是完全一样的，雕刻方法也是一样的。

两晋时期，还有一个长一尺二寸，广二寸五分的木印"督摄万机印"，背上有鼻钮，样子像一个大印章，如果印在纸上，和雕版印刷没有多大的区别，只是它的压力要靠人去压钮，而印刷是用压力压纸，压力的方向来源不同。

（三）转印

有了雕刻技术，不会转印，仍然不会出现印刷。转印技术看似简单，其实并不简单，也有其发生、发展、成熟的历史过程。转印技术出现在雕刻之后，是随着雕刻技术的发展而发展，随着雕刻技术的成熟而成熟的。

1. 印纹陶

在龙山文化发展时期，长江以南地区一种几何印纹陶逐渐成熟，是用一种印模在陶坯上压印出几何纹样的装饰工艺。这种压印而成的装饰可以追溯到陶器的起源时期，早期的裴李岗文化的陶器就有蓖点纹、席纹、绳纹出现，这是由实物得来，并经过长期的发展提炼成为抽象的几何纹。在陶器上用印模压印出纹，这是最早的转印方法，这种转印不是颜色的转印，而是凸凹形象的转印。

2. 印花

在上一小节中讲到"织物的雕版凸印和漏印"，其中有凸版印花。在长沙马王堆出土的印花纱，就是凸版印花和彩绘技术相结合的产物。出土文物中有西汉时期漏印在织物上的敷彩纱和印花敷彩纱，这些印花织物质地精美，印制淳厚、细腻，已是工艺精良、印制精美的型版印刷品。承载物不是纸，而是丝织品，这已经是颜色的转印，从版上转印到织物上，而且是套色。陈春生先生在《中国印刷术的诞生寓于中国印染术中》一文中云："1.中国印染术中的印花术，是施之于布帛上的印刷术。2.中国雕版印刷术，祖出于印花术。"

3. 盖印章

刻印章并非为刻而刻，是需要印的，这就是盖印，也称"钤印"。最初是盖在封泥（图9-21）上，没有颜色，只要求用力盖出印痕，起封存、保密的作用。从形式上看很像印纹陶；后来模仿印章或范母制成模具，模印砖瓦（图9-22），这也是无色的压痕转印。秦以后，出现了用颜色盖印在织物上，或用黑色，或用朱砂制成的印泥。印章在印泥上捺几下，然后盖印在绢帛上，这已经是颜色的转印了。纸张出现后，逐渐形成用朱砂制成印泥盖在纸上的习惯，一直延续到现在。（图9-23）

在印章上敷涂（或捺上）颜色，再通过压力把颜色转印到纸上，与雕版印刷实质上并无大的区别，就转印复制而言，性质是一样的。在诸多的转印复制技术中，印章的盖印和雕版印刷最为接近，对雕版印刷的影响也最大。

4. 拓印

关于拓印技术出现于什么年代，有不同说法，本书采用汉代末期说。现在能见到的最早的拓片是唐太宗李世民用行书书写的《温泉铭》，原件现存法国巴黎图书馆，从理论上讲，这不是最早的拓片，真正最早的拓片还有待于文物的出土。

拓印的产生有三个条件：

(1) 先期技术的准备，如印章的盖印；

(2) 拓印的对象，如《熹平石经》《三体石经》等；

(3) 社会的需要。

古籍《隋书·经籍志》记载，当时的政府藏书中，有不少关于拓书的记载，其中就有《熹平石经》残文34卷等。东汉，《熹平石经》刻成立起来后，主要用于校正各种抄本的正误。《后汉·蔡邕传》云："及碑始立，其观视及摩写者，在乘千余辆，填塞街陌。"在碑前摹写和校对是一件很累和很繁杂的事情，非常不舒服、不方便，人们受到盖印技术的启示，会想一些合适的办法，把《熹平石经》拓印下来，回去校对就方便多了。（图9-24）

拓印也叫"打碑"、"打拓"，有的又称为"打字画"、"传拓"；拓本也叫"打本"、"脱本"、"蜕本"，有些地方又叫"捶帖"。拓印，开始是拓碑，后来又用在

图 9-23 西汉印章

拓甲骨文、青铜器铭文、图形以及刻、铸在各种材料、器物上的文字、图形等等，应用范围很广。

拓印方法现在看来颇为简单，把一张比较坚韧的纸打湿，敷在碑上，用刷子轻轻敲打，使纸入刻口，再用"扑子"蘸墨轻轻拍刷，使墨均匀粘在纸上，揭下，一张黑地白字的拓片复制完成。也有用朱色打拓的，叫"朱拓"。

拓印的方法虽然很简单，但是它对雕版印刷的影响很大，也很直接。拓印是拍刷，从这点上讲它比印章的盖印又进了一大步，更接近于刷印。拓印和刷印都有了印的含义，用的材料都是墨，都需要原版、纸，目的都是复制原版的文字或图像；不同的是，拓印的版是碑刻，凹形文字，版和墨不接触，墨是从扑子上转印到纸上去的，速度也很慢，所以不能称为刷印。拓印和刷印如此接近（图 9-25），虽然它不能称为刷印，却为雕版印刷墨的转印提供了极为宝贵的经验。

以上四小节讲的都是转印，从无色的印痕转印到有色的拍刷，这个过程是漫长的。历史上任何一个看似简单的新技术的出现，都要有一个较长时间的准备和发展过程，转印技术的完善也是这样。转印，不管是哪种方法，都需要一定的压力，在压力下完成转印，达到复制的目的。

图 9-24 汉代人在拓印石径

图 9-25 拓印样与雕印样比较

（四）工具

这里所讲的工具是个大概念，是雕版制版、刻版、印刷三个过程中用到的主要工具。

1. 毛笔

雕版印刷首先要有印版，印版和制版过程是：用毛笔在薄纸上写好文章，然后贴在木板上，或直接在木板上写反字，再行雕刻，雕刻后用毛笔刷印。毛笔在这里的主要作用是：

（1）提供标准的、易于雕刻的规范文字；

（2）是雕版插图绘画的工具；

（3）在后来的单色或套色刷印（如荣宝斋套色水印）过程中，是木版着色的工具。

2. 雕刻工具

雕版印刷的木板写好字或画好图后，要用工具

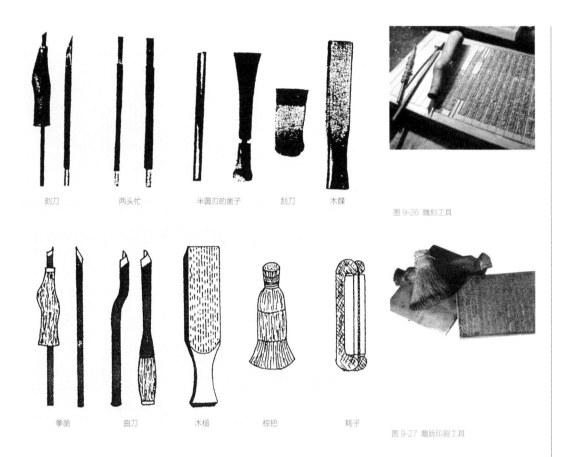

刻刀　　　两头忙　　　半圆刃的凿子　　　刮刀　　　木牒

图 9-26 雕刻工具

拳凿　　　曲刀　　　木槌　　　棕把　　　耗子

图 9-27 雕版印刷工具

雕出阳文反体的字和阳文反画的图，这就需要雕刻工具（图 9-26）。雕刻所使用的工具主要是刻刀，刻刀的形状、大小、长短、粗细各有规格，其作用各不相同。雕大字、小字，字的不同部位，雕不同体的字或图画，就要运用不同规格的刻刀。雕版内不着墨的空白部分，也要运用不同规格的铲刀、凿子、锤子等工具去掉。另外还需要锯、刨、斧子、磨石等木工工具和其他一些附属工具，如尺、规矩、拉线、木锤、木钻等等。

3. 印刷工具

印刷——把印版上的墨转印到承印物上，这就需要一些工具（图 9-27），如各种不同规格、型号的刷子，将正文转印到雕版或石面上的平刷、蘸墨的圆刷、刷印的长刷、拓墨的软垫等等。这些刷印的工具，一般多用马鬃、棕榈之类的粗纤维物质制成。印纸放在台案上，要有夹纸具；刷印时，要有盛墨、搅拌墨的工具等；也还有其他一些附属工具。这些工具各有各的用处，需要熟练掌握。

（五）印刷材料

中国古代雕版印刷材料，主要是指墨、版材和印刷承印物三大类。

1. 墨

墨在中国古代雕版印刷中有两个作用：

其一，是木板上的字需要用毛笔蘸墨书写；

其二，是刷印时，墨从印版转印到承载物上。

墨在雕版印刷中的作用是绝对不可忽视的，没有墨无以印刷。

2. 版材

雕版印刷所选用的版材，北方多用梨木、枣木等，南方多用黄杨木、梓木等。版材必须选用纹理细密、质地均匀、加工容易、便于雕刻、资源较广的木材。

雕版印刷的版，唐代有"印板"、"板印"、"雕版"之称，宋代叫法更多，有"刻梓"、"攻梓"、"绣梓"等名称，明代则称"梓行"，后来成了习惯用语。"梓行"，实际上是"刊梓印行"之意；"梓"就是印版的意思。明代人喜欢"梓行"两字连用。

3. 承印物

印刷的承印物，一般都认为是纸张，实际大不然。纸当然是印刷的最主要承印物，但在中国古代还有树皮、绢、帛等物，它们的应用比纸还早。纸发明后，印刷品，尤其是印书，主要就用纸作为承印物了。

经过了文字的演变和规范化、雕版技术和转印技术的发展和成熟、工具的齐全、印刷材料的齐备，万事皆备，雕版印刷逐渐露出了端倪，这是事物发展的规律，也是社会发展的需要。

三 雕版印刷术

印刷是一个庞大的工业体系，涉及到的门类众多；印刷的种类也很多，工艺各异。雕版印刷术只是各类印刷中最先发明和最基本的，其他门类的印刷术都是从雕版印刷的基础上逐渐演变而来的。本书的立意在于阐述中国古代书籍装帧，因为书籍装帧与印刷有着密不可分的关系，实质上，印刷也是书籍装帧的组成部分，所以，对雕版印刷不能不有个知识性的说明，也主要在于单色印刷的介绍。

印刷术的分类情况如下：

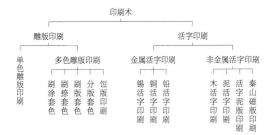

（一）单色雕版印刷术

单色雕版印刷是用一块印版印刷一种颜色的工艺技术，主要用于书籍印刷，古代也曾用来印刷书籍以外的其他印刷品。

1. 选材

雕版用材，通常用梨木、枣木和梓木，间有黄杨木、银杏木、皂荚木等。要求纤维细匀、耐印率高、易于奏刀，且释墨性均匀，松木类不合适。另外，要求所选木材干湿收缩率不大、资源丰富、价格低廉、随处可取。

2. 制版

选取有充分雕刻面积的树干，锯成约 2 厘米厚的木板，板片制作方法有二：

其一是断纹法。使用木纹横断，宜于细刻；

其二是顺纹法。顺纹直切，面积较大，且易避开中心的难镂部分。

成板后，板片放入水中，上压重物，浸泡一至数月，待木材中的树脂溶解后，取出码放数层，在无射光的通风处自然干燥，每层间要加片垫平，干燥后备用。如遇急用，可使板片在石灰水中煮三四个小时，取出放背阴处，忌在阳光下曝晒或用火烤。"木板干燥后，两面刨光，用植物油拭抹板面，再用芨芨草细细打磨，使之光滑平整。木板的规格应视书面的大小而定，一般为长方形，约宽 30 厘米，高 20 厘米，两面雕刻，每面可刻双页。"（钱存训著《中国雕版印刷技术杂谈》）

3. 雕刻

（1）写样。

（2）上版。

（3）刻版。用锋利的刻刀，把版上空白的部分刻去，保留有墨的部分，形成向上凸起的浮雕，现在称为"凸版"（图 9-28）。

（4）打空（剔空）。用曲凿将版面上没有墨线的部分凿除掉。

（5）拉线。左手压住界尺，右手持刀依界尺将版面中分行的直线与四周的边线刻出。

（6）修版。如有谬误，用手凿凿去，并向下凿成凹槽，嵌木入槽，刻出修正的字。

4. 刷印

（1）固版。将雕版用粘膏固定在案桌之上，将纸平置。

（2）刷墨。在版上刷两遍清水，雕版吸水湿润后，

图 9-28 雕版工序示意图

用圆刷略蘸墨汁涂于雕刻凸起的版面。

（3）覆纸。以纸平铺版上，纸张通常使用纸面光滑、纸质均匀、吸墨适量的竹制太史连与毛边纸、藤纸、皮纸、宣纸，多用于印刷精美的作品。有些纸经处理后，也可使用。

（4）刷印。左手扶住纸张不断移动，右手用狭刷或耙子轻轻拭刷纸背，刷印时，用力要均匀。

（5）晾干。将印好的纸张从雕版上揭起，放在平板上晾干，这时纸上的文字或图画已成为正向。

一部书有多少块版，要印多少次，每次重复上述的操作过程。全部印完，方可装订。

（二）彩色雕版印刷术

彩色雕版印刷是用雕版印刷多种颜色的工艺技术，有五种方法：

1. 刷涂套色（印后涂色）；

2. 刷捺套印；

3. 刷版套印；

4. 分版套印；

5. 饾版拱花（饾版印刷后，施以拱花压印术）。

由于彩色雕版印刷是以单色雕版印刷为基础的，这里就不详细叙述了。

四　历代的雕版印刷

雕版印刷在隋末唐初出现后，并未引起当时统治者的重视，但这一新生事物，是在技术、物质条件成熟后因社会需要而产生的，具有强大的生命力，不断地发展起来，后来得到官方的认可，官方也开始从事雕版印刷。雕版印刷开创了人类社会发展的新纪元，社会所以变得如此文明，与印刷有着直接的关系，人类和社会离开印刷是不可想象的。雕版印刷也有一个发展、完善和辉煌的过程。下面介绍一下雕版印刷在各主要朝代的情况：

（一）唐代的雕版印刷

1. 佛教印刷

唐朝初期到中期，雕版印刷技术还不成熟，没有引起统治者的重视，人们也还习惯于抄书。由于统治阶级笃信佛教，唐朝的佛教有了很大发展，雕版印刷首先为佛教僧侣所使用。

早期的佛教印刷品是将佛像雕在木板上，进行大量印刷。玄奘和尚从印度取经回来后，用回锋纸印菩贤像，施于四众。从敦煌发现的五代印刷品中，就有上图下文的菩贤像，可能和玄奘和尚所印的菩贤像相似，只是玄奘印的只有像，下面无文字。

现存最早的印刷品，是 1966 年在韩国庆州佛国寺释迦牟尼塔内发现的《无垢净光大陀罗尼经》（图9-29）。经卷纸幅共长 610 厘米，高 5.7 厘米，上下有边，画有界线。经文用一组木版印刷，木版共有12 块。经文为楷书写经体，笔画遒劲，字上有明显的木纹，刀法工整，这件印刷品的年代应在公元 744至 751 年，是这时期最有代表性的印刷品。潘吉星、李致忠、张树栋等几位学者认为刻印时间应是公元702 至 704 年。

日本东京书道博物馆藏有武则天时期的印刷品《妙法莲华经》，以黄纸印刷，卷轴装书，内容是"如来寿佛品第十六"及"分别功德品第十七"。

唐代中期至末期为雕版印刷快速发展时期，代表性的印刷品是咸通九年（公元 868 年）印刷的《金刚般若波罗蜜经》。《金刚经》卷长 16 尺，由 7 个印

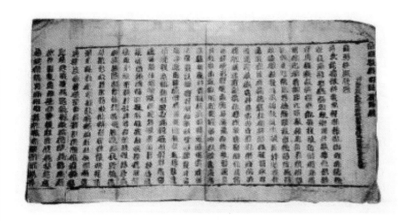

图 9-29
现存韩国庆州博物馆的唐早期印刷品
《无垢净光大陀罗尼经》

张裱贴而成，高 1 尺，卷首有扉画，内容是佛教创始人释迦牟尼在祇树给孤独园长老说法，扉画左面是《金刚经》的全文。文字为楷书，末尾明确题有"咸通九年四月十五日"字样。原物现藏英国伦敦博物馆。

《陀罗尼经咒》为唐代印刷品，约一尺见方，上刻古梵文，四周和中央印有小佛像，现藏四川博物馆。梵文《陀罗尼经咒》为唐代早期印刷品，全长 27 厘米，宽 26 厘米，麻纸，印本全图布局分三个部分，印文四边以三重双线为边框，其间布满莲花、花蕾、法器、手印、星座等图案。

汉文《陀罗尼经咒》印本为长方形，边长 35 厘米，中心长方框内为人物绘像，经咒咒文环绕于四周。四周边框有一圈佛手印契，栏边各有手印 12 种。

上述两件雕版印刷品的具体年代，目前考古学界尚有不同意见，但都认为是唐代印刷品的意见是一致的。

2. 其他印刷

唐代，社会上的印刷品已很广泛，有历书、诗文著作、传记、字书、韵书之类的工具书，道家、道教的各种著作、杂书，名目很多，还有最早的雕版印刷的报纸（图 9-30）等等。

3. 刻印机构和地区

唐代，社会上从事雕版印刷的主要有两部分人，即僧院僧侣和民间坊肆的工作人员。寺院主要刊印宣传佛教方面的书和单种印刷品；民间坊肆主要刊刻社会上需要的书籍和各种印刷品。

唐代没有出现官方刻书。

唐代刻书是以京城长安为中心，逐渐向各地延伸，洛阳也有印刷业存在。唐代中期，印刷业最集中的是四川。从唐代遗存下来的实物中，可考的刻家有"西川过家"、"龙池坊卞家"、"成都府樊赏家"、"京中李家"等。

（二）五代的雕版印刷

五代，在中国历史上只有短短的 50 年，在中国印刷史上却占有重要的地位。上承唐朝，下启宋代，并开创了政府组织大规模雕版印刷儒家经典的先例。

1. 雕版印刷儒家经典

五代后唐时期，宰相冯道组织刻印儒家经典著作，由政府出面，并经过严格的校勘，目的是提供一种范本。后唐长兴三年（公元 932 年），政府又批准依《石经》文字刊刻《九经》，用了 21 年的时间才全部完成，共印经本 12 部。

由政府组织雕印儒家经典，历史意义很大：

其一，开创了儒家经典采用雕版印刷的先河；

其二，雕版印刷术已得到政府的重视。

从此产生了政府刻书事业，最高学府国子监是刻书的主体机构。中国书籍流通和文字传播方式，开始进入一个新阶段，将由印刷方式代替手工抄写方式。

2. 佛教印刷及其他印刷

五代时期，佛教印刷很兴盛，敦煌石窟中发现不少佛教印刷品，如《大圣文殊师利菩萨像》、《大圣毗沙门天王像》、《金刚经》、《圣观自在菩萨像》、《大慈大悲救苦观世音菩萨像》等等。多是上图下文，

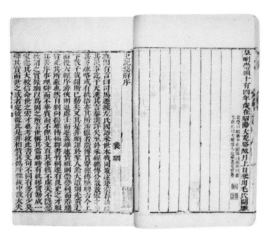

图 9-30 唐玄宗时期的《开元杂报》

《史记》池阳刻本

《文选》象州刻本

图 9-31 宋代桐州刻本

构图复杂，且有装饰性。钱弘俶于公元 965 至 975 年刻有《宝箧印经》，卷首有扉画。吴越国的名僧延寿和尚，也刻印了大量的经文。

五代还刻印一些文学著作，如《斩蛇剑赋》、《人生几何赋》、《徐寅赋》、《钧矶文集》等等。

3. 私家刻书

五代时期，士大夫阶层有了出资刻书的人，如：知玄出俸刻《道德经广圣义》；毋昭裔令门人书《文选》、《初学记》、《白氏六帖》，并雕版印刷；蜀主孟昶刊刻九经；和凝把自己的著作雕版印刷数百部，赠送友人；和尚县域为他师父贯休将其诗稿一千首题名《禅月集》，雕版印刷；石敬瑭曾命人刻印老子《道德经》雕版印刷等等。

4. 刻印地区

佛教刻印多在敦煌、浙江及江苏、闽南一些地区，中心为杭州；金陵是南唐的都城，也有印刷活动；福建已有私人印刷作坊。五代时期，成都、杭州成为两大印刷基地，并造就一批高超的刻印名匠。

（三）宋代的雕版印刷

宋代（公元 960-1279 年），是中国雕版印刷高度发展的阶段，全面开展政府刻书事业，私家私坊刻书也进一步得到发展，刻书的内容和范围更加扩大，品种繁多。

1. 官方刻书

宋代官刻书沿袭五代形成的机制，国子监继续为中央刻书机构，刊刻的书，世称"监本"，除儒家经典之外，扩大到史书、医书和其他各类著作；中央政府其他部门也刻书，如崇文院、秘书监、太史局、德寿殿等部门，主要刻经、史著作；地方官也刻书，如公使库刻书，各路使司刻书，各州（府、县）刻书，州（府、军）郡、县学刻书。叶德辉先生在《书林清话》及《中国善本书总目录》中，有较为详细的记载，书目很多。（图 9-31）

2. 私家刻书

"私刻本"流传下来的很少，大部分见于南宋。这类印本多分布于浙江、福建、江苏、四川等地。私宅家塾刻书，最著名的有岳珂的相台家和廖莹中

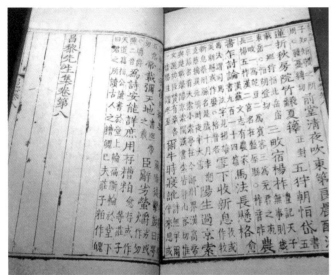

图 9-32 宋代池州刻本《昌黎先生集考异》

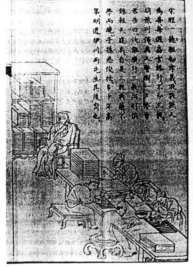

图 9-33《阴骘文图注》一书中洛阳人程一德家雇工刻印书籍的情况

的世彩堂刻本。还有很多家私宅刻书，也刻了很多种类的书，如池州张洽刻《昌黎先生集考异》(图0-33)。私宅刻书，刻印质量都十分精美，在《阴骘文图注》一书中，有一幅描绘程颐、程颢的父亲程一德家雇工刻版印书的插图(图 9-33)。

3. 坊肆刻书

坊肆是以刻印书籍为业的手工业式的印刷作坊。坊肆刻书是从宋代开始的，称"坊刻"，其目的是为营利。坊肆又称书肆、书林、书堂、书棚、书铺、文字铺、经籍铺等。其中最著名的是浙江临安（杭州）（图 9-34)、福建的建阳和建安、四川三地，还有汴梁、建康、潭州、徽州、吉州、抚州、潮州，以及河南、江苏、江西、湖南、安徽等地区。

坊肆刻书的内容很广泛，不但有经、史、子、集及各种儒家著作，也有各种医书、技术书、话本及民间读物、佛经等。福建的刻本称"闽本"、"建本"或"建安"；所称"麻沙本"者，专指建阳麻沙镇及附近刻印的版本，由于刻印质量差，几乎成了刻版、印刷、用纸质量低劣的版本的代名词，实际上他们刻印的版本也有好的，只是太少。建安、建阳书坊刻书，最有名的是余氏各书坊。杭州的印书坊中，最著名的是陈姓各家字号，还有临安府荣六郎书籍铺，四川有西蜀崔氏书肆。

4. 佛经印刷

宋代，政府非常重视刻印佛经，并出资刻印佛经，印刷规模很大，分布地区很广泛。

开宝四年（公元 971 年），政府在成都组织雕印《大藏经》，历时 12 年完成，共雕印版 12 万块，规模浩大。这部藏经称为《开宝藏》或《蜀藏》，是我国历史上第一次刻印的最大规模的佛经总集。

福州进行过两次佛经总集的雕印，其次是福州城外白马山东禅寺院住持慧空大师冲真、智华、契璋等通过募捐、化缘而雕印的《大藏经》，历时 23 年，历史上称其为《大崇宁藏》或《福州东禅寺万寿大藏》。又一次是福州开元禅寺由民间集资雕印的《毗卢大藏经》，历时 39 年，比《开宝藏》多 1000 余卷，经折装书。

南宋中期，由碛砂延圣院设经坊，施主捐赠开始刻金藏，历时 91 年，刻成《碛砂藏》(图 9-35)，共 6312 卷，经折装书，有 591 函。

宋代还有其他佛经雕刻，有单卷及单页佛像刻印，遍及各地。也印有几部道教著作，最大规模的是刻印于宋徽宗政和年间的《万寿道藏》。北宋还刻有《金刚般若波罗蜜经》。

图 9-34 宋代杭州陈宅书籍铺刻印的《唐女郎鱼玄机诗集》

图 9-35 宋刻《碛砂藏》

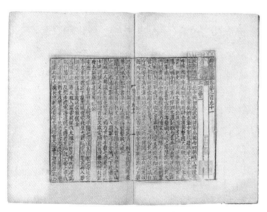

图 9-36 宋刻《册府元龟》

宋代，编纂、雕印了四部大书和《资治通鉴》：

《太平御览》1000 卷，编纂历时 6 年，此书对考订家、考古家非常有用，是一部研究学术的参考书，以后印有不少版本。

《太平广记》搜寻古来奇文秘籍，也有不少典故，盖小说家之渊海也。明代中叶，方得以刊行流传，有很多版本。

《文苑英华》1000 卷，历时 5 年编成，都是诗文、文选，版本很多。

《册府元龟》（图 9-36）1000 卷，历时 8 年编成，是一部古籍的大书，作为君臣的鉴戒，取"前世不忘，后事之师"之意，版本很多。

《资治通鉴》294 卷，历时 19 年由司马光主编成书，这是一部按照年、时、月、日次序纪事的通史著作，并具有很高的文学价值，版本也很多。

宋版书，因为校勘认真，刻印一丝不苟，受到历代藏书家的称赞，明谢肇淛在《五杂俎》中云："书所以贵宋版者，不惟点画无讹，亦且笺刻精妙，若法帖。"明高濂在《遵生八笺》中云："宋元刻书，雕镂不苟，校阅不讹，书写肥细有则，印刷清朗，况多奇书……"明屠隆在《考槃余事》中云："宋书，纸坚刻软，字画如写，用墨稀薄，虽着水湿，燥无湮迹，开卷书香自生异味。"清孙从添在《藏书纪要》中云："南北宋刻本，纸质罗纹不同，字画刻手古劲而雅，墨气香淡，纸色润，展卷便有惊人之处。所谓墨香纸润，秀雅古劲，宋刻之尽妙矣。"清乾隆皇帝评价宋版书时云："字体浑穆，具颜柳笔意，纸质薄如蝉翼，而文理坚致"，"观其校之精，写之工，镂之善，勒而致矣"，"字画工楷，墨色如漆"。历代文人、名家对宋版书的评价很高，评语也很多。宋版书非常珍贵，在明代就"寸纸寸金"。

（四）辽金西夏和蒙古时期的雕版印刷

1. 辽代的雕版印刷

辽代的雕版印刷能力相当雄厚，除官方印刷机构外，还有寺院印刷和私人作坊。主要集中在汉族集居区，即以范阳（今涿州）为中心和山西北部为中心。

辽代，雕版印刷工程最大的要算《辽藏》（也称《契丹藏》），有 5000 卷。这是根据宋刻《大藏经》翻刻的，全部用汉文，卷轴装书，圆木轴，有的尚存卷首画、竹刻签杆、编织飘带。

图 9-37 辽代由卷轴装改为经折装的《妙法莲华经》

《妙法莲华经》18 卷，用硬黄纸、楷书，行格疏朗，有素雅单线边框的，有装饰金刚杵和祥云纹双线双框的，有双线边框中饰以金钢杵和宝珠文的……内涵十分丰富。有一册《妙法莲华经》由卷轴装改为经折装，并在书册右上方穿一提耳。（图 9-37）

《蒙求》是蝴蝶装的辽版书籍（图 9-38），楷书字体，工整严谨，版心刻有版码，边框左右双边，上下单线，无栏线，每段四字，版式倒也显得疏朗、整齐。

辽代，有明确纪年的是《上生经疏科文》（图 9-39），卷尾题记为"时统和八年（公元 990 年）岁次庚寅八月癸卯朔十五日戊午故记……"这是辽代最早的经书，还有《玉泉寺菩萨戒坛所牒》等。

辽代的雕版印刷品，集中在三座辽塔内，即山西应县佛宫寺释迦塔（俗称应县木塔）、河北丰润天宫寺塔、内蒙古自治区巴林右旗庆州释迦佛舍利塔（俗称庆州白塔）。

2. 金代的雕版印刷

（1）官方刻书。金代政府对图书典籍的收集与保藏十分重视，还不断翻译宋朝的书，并刻印成册。金代印书以汉文为主，也有用女真文雕版印刷的。政府的印刷，主要在中都（大兴府，今北京）和南京（今开封）两地。金代刻书的内容，除经、史、诸子之外，医书、类书、字书、诗文集的刻印也很多。

（2）民间刻书。金代的民间印刷主要集中在中都、南京、平阳（今山西临汾）、宁晋（今河北宁晋）等地。

图 9-38 蝴蝶装辽版书《蒙求》

民间雕刻印书的内容十分丰富，形式多样，思想比较开放，不固守陈规，勇于创新。

（3）佛教刻书。金代的宗教印刷占有重要的地位，尤以佛教印刷最为兴盛。佛教雕版印书和单图印刷数量很多，如《四美图》、《关羽图像》为金代平水刻的两幅版画，现藏圣彼得堡博物馆。佛经中规模最大的是《大藏经》的雕刻，也称《赵城藏》。雕刻历时 30 多年，由民间捐款、捐物，十分踊跃，现在藏有 4482 卷，失散近半。《赵城藏》的扉画十分精美，字体朴劲。还刻印有《大方广佛华严经合论》等。道经印刷不及佛经的规模大，最著名的是《大金玄都宝藏》，共 6455 卷，602 帙。还有《太清风露经》等。

（4）其他刻书。金代的雕版印书很多，有《新刊

图 9-39 现存最早的辽刻本《上生经疏科文》

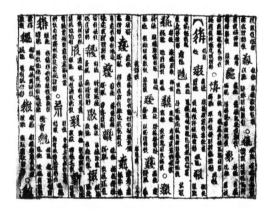

图 9-40 西夏韵的书刻本《文海宝韵》

补注铜人腧穴针灸图经》、《萧闲老人明秀集注》、《重刊增广分门类林杂说》、《刘知远诸宫调》、《新刊图解校正地理新书》、《新修累金引证群籍玉篇》、《重修政和经史证类备用本草》等。

金代刻书内容十分广泛，出现一批"重修"、"新刊"、"音注"、"节要"、"图解"之类的书，并注意多出大众喜闻乐见的书籍，既可以活跃市场，又可以传播知识、发展学术和提高社会文化水平。

3. 西夏的雕版印刷

西夏几乎与北宋同时存在，京城设在兴庆府（今宁夏银川）。

(1)官方刻书，是指西夏政府"刻字司"刻印的书。以刻西夏文为主，其内容主要为语言文字、历史法律、社会文学和翻译汉儒家典籍等，还有适用于学校教学和科学实用的书籍。如《天盛律令》《文海宝韵》（图9-40）、《音同》等。

(2)私家刻书，为个人出资刻印的书，多为民间著

述而不能在"刻字司"刻印者，如最著名的西夏人学习汉文的通俗读物《番汉合时掌中珠》。

(3)寺院刻书，主要有两种情况，一种是皇室重大法律活动刻印的佛经，一种是寺院为弘扬佛法而刻印的佛经。西夏贺兰山佛祖院是西夏汉文佛经刻印中心，刻印了《西夏藏》。后来，又出土了《佛母大孔雀明王经》、佛经图解本《观音经》、泥活字版西夏文《维摩诘所说经》（图9-41）、木活字西夏文佛经《吉祥遍至口和本续》及西夏文雕版残片、西夏刻印的经折装佛经及《杂字》、日历等等。

(4)其他刻书。西夏的统治者有较高的素质，多次向北宋购书，北宋也向西夏赠书，如赠《大藏经》、《九经》等。西夏为了发展自己的出版事业，刻书范围也很广泛，有佛经、字书、儒家著作、历史、政治及兵书、律令、实录、天文历法、诗歌、医书等等。

西夏现存刻本有数百种之多，既有雕版印刷的书，也有泥活字、木活字印刷的书，这些书多为首尾不全的残本，从中可以看到，西夏后期印刷事业的繁荣。

西夏书写多使用竹笔，特点是"起落顿笔，转折笔画不圆"。它与宋体字不同，有人称为"写刻体"。印刷多用麻纸，笔授（书手）、刻工多为汉人，书籍装帧多为卷轴装、经折装、蝴蝶装、包背装和梵箧装等。他们的蝴蝶装、包背装与宋朝的不同。

4. 蒙古时期的雕版印刷

历史上将改国号为"元"之前的"蒙古汗国"称为蒙古时期。刻书传世较少，主要有《重修政和经史证类本草》、《析城郑氏家塾重校三礼图集注》、《玄都宝藏》、《大方广佛华严经》、《尚书证疏》等。

刻书有寺院刻本，也有私刻本。

（五）元代的雕版印刷

忽必烈统治的大蒙古国，公元1270年灭掉南宋，建立元朝的统治。元代初年，统治阶级很重视书籍和刻书，并继承宋代遗风，官刻、家刻和坊刻都得到恢复和发展，使雕版印刷事业又重新振兴起来。元代在印刷技术方面的最大成就就是王祯创造的木活字及转轮排字盘，在雕版印书方面，主要是朱墨套印方法。

图 9-41 西夏泥活字本《维摩诘所说经》

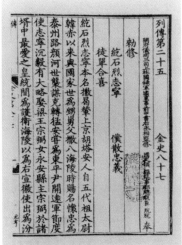

图 9-42 元代杭州刻印的《金史》

1. 官方刻书

官府刻书机构有中央政府和地方政府之分：

(1)中央政府刻书称为"官刻本"。元朝初期，政府重视搜集宋朝的刻版进行印刷。以后，建立了一些机构，印刷了一些书籍，并不很多。中央也曾到杭州组织印书，精选高手工匠，依式镂版，用上色高级纸印刷，所刻印的书籍可以和宋版书比美，如《大德重校圣济总录》、《金史》（图 9-42）、《农桑辑要》、《宋史》等。中央政府还刻了《胡三省资治通鉴》《元史》、《圣济总录》、《伤寒论》等书。

(2)地方政府刻书，主要是指各路儒学刻书和书院刻书。各路儒学刻书，由经、史、子、集来看，数量大，涉及各个知识门类。如《春秋比事》、《南轩易说》、《汉书》、《隋书》、《十七史》、《玉海》、《困学纪闻》、《陆宣公集》、《北溪先生大全文集》等。书院刻书者有卢陵兴贤书院、广信书院、龟山书院、豫章书院、临汝书院、西湖书院等等。其中刻书最多、质量最精的是杭州西湖书院，如《文献通考》、《国朝文类》等。

其他书院还刻有：《濂南遗老集》、《稼轩长短句》（图 9-43）（行书刻印）、《经史证类大观本草》、《校证千金翼方》、《广韵》、《书集传》等等。

2. 私家刻书

元代，各地刻书成风，官府倡导于先，私人随之风行于后。私家刻书的人很多，主要有：岳氏荆家塾本、平水进德斋曹氏、东平东思敬、吉安王常

于等，叶德辉《书林清话》记载的私人刻书者有 40余家。私家刻书有：《春秋经传集解》、《史记集解附索引》、《山海经》、《伤寒论注解》、《翰苑英华中州集》、《孔子家语》、《易学启蒙通释》等等。元代私家刻书很多，质量高的为数也不少，有的书甚至超过宋版书。元代私家刻书延续时期很长，有的甚至到明代弘治年间还在刻书。

元代，个人出资刻书，质量一般都比较好，殊为认真，一丝不苟，写、刻俱精，其刻版、印刷质量都超过政府刻印本。

3. 坊肆刻书

元朝坊肆刻书非常发达，比宋代有过之而无不及。著名的有：叶日增广堂、刘君佐翠岩精舍、广勤堂、余氏勤有堂、刘氏月新堂、虞平斋务本堂等等。刻印有《赵子昂诗集》、《关大王单刀赴会》图录、《中州集》、《尚书注疏》、《广韵》（图 9-44）、《新刊王氏脉经》等等。元代坊间刻书最有名的是建安余氏勤有堂，刻有《集千家注分类杜工部诗》、《国朝名臣事略》等。坊肆的刻印以营利为主，求工省价廉，质量一般，不如官刻本；也有刻印精美的书，比较少。

4. 宗教刻书

元代，统治阶级崇信佛教，大量刊印佛教典籍。最有名的是杭州路刊印的《普宁藏》历时 49 年刻成，共 5931 卷，560 函，5368 册，经折装。《碛砂藏》（历

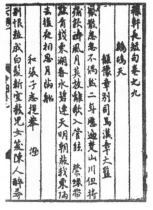

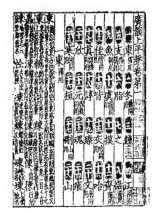

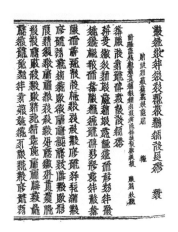

图 9-43 元代用行书刻印的《稼轩长短句》　　　图 9-44 元代翠岩精舍刻印的《广韵》　　　图 9-45 元代杭州刻印的西夏文《大藏经》

时 98 年，经历两个朝代，共 6362 卷，1532 种，591 函，经折装）、《大方广佛华严经》、西夏文《大藏经》（图 9-45）、《梁皇宝忏》、《毗卢大藏经》、《华严道场忏仪》等等。元代统治者对道教几经限制，使其势力大大削弱，道教版本及印本，多被焚烧，更谈不上重刻印刷了。

5. 其他刻书

元代的刻书内容除经、史以外，还有农业书籍、子书、韵书、史书、科举应试参考用书、模范文章选集、医书、类书、诗文集、戏曲、小说等等，而且出现了插图戏曲本、话本等。还出现套色印刷，如朱墨双色套印的《金刚经注》。元代还刻有《龙龛手鉴》（图 9-46）。

元代刻书的地区比较普遍，仍以福建建阳和山西平水最为繁荣兴旺，浙江、江西、江南、江东、湖广各地刻书方面都有发展，北方形成以北京为中心的刻书地区。

元代，在书籍装帧方面主要是卷轴装书、经折装书和蝴蝶装书，偶有梵箧装书，并出现一种新的装订方法——包背装。卷轴装和经折装主要为佛经所采用，一般书籍多用蝴蝶装。

（六）明代的雕版印刷

朱元璋推翻元朝的统治以后，建立明朝。明朝统治者很重视前代遗留下来的书籍印版，都集中于西湖书院，又刻了新版，印了不少书籍。后将书版全数运往金陵（今南京），保存在国子监内。明朝有北京、南京两个国子监，简称南监、北监。明代刻书，沿袭宋元习惯，有官刻、私刻和坊刻。官刻本着重经史典籍；私家刻本以名家诗文为主；坊间刻本，除经史读本和诗文以外，还有小说、戏曲、酬世便览、百科大全之类的民间读物。明代印书颇多，是我国古代印刷业和印刷技术发展的高峰。

1. 官方刻书

中央政府刻书即皇室刻书。大部分是以皇帝名义编著有关政教礼制的书；中央政府各部院、都察院等机构也都刻书；国子监接受遗版，继续印刷或重刻、新刻，如南京国子监刻印《三国志》，北京国子监刻印《南齐书》；地方政府和各地儒学、书院、监运司等也都刻印书籍。官本中特别应当注意的是藩王府刻印书，规模很大，品种很多，门类庞杂，质量高，历史悠久，有些书是藩府首次刻印，藩府本很珍贵。藩府刻本著名的有《普洛方》医书，四周为双边，版心上刻字数，下刻刻工姓名，小题上刻有花鱼尾，颇有元代遗风。藩府刻本很多，《中国古代印刷史》一书中载有"明代藩府印书概况"表，详细介绍藩府刻本。

2. 私家刻书

明代，私人刻本非常盛行，私人刻书家也往往是藏书家。他们学识渊博，刻书态度比较认真严肃。

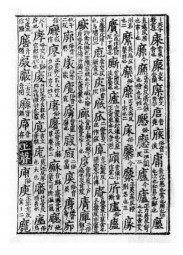

图 9-46
元刻本《龙龛手鉴》

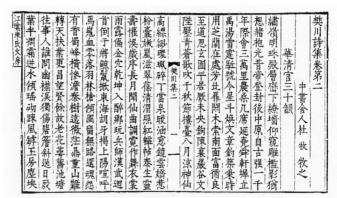

图 9-47 明江阴朱承爵刻《樊川诗集》

主要私人刻书家有：江阴朱承爵，刻印《浣花集》《樊川诗集》（图 9-47）等，为明代初期私家刻本最为精美的代表；江阴涂祯、昆山叶氏绿竹堂、金台汪谅、震泽王连喆、福建汪盛等几十家，刻有《文选》《盐铁论》《云仙杂记》《文选六臣注》《前汉书》等等。明代后期影响较大的是私人刻书家毛晋，共刻书有 600 多种，流传广远。毛氏刻书，于版心下方都有"汲古阁"或"绿君亭"室名，如《明僧弘秀集》《十三经注疏》《十七史》等等。毛氏定造的薄纸叫"毛边"，厚纸叫"毛太"，这一名称现在仍然沿用和生产。

3. 坊肆刻书

明代坊刻十分发达，分布地区广泛，种类很多，有医书、科举用书、小类书、戏曲、小说等。主要书坊有：建阳地区书坊（书坊很多，历史悠久）；金陵书坊很多，富春堂刻带插图的《绨袍记》四卷，世德堂刻《西游记》；北京书坊多在正阳门、琉璃厂一带，岳家书坊刻《全像奇妙注释西厢记》（图 9-48）、北京书坊汪诗刻《文选》等；杭州书坊也很多，刻书最多的是胡文焕的文会堂，刻有《文会堂诗韵》《历代统谱》等，容与堂刻印《红拂记》等；徽州书坊刻书最多的是吴勉学师古堂，还有汪廷讷环翠堂，质量力争精湛，书中插图十分精美。

4. 释藏、道藏的刊刻

明代，建国初年刻有：《南本大藏经》（简称《南藏》），成祖永乐年间刻藏经《北本大藏经》（简称《北

藏》），万历年间刻有《武林方册大藏经》和《嘉兴楞严寺方册大藏经》等。《南藏》刻版用 32 年，有 6331 卷，1625 部，630 函，梵箧装书。《北藏》刻版用 29 年，正统五年（公元 1440 年）刻成，也称《正统藏》，有 6361 卷，636 函。《正统道藏》刊刻 1 年，共 5305 卷，480 函，梵箧装书。内府刻有《道藏阙子》（图 9-49）。

5. 饾版、拱花印刷

明代，套色印刷技术发展很快，达到较高水平，套印图书很普遍，而且出现插图的彩色套印。对其做出突出贡献的是明代后期的胡正言，他所采用的"饾版"、"拱花"印刷新工艺，将我国古代印刷技术，提高到一个新水平。

什么是"饾版"印刷？罗树宝在《中国古代印刷史》一书中说："所谓'饾版'印刷，就是按照彩色绘画原稿的用色情况，经过勾描和分版，将每一种颜色都分别雕一块版，然后再按照'由浅到深、由淡到浓'的原则，逐色套印，最后完成一件似乎原作的彩色印刷品。由于这种分色印版类似于饾钉，所以明代称这种印刷方式为'饾版'印刷，也称为彩色雕版印刷，清代中期以后，才称为木版水印。"

胡正言研究和试验的木版彩色印刷技术——拱花印刷，能表现深浅层次的彩色变化，在印刷史上占有重要的地位。拱花印刷技术经过不断地改进，已成为压凹技术，现在在书的封面、包装品、年历

图 9-48 明金台岳氏刻本《全像奇妙注释西厢记》

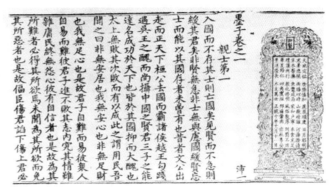

图 9-49 明内府刻印的《道藏·墨子》

卡等印刷品上,还在继续使用。现存最早的木版彩色印刷品是天启六年(公元 1626 年),由漳州人颜继祖请江宁人吴发祥刻印的《萝轩变古笺谱》,比《十竹斋笺谱》早出版一年。

这项技术,推动了国画复制、年画和书法的发展,上海朵云轩、北京荣宝斋继承了此项技术,还在从事彩色木版水印,逼真地、高水平地复制着中国画和书法等。

(七)清代的雕版印刷

清代的刻书事业沿袭了明代机制,有官刻、家刻、坊刻三个各具特色而又互相补充的组成部分。清代初期,印刷业的发展达到顶峰,以后就逐渐衰落。

1. 官方刻书

清代初期,政府刻书主要集中在内府,刻本的字体、版式,大体上和明"经厂本"很相似。后来由武英殿承担刻书,故称"武英殿本"、"殿本"。武英殿刻书成为清代中央官刻书的主要代表,主要刻皇帝著作,重刻前朝的各类著作、方略、记略著作、字书、类书、丛书、诗文集、天文历象等有关书籍。

《古今图书集成》是康熙钦定的书,它是中国现存规模最大、最完整的一部类书,字数多达 1 亿 6 千万,全书 10000 卷,目录 40 卷,计 6190 部,用铜活字排印。殿本书还刻有《资政要览》、《圣祖御制文集》、《钦定诗经传说汇纂》、《二十四史》、《亲征平定朔漠方略》、《武英殿聚珍版丛书》、《武英殿聚珍版程式》(图 9-50)等。殿本书刻印量很大,品种十分丰富,且都刻工精细,既有雕版印刷,又有铜活字、木活字印刷。

清代内府刻书,除殿版刻本之外,还有扬州诗局承刻的书籍,世称扬州诗局本。所印各书校刻俱精,工楷写刻,有的蝇头细字,秀丽天成,极为精美,如《佩文斋画谱》、《词谱》、《历史题画诗类》、《渊鉴类函》等书。地方官书局后来也刻印了不少书,其中浙江官书局刻书校勘精审,字体秀丽,刻印精良,胜过金陵官书局刻本,在"局本"中居重要位置。还有浙江官书局、湖北官书局、湖南官书局、江西官书局、广雅书局等,都刻印了不少书,如《钦定七经》、《康熙字典》、《王船山遗书》、《全唐诗》、《婺源山水游记》等等。清代,地方官书局刻书,成为清代后期地方官刻书的重要代表。

2. 私家刻书

清代的雕版书籍,以家刻本最为珍贵。一类是文人所刻自己的著作和前贤诗文,手写上版,即所谓"写刻"。因选用纸用墨俱佳,是刻本中的精品,世称"精刻本";另一类则是考据、辑佚。校勘学兴起之后,藏书家和校勘学家辑刻的丛书、逸书或影摹勘校时印的旧版书。"精刻本"多由名家精心缮写,写刻工整秀丽,用软体字书写,字体秀美,笔力遒劲,刊刻极精,纸墨版式无不精雅悦目。

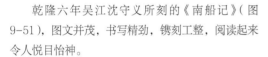

图 9-50　清武英殿木活字版《武英殿聚珍版程式》

乾隆六年吴江沈守义所刻的《南船记》(图 9-51)，图文并茂，书写精劲，镌刻工整，阅读起来令人悦目怡神。

清代私家还刻有《知不足斋丛书》《艺海珠尘》、《古文苑》《汉学堂丛书》《台州丛书》等。清代，比较著名的私人藏书家、刻书家主要有：金山钱氏刻书最多，延续最久；知不斋主鲍廷博；丛善堂主张海鹏；黄丕烈字绍武，号荛圃；孔继涵字体生，号葒谷；卢见曾字抱孙，号雅雨；吴骞字槎客，一字蔡里，号兔床；阮元字伯元，号芸台等等。私人刻书俱书写秀丽，刻印俱佳。

这里特别要介绍一下校勘学家——顾千里。顾千里从小遍读程士诠家藏书，又尽窥黄氏所藏珍秘，后在汪士钟艺芸书舍督工校勘，校勘极精细，博学多识，刊刻了很多极有价值的书。清代私人还刻印大量丛书，尊重古刻本，出现一种影刻宋本的风气。清代私人刻书不但精美，且数量甚大。

3. 坊肆刻书

清代的坊间刻书更为兴盛，刻书数量特别大。清代书坊经营最久的要算"扫叶山房"。最初设在苏州，刻有《绣像评点封神榜全传》等书，刻印字画清晰。清代中叶，苏州书坊林立，成为当时刻书的中心地区之一。道光以后直到清末，书坊仍以南北两京和苏、扬二州为中心。晚清，书坊刻书最多，发行面最广。

清代书坊刻书十分活跃，民间大众读物，诸如小说、戏曲、唱本、医方、星占、类书、日用杂书等，多由书坊刻印出版，刊刻有《东都事略》、《四朝别史》、《千家诗》、《童蒙四字经》、《医学入门》、《四体字法》、《晁经》《抱朴子》《说呼全传》、活字本《红楼梦》(图 9-52)、《书经》等等。

4. 佛经刻书

康熙皇帝下令刻印《大藏经》，历时 4 年刻完，共刻梨木 79036 块（双面刻，实为 154211 块）版，共 7168 卷，正楷字，经折装。《满文藏》的工程也十分浩大，全书按照汉文《大藏经》翻译刻印；《藏文大藏经》历时 10 年完工；乾隆版《大藏经》(《龙藏》)（公元 1736-1795 年）开刻于雍正十三年，完成于乾隆三年，共 718 函，7168 卷。康熙五十六年（公元 1717 年），北京刻印《藏文六字真言经》等。其他一些寺院也曾进行过刻印佛经的工作，至今有的寺院还藏有印版。

5. 图版印刷

清代图版印刷，其刻版质量不如明代后期的精美，一些优秀的刻工技艺，很多都失传了。殿版图书，多附有插图，活字本印刷时，插图仍用木板雕刻。民间插图印刷品中，表现人物的不但数量多，刻版水平也有一定的提高。历史小说中多附插图，仍以人物为主。

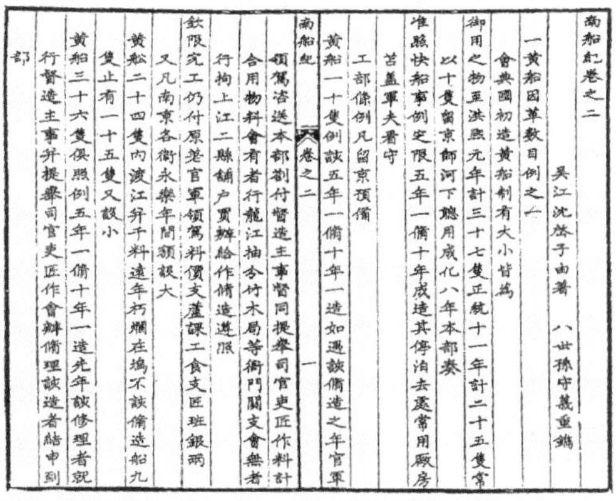

图 9-51　清乾隆六年吴江沈守义刻《南船记》

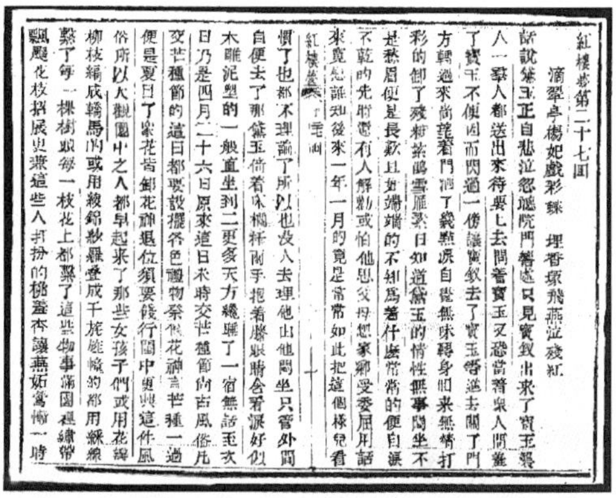

图 9-52　清代萃文书堂活字本《红楼梦》

6. 清代印刷用纸及装帧

清代用纸品种很多，最好的是开花纸，其次如榜纸、棉纸、连史纸、竹连纸、棉连纸、料米纸、竹纸、毛边纸、毛太纸等。官刻书多用贵重的开花纸和榜纸，前者薄、细，后者略厚，颜色洁白；普通坊间印书多用竹纸。

《中华印刷通史》中云：清代，"装帧形式，基本采用线装，宫廷刻书兼有折装、蝴蝶和包背装。私坊刻书板框大小不尽一致，坊间刻书多小型版本，以便于销售、携带，价格低廉。书籍装帧以齐下栏为规矩。殿版书板框大小要求严格，装订整齐。殿版书装帧设计庄重、典雅，初期多以绸、缕等丝织品做书衣、函套，以楠木、檀香木等高贵木材制书匣，以避虫蛀，保护书籍不受损坏。当时还创出一种'毛装'，即将印好的书页叠齐，下纸捻后不加裁切。用此法装订，一是为表示书系新印殿本，二是为了日后若有污损可再行裁切。此外，殿本书籍的开本大、行距宽也是其一特色"。

五　雕版印书的字体

雕版印刷出现之前，都是手抄书；雕版印刷出现后，逐渐由手抄书改为印本书。手抄书时，用的是楷体字，因为楷体字清楚、整齐、易读。雕版印刷出现在隋末唐初，这时正是楷体字达到全盛的时期，所以，楷体字很自然地应用在雕版印刷的字体上。

（一）楷体字

1. 楷体字的特点

楷体字在雕版印刷中占有主要的地位，从雕版印刷书籍一出现，楷体字就被使用，并一直沿用，宋体字普遍使用后，印刷中也还有楷体字。唐代，选用楷体字作为雕版印刷的字体是很合适的：

其一，隋代楷书承前启后，基本定型，传世的《龙藏寺碑》《董美人墓志》《信行禅师砖塔铭》等刻石中的楷书，对后世影响很大。唐代又是楷书发展的顶峰，作为书体，楷书在唐代得到最后的完善。

其二，唐代书法家辈出，尤以楷书成就最为突出。初唐影响最大的是欧阳询，而颜真卿的楷书则是楷书发展史上的一座新的里程碑，是唐代楷书的集大成者；柳公权是其后与颜真卿并列的一位书法大家。

其三，楷书一般是指有法度可做楷模的书法作品，意即楷模之书，又叫正书、真书。

楷书笔画工整、端庄，波磔势少，字形方正，重心平稳，横平竖直，一点一画，一笔不苟。楷书好看、易读，适合于抄书，由于笔画工整，也易于雕刻。在雕版印刷发明之初，以楷书作为雕版的字体，是再恰当不过的了。

欧阳询(公元 557-641 年)，字信本，潭州临湘(今湖南长沙)人。仕隋为太常博士，贞观初历太子率更令，人称"欧阳率更"。敏悟过人，博贯经文，曾编《艺文类聚》100卷，供诸王子阅读。书法"初效王羲之书，后险劲过之，因自名其体，人以为法"。欧体楷书端正、平稳、清秀，于文静中显峻厉，平正中出险绝，欧体适合科举，更适合于雕版。

颜真卿（公元709-785年），字清臣，祖籍琅琊临沂人，迁居京兆万年(今陕西西安)人。曾为平原（今属山东）太守，世称"颜平原"。后被封为鲁郡开国公，又称其为"颜鲁公"。他秉性正直，笃实敦厚，有正义感，从不阿谀权贵、曲意媚上，以义烈名于世。颜真卿出身于书香门第，家学渊源深厚。颜体字形端正，两肩齐平，左右对称，两侧笔画少弧形相抱，显得端庄雄伟，凛凛有丈夫之气，字间、行间距离缩小，茂密丰实，充满生机。颜体豪迈雄强的艺术风格，是盛唐的写照。颜体笔力雄健，气象浑厚，影响百代。

柳公权(公元778-865年)，字诚悬，京兆华原（今陕西耀县）人。官至太子少师，世称"柳少师"。以工书而历任穆宗、敬宗、文宗侍工。立身刚正，书法初学二王及唐代书家，取欧最多，自成一体，书名甚高。后人以"柳骨"概括其书法特色，刚健含婀娜，气象雍容，对后世影响很大。

2. 唐五代雕版印书的字体

现存最早的雕版印书《无垢净光大陀罗尼经》，于公元702-704年在唐代洛阳刻印。从经文字体来看，文字雕刻俊美，刀法熟练，颇似欧体字。颜真卿诞生于公元709年，只比刻书时间早几年，此时颜体还没有出现；柳公权还没有出生，而欧体已形成百年，正在盛行之时，此经选用欧体字来刻版，还是很合乎逻辑的。

唐咸通九年（公元868年）雕刻的《金刚经》（图9-53），文字古朴遒劲，字体圆润，刀法娴熟，其字

图9-53 唐咸通本《金刚经》卷尾

图9-54 宋代刻工蒋辉刻的《荀子》

体也很像欧体，比《无垢净光大陀罗尼经》的字体要端正和成熟。我国现存最早的《陀罗尼经咒》，从雕版所刻的汉字来看，字体秀劲圆活而无呆板之气，是唐人书法风格。

五代时期雕刻的《宝箧印经》等，均是楷书，已不同于上文谈到的几种经文的字体。虽是楷书，有的似含有魏碑笔意，有的似含有颜体笔意，字体古朴、疏朗。

3. 宋辽金西夏雕版印书的字体

北宋时期刻书，多用欧体，如刻工蒋辉刻的《荀子》（图9-54），是典型的欧体字，字形略长，瘦劲秀丽，笔画转折轻细有角。后来，逐渐流行颜体、柳体为雕版印刷用字。浙江刻本多用欧体字，四川刻本多用颜体字，福建刻本多用柳体字，江西刻本有的似颜体字。

欧、颜、柳作为名家毛笔书写字体，一直受到人们的称赞，书法字体用到版刻上，总有不合适之处。雕版上的字，不但受版面规格、形式上的约束，也要考虑印刷效果和阅读效果，还要考虑到雕刻的难易。所以，雕版的发展需要创造出源于名家，而又不完全照搬名家，更适合于刻版、阅读的字体。写版者们有意在字体的笔画粗细、疏密，行格与字面大小、字与字之间进行了新的组合，使字体与版面珠联璧合。如《花间集》，笔画粗细适中，结构疏朗，字体圆润、秀丽，无奇绝笔画，很适合阅读。

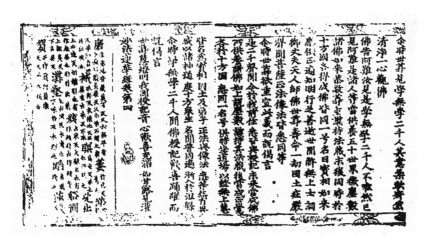

图 9-55
辽刻《妙法莲华经》

辽代刻的《妙法莲华经》（图9-55），字体很像欧体，一笔不苟，刻工精细。《玉泉寺菩萨戒坛所碟》，字体似颜体，内宫开放，笔力遒劲，气魄宏大。辽代雕版书镌刻精美，风格古朴，字体或遒劲或娟秀，或肥或瘦，各有韵味。

金刻的《赵城藏》（图9-56），除使用欧体、苏体笔外，颜体笔意也占很大比重。苏体，即宋朝苏东坡字体。《重修政和证类本草》一书使用欧体，庄重浑厚，是金刻的代表作。《萧闲老人明秀集注》和《引证群籍玉篇》都具有柳体风范，并强调横轻竖重，起笔、落笔明显有装饰，笔画粗细适中。

西夏用竹笔书写刻本，其特点是"起落顿笔，转折笔画不圆"，与宋体字不同，有人称为"写刻本"。

4. 元明清雕版印刷的字体

元代刻版，多用颜、欧、柳等古代名家书体。赵体流行后，刻书多用赵体，又称"元体字"。

赵孟頫（公元1254-1322年），字子昂，湖州（今浙江吴兴）人，号雪松道人。赵孟頫为宋太祖11世孙。5岁始学书法，仕元后益勤，博学众美，自成一家。赵体，笔画圆润停匀，结体端正秀丽，章法均衡整齐。用笔结体虽有变化，但绝无大起大落之笔与欹斜不正的字形，不论沉着与飘逸，都极妍美。赵体可谓雅俗共赏，非常适用于刻版，后来有人用赵体制成铅字。仿赵体刻印的书很多，如《清容居士集》（图9-57）等。明清以来，藏书家对赵体刻本，给予了很高的评价，"雕刻工整，字皆赵体"，"有赵子昂笔意，元版中上乘也"，"字体流动而沉厚之气溢于行间，确为雪松家法"。

元代还使用了简体字，这是简体字首先在书中使用，如古杭新刊的《关大王单刀会》一书，大量采用简体字，实为刻版省工，降低造价。

明代，最常用的雕版印刷字体还是仿颜、欧、柳、赵体，赵体应用得更多一些。明代逐渐发展出一种依照手写楷体来雕版印刷的"软体字"，据说是从赵体发展而来；宋体字在明代已经很成熟，并应用在雕版印刷上。

清代，盛行软体字，也称"写体"，但还是以宋体字（也称"硬体字"）为主。

（二）宋体字

1. 宋体字的起源

宋版书中出现了一种瘦硬字体（图9-58），它更能体现出刀锋的效果，给人以刚健有力的感觉，比较适合刻版，这可能是宋体字的发端。如临安陈宅书铺刻印的《唐女郎鱼玄机诗集》，这样的字体还属于楷体，但已经强调了横平竖直、横轻竖重、字形方正、落笔及肩部装饰，这是由楷体字向宋体字过渡的字体。宋体字的起源，应该说萌芽于南宋中期较为准确，这种过渡性的字体暂称为"楷宋体"。

元代，萌芽于宋的楷宋体字没有多大发展，还曾受到过一些人的指摘。但是，岳氏荆鸡家塾刻印的《春秋经传集解》一书的字体，在楷书的基础上，

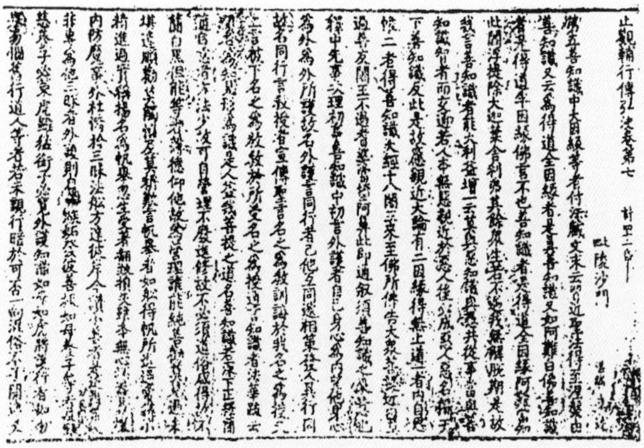

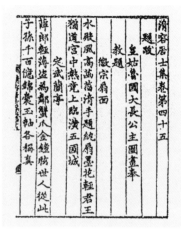

图 9-56 金刻《赵城藏》中的颜体字

清容居士集卷第四十五
題跋
皇姑魯國大長公主圖畫奉
教題
徽宗扇面
水殿風高菡萏清手題紈扇墨花輕君王
猶道宫中熱竟上臨漪五國城
定武蘭亭
薛郎輕薄盗為鄰蠻爪金鐃眩世人從此
字孫千百億錦囊玉軸各稱真

图 9-57 宋代仿赵体袁氏家刻《清容居士集》

可以明显地看出宋体字的特点；而魏天佑刻的《资治通鉴》的字体，更接近后来的宋体字。

2. 宋体字的定型

明代，对萌芽于宋代的楷宋体字，经过元代的过渡，人们有所习惯，并大胆地进行了改革，过分地强调了字形方正，横平竖直，忽略了字体组合的整体艺术，显得呆板、不协调。有人批评这种字“非颜非欧”，说明这种字体还不成熟。但是，这种脱离手写体的字，用于印刷是社会的需要，也是印刷技术的需要，初期的楷宋体字，虽然弱小、不成熟，但有发展潜力。《中国古代印刷史》云：“实际上到明代中期，宋体字已很成熟。我们从正德十六年（公元 1521 年）朱承爵刻本《樊川诗集》的字体可以看出，所刻的宋体字已很精美。在嘉靖年间的刻本中，也能找到这样的例子。特别是到了万历年间，宋体字的使用不但更普遍，而且质量也有所提高。即使在南北国子监的刻本中，也开始使用宋体字。可见官方的出版物也承认了这种字体。万历四十八年闵于忱松筠馆刻本《孙子参同》一书的字体，不但宋体字的特点更明显，字体的结构也很严谨，艺术性和适读性都达到很高的水平。”

明万历年间，宋体字广泛使用，而且精益求精，从而奠定了宋体字的地位。宋体字刻本中最有代表性的、水平最高的，是容与堂刻本《李卓吾先生批评红拂记》一书。书中使用两种宋体字，字体端庄，

攻媿先生文集卷第四　四明樓鑰大防
古詩
趙資政建三層樓中層藏書
危樓傑立潭府雄仰望鶱翟何穹窿肇以八柱
真良工恍如木天移海東扶欄三級横復縱八
窗交映光玲瓏更上一層逈不同歷覽萬象俱
空濛東南大白金峩峯西山千點青芙蓉環遶
不斷如屏風平疇彌望禾芃芃城郭市井聚蟻
蜂煙梢高低知幾叢澄湖一片磨青銅潮來江

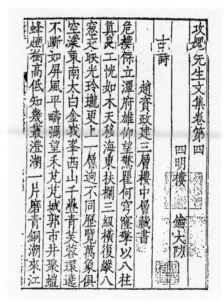

图 9-58 宋代具有宋体字特征的南京刻本

结构严谨，比例适中，笔画精细合理，字体很美，阅读起来眼睛感到很舒服。宋体字被固定下来，成为标准的印刷体字，称为“老宋体”，又由宋体字派生出来“长宋体”、“聚珍仿宋体”，以后又有“扁宋体”、“耸肩体”、“牟体”等很多种字体。

清代，宋体字更为流行，更成熟，官方也已承认。乾隆皇帝亲自批准印刷的《武英殿聚珍版丛书》，使用了典型的宋体字。用宋体字印的书比楷体字印的书规范整齐、清秀易读。横平竖直、横轻竖重、

字形方正的宋体字，是汉字印刷最理想的字体，直到今天仍在极其广泛地使用着。可以说，宋体字是所有字体中，应用最广泛的字体。

（三）其他字体

元代，雕版印刷中使用了草书，多用在书籍的牌记上，如大德五年王常刻印本《王荆公诗笺》的牌记中的草体字。也用行书书写，如《稼轩长短句》。

明代，也有依照行书、草书甚至篆文来雕版刻书的，被称为精刻本书籍。

清代，出现由名家写书后再行刻版的风气，有很高的艺术价值。如郑板桥亲自手书的《板桥词钞》（图9-59），由有名的刻版高手司徒文膏刻版，使郑板桥的诗和书法珠联璧合，既欣赏诗，又欣赏书法，艺术价值很高，十分珍贵。其他名家和写版高手联手，也有不少好的刻本，这种方法独树一帜，很有特色。

六 雕版印书的版式

雕版印书是从唐朝开始的，雕版印书的版式也在唐朝出现。版式是随着书籍装帧形态的变化而变换着形式，不同的朝代、不同的时期、不同的出版者，书籍的版式有很大的差异，版式总的发展趋势是由简单到复杂。宋代，蝴蝶装书所形成的典型的宋版书版式，基本上被固定下来，直到清末的线装书。

（一）唐代雕版印书的版式

唐代，雕版印书主要是《无垢净光大陀罗尼经》和《金刚经》，两本都是卷轴装书。

1.《无垢净光大陀罗尼经》

经卷纸幅共长611厘米，高5.7厘米，版框直高5.4厘米，上下单边，画有界线。每行多为8字，间有6、7、9字，行高3.5厘米。经文由12张纸粘连而成一卷，楮纸印刷，裱成一轴，卷首有木轴，两端涂以朱漆。经文为楷体写经字，笔画遒劲，字上有明显的木纹，刀法工整。没有扉画，也没有装饰性的小佛像，版面干净整洁，这是卷轴装书最典型的版式。

2.《金刚经》

经卷由6张面积相等的纸粘接，又加一张扉画而成。卷长533.3厘米，高33.3厘米，上下有单边，每一竖行多为15字。卷首扉画十分精美，此卷开了卷首扉画的先河，以后多有效仿。卷末刻有"咸通九年四月十五日王　为二亲敬造普施"一行文字。此经书为现存带插图的第一本书，又由于有确切的年代记载，十分珍贵。

（二）宋代雕版印书的版式

宋代，经过卷轴装书、经折装书，已演变到蝴蝶装书，蝴蝶装是册页形态的装帧方式，版式发生了巨大的变化，远不同于卷轴装书和经折装书的版式，宋代使蝴蝶装书的版式成为较为固定的形式。

1. 册页书的版式

册页书对版面的形式提出新的要求，不能像卷轴装那样是横长的、不分面，可以按顺序一蹴而就；册页有一定的尺寸，出现了天头、地脚、鱼尾、中缝等新的内容。《中国古代印刷史》云：宋版书"有大字本、中字本和小字本三种。即使同为大字本，版心的尺寸也各不相同，半版的行数和每行的字数也不统一。在大字本中，版心最宽的为19.5厘米（半版），如嘉定四年刻印的《经史证类备急本草》，版心半版宽为19.5厘米，高24厘米，半版12行，每行21字。而咸谆本《周易本义》，半版版心只有宽16厘米，高22.5厘米，但半版只有6行，每行15字，所谓'字大若钱'。大字本是政府刻本的主要形式，而坊刻及家塾本则力求降低成本，多用中字本或小字本。如余仁仲于绍熙二年刻印的中字本《春秋公羊经传解诂》，半版宽为12.5厘米，高17.5厘米，半版11行，每行17字，注释为双行小字，每行27字，是一种有代表性的中字本。所谓小字本，版心尺寸同中字本，只是行数更多，字小一些。版本再小的就称为巾箱本"。

2. 宋版书的版式

大体上说，北宋刻本，版面多为双边、白口、字大、行宽。南宋之后，逐渐流行黑口，由小黑口到大黑口，书口黑线由粗变细。版框多为单边，或上下单

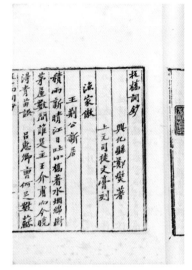

图9-59 清郑板桥手书的《板桥词钞》

边、左右双边，字体变小，行数变密，字数变多。宋版书中，一般在版面左栏（也有左右栏的）往往刻有一竖长小方格，称耳子或书耳，略记书的篇名。（详细内容请参阅第四章"中国古代书籍装帧与文化"中第□节第六小节）有的雕刻书，把整版书分成上下两栏，或三栏。栏内再刻印文字。这种版面分栏的书籍，一般在大众日用书、举子场屋书或通俗文学小说三类书中常见。

南宋中期，包背装出现，折缝为外书口，正好和蝴蝶装书相反，它的版式基本上和蝴蝶装书差不多，这种形式一直延续到元、明。

（三）辽金西夏雕版印书的版式

1. 辽代雕版印书的版式

《妙法莲华经》是由卷轴装书改为经折装书，书翻开后，对折的两面为一个版面，四周有边框，每竖行17字，每面10行，整个版面20行。改装后的书册右上方用一线绳穿一提耳，便于手提书籍。可以看到，这是书籍从卷轴装到经折装（册页形态）的过渡形式。

另一本《妙法莲华经》为卷轴装书，外边框为双线，内边框为单线，两框之间饰有小佛像。正文为楷体字，行文疏朗，空白处还刻有结跏趺坐小佛像。正文和释文间有栏线相隔。一部《妙法莲华经》

有18种刻工精良的版本，并存有6幅卷首画，内外框内的饰物也不一样，还有饰金刚杵和祥云的、饰金刚杵和宝珠纹的，版式多有区别。

《蒙求》用蝴蝶装，白麻纸印刷，四周有边框，左右双线，上下单线，框高20.4厘米，版广25.8厘米，版心刻有版码。楷书，字体整齐，略显呆板。《蒙求》版式不同于宋版书中较为固定的版式形式，是从经折装向蝴蝶装过渡的一种版式形式。

2. 金代雕版印书的版式

《金藏》也称《赵城藏》，卷轴装书，有非常精美的卷首画。有两种版式：

(1) 所译为经、传、论、赞，版高22厘米，每版23行，行14字；

(2) 收入著述，版框高25厘米，每版26行，行25或26字不等，很像《金刚经》的版式，稍微复杂了一点。

金刻书籍版式，沿用北宋的形式，十分重视边框、行格和中缝的装饰。边框有粗细两种，又有上下单边、左右双边和四周双边之分，注释多用双行小字排列。雕刻以刀代笔，技术娴熟流畅。金刻图书也承袭宋代态度认真、严肃、写绘工整、雕版技术精湛的优良传统。有些古籍，字画清晰分明，版式古朴规整，雕刻优良，甚至超过宋代刻书。尤其版画方面的雕刻，艺术水平和技术水平都相当高。

3. 西夏雕版印书的版式

《番汉合时掌中珠》为西夏人学习汉文的通俗读物，蝴蝶装书，四边栏框都是双线，每面有两条竖栏线，每面10行字，两行中留有一行的空白，上下顶头，竖格空白处有装饰的图案和人像，版式很有特点。

佛经多用经折装和梵夹装，经折装的佛经多装饰佛像和图案，采用二方连续式的，上下多为子母栏。

西夏古籍版面设计字大、行宽，墨色浓厚，疏朗明快。经折装佛经，上下子母栏；蝴蝶装书，有四界单栏、四界子母栏的；版口多为白口，上段刻有书名简称，下段刻有页码。书口中少有鱼尾、象鼻，多有变化。西夏书在字行空白处插入形形色色的小花饰，是一大特点。这些花饰有小图案、几何图形和人物等等。有的书中还有彩色栏线，单栏多为红色和橙黄色，双栏则有红黑双线、褐绿双线等，还有的在双栏线中间绘有各种纹饰等。

《中华印刷通史》云："西夏人十分重视对书籍的装饰。在字行空白处插入形形色色的小花饰，是西夏刻本的一大特色。""这些花饰，不仅出现在诸如《番汉合时掌中珠》、《杂字》等通俗读物中，还出现在辞典、佛经中，而国家重典《天盛律令》最为丰富，各种花饰多达十几种。"

西夏书籍有卷轴装书、经折装书、蝴蝶装书、包背装书和梵笑装书。西夏的蝴蝶装书不同于宋代的蝴蝶装书，有人称为"双蝴蝶装书"。

（四）元代雕版印书的版式

《十七史》这套书分别由九校分刻，使用了统一的版式，即半页10行，每行22字，中缝鱼尾使用了三个，形成两个版口，上版口刻书名，下版口刻页码，很有特点。

《梦溪笔谈》版心小，开本大，蝴蝶装书，风格不同于其他书，别具特色。

《广韵》的版式突破以往的格局，封面不但有书名、出版印刷者、印刷年代，并且有宣传性内容。版面对称严谨，字体大小、位置及整个布局十分讲究，在正文页版式中，采用了反白的字，醒目清楚，并活跃了版面。

元代初期，书籍基本沿用了宋本版式，字大行宽，疏朗醒目，多为白口，双边。中期以后，版式行款逐渐紧密，字体缩小变长，四周双边者为多。普遍使用折缝线，有细线、中粗线和粗线几种形式。根据中缝线的粗细，分别称为宽黑口、大黑口和小黑口几种。除常用的黑鱼尾外，还有花鱼尾和白鱼尾。版心记卷数、字数、页数和刻工姓名。私家刻本和坊刻本，书内多刻有牌记。如《佩韦斋文集》，半页11行，行19字，小黑口，四周双边，版式殊大；《金陵新志》，半页9行，行18字，大版心，细黑口，四周双边，版式记字数及刻工姓名；《贞观政要集论》，半页10行，行20字，细黑口，左右双边，版心记字数、刻工姓名，版式宽大。

元代，书籍装帧形态有蝴蝶装书、包背装书、梵笑装书，还有卷轴装书和经折装书。其中，包背装书是新出现的一个书籍装帧形态，它是在蝴蝶装书的基础上，经过改进的一个新型书籍装帧形态。

（五）明代雕版印书的版式

《道藏经》为经折装书，每半页5行字，每行17字，上下有双边，一粗一细。每卷之前有一个牌记，用很多复杂的图案组成，形状像碑，上面的小竖框刻有"御制"二字，中间的大方框内有四横排字，最后为日期。方框为双边组成。这个版式和传统的卷轴装书版式类似，只是增加很有特点的牌记。

《贞观政要》为经厂本，版框宽大、行格疏朗、字大如钱，看起来悦目醒神，且有句读。版框为双边，一粗一细，黑口，双黑鱼尾。

《普济方》为藩府刻印医书，版式为四周双边，版心上刻字数，下刻刻工姓名，小题上刻有花鱼尾，并把堂、轩、书院等名号刻印在牌记或中缝内，颇有元代遗风。

《全像奇妙注释西厢记》，书中有较多插图，上下有云纹，左右一排小字，写明刻书人、地点，中间的小方框和外边的大方框均双边，一粗一细的线。文用楷体字，最后一行写明刻书日期和出版者。版式有特色，完全不同于宋代固定下来的版式。

《明僧弘秀集》（图9-60），毛晋刻印，上下单边，左右双边，一粗一细，黑鱼口，版口写"汲古阁"三个大字和"毛氏正本"四个小字在方框内，字体为水平很高的宋体字，字面端正，笔画匀称，刻印一丝不苟。版面显得疏朗、雅致、布局合理，有很浓的书卷气充溢版面，格调高雅，这是中国传统书籍典型的版式。

《红拂记》（图9-61）由杭州容与堂刻印，上面有两条黑线，两线间大面积留白，有一个线条很细的篆字"甲"，右边和下边为单线，正文用粗宋体字，批用细宋体字，字体的轻重，给人一种疏朗、重点突出的感觉。中缝用黑色单鱼口，有的字还加括号和大圆圈、小圆圈，整个版面感觉十分舒服。这个版式对传统版式进行了改造，很有特色。从版式中可见设计版式者的水平之高和刻印的精细。

明代初期至正德年间刊刻的图书基本沿袭了元代的特征，多为包背装书，版式常为大黑口，字体多是软体赵字。白口盛行，版心上方往往记有字数，下方有刻工姓名。万历中至明末，形成横轻直重的"宋体字"，装帧形态也从包背装书变为线装书，插图本增加。

（六）清代雕版印书的版式

1. 几本书的版式

内府刻书字大、栏宽，行格疏朗，显然是受明代历厂本的影响，如《资政要览》、《内则衍义》等。

乾隆六年刻的《南船记》，图文并茂，四边单线，中缝单鱼口、黑口，版口亦有卷数和页码，字体有点像魏碑体，又像楷体，字体端庄、遒劲有力。行字在栏线中大小十分合适，字和字之间的距离也很适中，整个版面感觉十分疏朗、醒目，阅读起来令人悦目怡神。文字书写水平很高，刻得也精妙，版式设计格调高雅，气质高尚，很有"书卷气"。

清代刻本版式，一般为左右双边，也有四周双边或单边的，大部分为白口，也有少数黑口，字行排列比较整齐。以线装为主，宫廷刻书还有经折装书、蝴蝶装书和包背装书。私家刻书版框大小不尽一致，坊间刻书多小型版本，书籍装帧以齐下栏为规矩。殿版书版框大小要求严格，装订整齐，开本大，行距宽。

2. 聚珍版程式

清代以前，书籍版式设计没有统一的规定，往往以出版者的喜好自行设计，这样会不断出现新的设计，使版式形式不断丰富。版式往往因时代不同、出书地点不同而有所变化。清代，乾隆年间出了一本《钦定武英殿聚珍版程式》的书，这是由皇帝批准颁布的关于活字排版印刷的版式标准，其中规定：

"活字 大号活字厚二分八厘，宽三分，高七分。小号活字的厚和高度与大号活字相同，宽二分。

字行 每半版九行，加中缝一版十九行，行宽四分，整版宽七寸六分；行长二十一字，合五寸八分八厘。注释为双行排。

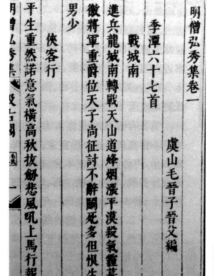

图 9-60
明代毛氏汲古阁刻本《明僧弘秀集》

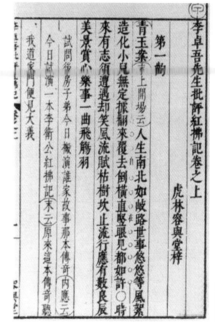

图 9-61
宋代杭州容与堂刻印的《红拂记》

中缝 上部居中排书名，上鱼尾，鱼尾下为章、节名，双行排，下部有横隔线，线上为页码。

边框及格线边框为文武线，行间为细线。"

此书公布后，官方印书多依照此版本标准；但私家及书肆印书，多依各自喜好，采用不同版式，这是一件好事，民间出版的书没有必要和官方出书的版式完全一致，灵活一些，富于变化，一方面让读者看起来舒服；另一方面也显示民间出书版式的多样性，也促使版式灵活一些、生动一些。

七　雕版印书的封面

中国古籍对封面的理解是书名页，用现代的话来说就是扉页。那时没有封面，所以，书名页就当封面。封面产生后，不叫封面，叫"书衣"、"书皮"或"书面"，顾名思义，是书的衣服、书的外皮、书的脸面，书的本体不包括书皮。

（一）概述

简策书、帛书、卷轴装书、旋风装书，都不是册页书的形态，书看完后是卷起来的，所以，还谈不上封面。至于卷起来后放入"帙"或"囊"中，帙或囊只起保护书籍的作用，还不能说是封面。

梵笑装书和经折装书，虽然在书的前后各粘一块硬纸板或木板，主要是用来保护书籍，使其平整和不易损伤，但已含有封面的意味，并开始在板上进行装饰。佛教经典用瓷青纸或素色纸裱在板上，再贴签条，签条上写有书名；道教经典常用织金锦缎，色彩华丽。

由于使用硬纸板或木板，有点像现在的精装书，但是，前后板之间没有连接在一起。如果称它为封面的话，这种封面很简单，但富有内涵，崇尚雅洁。佛教书和道教书在封面上，表现的内涵和气质不同。

（二）宋代雕版印书的封面

宋代，出现蝴蝶装书后，开始出现现代意义的封面，封面比较简单，书名多采用签条的形式。

1.《陆士龙集》封套

封套用蓝、黄、红、紫四色组成的锦裱在硬纸上，做成套形，在封套的左上方贴有用楷体字印刷书名的签条。形式很简单，凸显华丽、大方。（图9-62）

2.《文苑英华》封面

封面地色印成浅黄色，上面压印土黄色锦文，

图9-62　宋刻《陆士龙集》封套

图9-63　宋刻《文苑英华》封面

给人一种辉煌的感觉。白色、手写黑字的签条贴在封面的左上方，显得很醒目。蓝色的长方形纸贴在封面右上方，纸上写有"谢恩贺荐举进贡"七个黑色字，还有一个字因纸破，已看不清楚。贴的蓝色纸和地色显得不协调，有点发闷。整个封面还是比较简单的。（图9-63）

（三）元代雕版印书的封面

元代，除在书籍的版式上进行改革创新之外，带插图封面的出现，是中国古代书籍装帧在封面设计上的一大进步。

1.《三国志》封面

现在能见到采用插图作封面，最早的、最具代表性的，是元英宗至治年间（公元1321-1323年）建安虞氏刻印的《武王伐纣书》、《秦并六国》、《乐

图 9-64 元刻《三国志》封面

图 9-65 元刻《广韵》封面

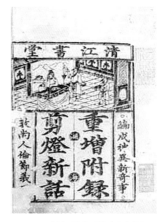

图 9-66 明刻《重增附录剪灯新话》封面

图 9-67 明刻《坐隐先生精订草堂余意》封面

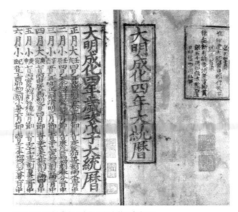

图 9-68 明刻《大明成化四年大统历》封面

图 9-69 明万历年间程氏滋兰堂刻《巨川舟辑》封面

毅图齐七国春秋后集》、《吕后斩韩信前汉书续集》、《三国志》等五种平话书。这五种平话书各有三卷，封面格式相同，类似现代的丛书。

以《三国志》（图 9-64）一书为例，封面四周加边框，题有"新全相三国志平话"八个大字为书名，分左右两竖行排列，书名中间有一个长方框，上下各刻有图案装饰（也有人认为是花鱼尾）的方框，中间刻有行书"至治新刊"四个竖排中型字，这部分共占有半个多封面。书名字的上面是刘备三顾茅庐的雕版插图，约占版面的三分之一。其上，最顶部的横眉刻有"建安虞氏新刊"六个类似魏碑体、又像楷体的中型字。

《中国古代印刷史》云："元代开创的这种书籍封面的形式，在印刷、出版史上具有重要的地位，

成为后代书籍封面配图的始祖，为书籍的装饰开创了新的途径。另外，在实用性和艺术性上，都具有很高的水平。从实用性来看，它的特大醒目的书名，再配以与书的内容十分相关的图画，足以吸引读者的购买欲望；并刻有出版年代和印刷出版者的名称，已包括了现代书籍封面的全部内容。从艺术角度来看，从版面的比例、分割上，已能自觉地运用黄金比例，并运用了我国古代传统的对称式构图，使整个版面轻重有序，十分严谨，达到很高的艺术境界。"

2.《广韵》封面

《三国志》一书的封面，比起以往其他书籍的封面，确实很新颖，在社会上反映很好，其他书坊也学习这种形式，广泛地用在各种层次的读物上，如余氏勤德堂刻印的《十八史略》、《广韵》，博文书堂

刻印的《礼部韵略》，玉融书堂刻印的《增广事类氏族大全》等书。一般都是四周边框、用硕大醒目的书名，并配有出版印刷者堂号和刻印年代，还刻有宣传性文字，有的书省去了图，形成以文字为主的封面，其中最具典型的是翠岩精舍刻印《广韵》（图9-65）一书的封面。

封面的四边框为双线，一粗一细；"新刊足注明本广韵"八个颜体大字，分两竖行排列，既突出了书名，又宣传了内容。两竖行硕大书名字之间有一细线，规整了书名，又形成粗细的对比，增加视觉冲击力。最上部刻有"翠岩精舍"四个欧体中型字，点明出版者。其下是反白色的"校正无误"四个颜体楷字，很醒目地达到了宣传目的，并且，黑地的使用使封面显得稳重，有变化。书名字的右侧刻有"五音四声切韵图谱详明"10个小字，是概括该书内容的点题之笔；书名字的左侧刻有"至正丙申仲夏绣梓印行"10个小字，说明该书的出版年月，为至正十六年（公元1356年5月）。左右两边的文字字数相等，字的上下都有一个小圆圈，组成一副对联形式，很有装饰性。书名字和两边的小字之间有三条隔线，中间一条粗，两边两条细，增加构图的形式感和复杂性。整个构图左右对称，虽然字数很多，由于安排得当，字的大小比例合适，显得很规整，并无散乱的感觉，重点还很突出，足见设计者的巧妙和精心。

3.《重增附录剪灯新话》封面

《重增附录剪灯新话》一书的封面（图9-66）不同于以前的封面，很有特色，地色为浅土黄色，上宽下狭的边，似有天头地脚的意味，左边齐切口有图，右边留有边，两枚红色的印章在土黄地色上，显得很雅致，构图偏在左边。边框为一粗一细的文武线，最上边是"清江书堂"4个类似欧体的楷字；中间是精致的插图；下边由三条细竖线把方框分成四个竖长的方形，右边靠外是"编成神异新奇事"7个字，左边靠外是"敦尚人伦节义×"7个字，因纸破第七个字已经看不清楚了，两边字的上下均有小圆圈，既是个装饰，又起醒目的作用，14个字为楷体字，既介绍了书的内容，又介绍了作者，也达到了宣传的目的。

8个大号的书名字"重增附录剪灯新话"分排在两个方框内，每个方框内4个近似颜体的大字，使书名非常突出。中间一根细线，由两个圆形的黑色块把细线分成三截，两个色块中有"湖"、"海"两个反白色的字，这个设计既活泼了版面，又突出了两个小字。两个图形的黑色块在整个封面中很重要，打破了单调的构图，有画龙点睛的作用。

这本书的封面设计，最大的特点是打破了对称的构图，一边重一边轻，又很协调，运用印章和小装饰在封面上，美化了封面，活泼了版面。

元代以插图装饰的封面和以字为主的封面，对后世封面设计影响很大。元代书籍的封面设计确实开辟了新的设计途径。

（四）明代雕版印书的封面

1.《坐隐先生精订草堂余意》封面

此书（图9-67）由汪廷讷环翠堂刻印，汪廷讷自号坐隐先生。封面四周边框为双线，外粗内细，堂名和书名用大号老宋体字，分别刻在框内的两边，每边6个字，两根细线把封面分割成三个版块，中间有藏版人的姓名，一个细线刻成的葫芦形，内有"全一"二字，是卷数；葫芦下有一方图章，内有"坐隐先生"四个阳文小篆字。这个封面的书名字顶天立地，非常突出，没有插图，只有两个小的装饰，打破了呆板的构图，不同于元代的封面设计，向着简洁的方向发展。

2.《大明成化四年大统历》封面

此书（图9-68）于明成化四年（公元1468年）刻印。封面用黄色纸，大字楷书的书名字在竖长方框内，方框为双边，外粗内细，放置在封面的左上角。黑色书名字压在红色印章上，右下部还有两方红色印章，最有特点的是右上方框内印有黑色"伪造者依法律处斩，造辅者官给赏银五十两。如无本监历日印信，即同私历"，这是非常严厉的警告，印在封面上，更强调它的严肃性和重要性，其性质很像现在的"版权所有，违者必究"一类的话。

3.《巨川舟楫》封面

《巨川舟楫》（图9-69），万历年间由休宁程氏

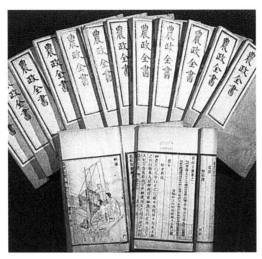

图9-70 明刻《农政全书》

图9-71
清代徐志定用磁版印刷
的《周易说略》封面

滋兰堂刻印，封面为彩色套印，用赭石色纸。外黑框为粗黑线，上面是小篆字的书名，内方框为两条细线，框内为彩色山水图画，两框之间有一方黑色小印章，为堂号，没有刻印时间。整个封面不同于其他封面，山水画印得很好，很有点像现代书的封面，只是显得呆板一些，框线感觉太多，一方小印章，不足以打破呆板的构图。

4.《农政全书》封面

《农政全书》（图9-70），封面用黄纸，上贴白色的签条，签条上印有外粗内细的框线，框内为颜体"农政全书"四个大字。这个封面是传统的设计手法，大量的古籍都采用这种形式。

明代的封面设计，总的来说趋于简洁。元代封面上的插图和各种复杂的线框，在明代的封面设计中，已不复存在。明初，封面多用黄纸，嘉靖多用白纸，嘉靖以后又多用黄纸。明末出现彩色套印的封面，效果并不太好，以后用得很少。

（五）清代雕版印书的封面

1.《周易说略》封面

《周易说略》（图9-71）一书，由徐志定在康熙三十八年（公元1699年）用磁版印成。封面四周有单线边框，"周易说略"四个大字，用行书刻成，书名左边有两方印章（已看不清楚），书名右上方有一

方印章，估计是印刷者的名字、印刷的时间和作者的名字。书末刻有"真合斋磁版"字样。这个封面不同于其他封面，比较简单，书名字用行书书写，也没有用小方框框起来。整个封面显得简洁、大方，似乎更适合高雅人士的审美标准。书名字用行书书写，显得活泼，是一个创举。

2.《太平救世歌》扉页

《太平救世歌》（图9-72）一书，是太平天国时期在南京刻印的。扉页的上部刻有"太平天国癸好三年新刻"字样，下面是一个大方框，单线，中间是个小方框，框内刻"太平救世歌"五个扁宋体大字。两框之间刻有龙、凤、祥云、山水、太阳等图案，确有一种上天降吉祥的救世的感觉。整个扉页显得比较复杂，但是书名字却非常突出和醒目，具有象征意义的扉页带有装饰性，和元代带有插图、采取直白形式表达内容的封面设计方法不一样。

3.《满汉字书经》封面

《满汉字书经》（图9-73）是一种满、汉文对照的书，由北京鸿远堂于乾隆三年（公元1738年）刻印。封面的外框为双线，外粗内细，两条细线把框内分成三部分，右侧是大号汉字书名，用柳体字，左侧是满文书名，中间小方框内，上方刻有"乾隆三年春镌"，下方刻有"京都鸿远堂梓"字样，上下两竖行字之间留有一处空白，是点睛之处，有气口，封

图9-72 太平天国刻本《太平救世歌》扉页

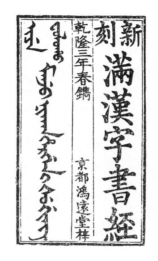

图9-73 清刻《满汉字书经》封面

图9-74 清刻《隶续》封面

面左右对称。只是封面上部因汉、满文都有"新刻"两字各占两竖行，略显拥挤和紊乱。

4.《隶续》封面

《隶续》（图9-74）于康熙四十五年扬州诗局刻印。封面外框为一条粗线，内有两根细线，把封面分成三个部分。最大的中间部分用隶书书写"隶续"两个大字，十分醒目。右边的小方框内书"栋亭藏本"四个小字；左边的小方框内书"扬州诗局刊"五个小字。封面简洁、干净，有点像现代书的扉页。

5.《天工开物》封面

《天工开物》一书，明代宋应星撰写于公元1634至1637年间，明末清初刊印，被誉为17世纪的工艺百科全书。封面用蓝色纸，上贴一个白色签条，签条上有赭石色手写书名字，右边有四眼线订。这种形式的线装书是非常典型的，有的签条上还印有双线框，现在有些古籍还采用这样的装帧形式，如文物出版社、线装书局等曾用这种形式，出版了一些珍贵典籍。

6. 几本书的封面及牌记

《康熙字典》（图9-75）封面四周边框为双线，外粗内细，中间一个竖长方形方框，粗黑线，框内有"康熙字典"四个楷体大字，十分醒目、突出，大框、小框之间有三条飞舞的龙、祥云、水纹等，组成富于变化、充满皇家气息的图案，整个封面给人以辉煌、富丽的感觉。

《天文问答》（图9-76）封面四周边框为双线，外粗，内细，用细小的图案组成地纹；留出三块竖长的白色块，两边狭，中间宽。"天文问答"四个宋体字放在宽白色块中，很规整、醒目；"道光二十九年，华花圣经书房宁波"十四个字放在右边白色框内，"耶稣降世一千八百四十九年"十二个字放在左边白色框内；左边的字顶上格，右边的字顶下格，产生了变化，封面显得活泼一些，整个封面给人的感觉是规矩、醒目、简单、大方，灰色图案似有天的意思，三个白色色块有似打开的门窗，在询问天文。

《孙氏契文举例二卷》（图9-77）封面四周单线粗边，中间两根细线把封面分成三部分，八个楷体大字分列两边，书名太突出、显得字太大，框太小，顶天立地，挺大气，八个大字似有冲出边框的感觉；"蟫隐庐印行"五个中楷体字在中间的狭长方形框内，上下均留有空间，使封面显得稳定，减弱了两行大字造成的丰满，封面设计很有特点，是一个典型的只有文字、没有图案的设计。细细观察这个封面，很耐看，并不觉得单调。

《道真来华》（图9-78）封面四周都是图案，左右图案相同，上下图案相同，左右图案复杂，上下图案简单，两条竖线把中间的空白分成三部分，两边狭，中间宽，"道真来华"四个行楷体大字写得道

图 9-75 清刻《康熙字典》封面

图 9-76 清刻《天文问答》封面

图 9-77 清刻《孙氏契文举例二卷》封面

劲有力，并富有变化，放在大方框内，显得很突出。整个封面觉得稍微有点花，也许"道真来华"四个字用楷体字或宋体字为好，可以压一压，使封面显得规整一些，如果用黑体字，也许更好一点。或许设计者考虑是小说，故意设计得花一点。此书封面除书名外，没有出版年月，也没有出版者、作者名，这样简略的设计也是一大特点。

清代，一些书的封面上经常刻印有"藏板"、"木记"等字样。《国语》封面刻有"苏州绿荫堂藏版"字样；《太平御览》封面镌"宋本校刊丛善堂藏板"两行字；《十子全书》封面刻有"嘉庆甲子（公元1804年）重镌，姑苏聚文堂藏版"字样；《国语》封面刻有"苏州绿荫堂藏版"字样，并钤盖"苏州绿荫堂鉴记精选书籍章"长方戳记；《太玄经集》封面刻篆文"五柳陶氏藏版"长方形木记；《龙图公案》封面题有"姑苏原板，四美堂梓行"，等等。

清代，雕版印书的封面设计，变得越发简单。装帧形态基本为线装书，宫廷刻书兼有经折装书、蝴蝶装书和包背装书。书籍装帧以齐大栏为规矩。殿版书装帧设计庄重、典雅，初期多以绸、绫等丝织品做书衣、函套，以楠木、檀香等高贵木材制书匣，以避虫蛀，保护书籍不受损失。

中国古籍图书封面，从梵箧装书开始，经过经折装书、蝴蝶装书、包背装书，一直到线装书，开始是比较简单的封面，基本上只起保护书籍的作用，

只是在使用材料上有所变化，后来逐渐加以装饰。到了元代，一些蝴蝶装书的封面变得复杂起来，插图和宣传书的内容展现在封面上，设计意图也开始明确起来。封面变得复杂的根本原因是因为书要投入市场，美化图书、宣传图书，以吸引读者。明、清，封面设计又逐渐变得简单了，更多的是体现在插图的精美和文字的怡神悦目上。

封面设计：简单→复杂→简单。从这个规律中可以看到，中国人的审美特性；书籍所具有的内在文化属性，它的审美是和中国人的深层审美意识一致的：崇尚雅洁，内涵丰富。

八　雕版印书的牌记

牌记是在宋代书中开始出现的，也称刊记、木记、书牌、墨围等。内容一般包括：出版、印刷者姓名（或字号）、所在地、刻印年代、编校过程、出版缘由等，其中有的内容类似出版说明，有的类似现代出版物中的版权记录，实际上是我国最早的版权记录的形式。

（一）宋代雕版印书的牌记

宋代刻本，刻书者往往把刻书家的姓名、堂号或坊字号、刻书年、月等事项刻于书中，有放在书前和书后两种，以放书后者为多。这些内容往往放

图9-78 清代献县张庄天主教堂印刷的《道真来华》封面　　图9-79 宋刻《汉书集注》反映刻书人的牌记　　图9-80 宋刻《抱朴子内篇》反映版本来源的牌记　　图9-81 宋刻《后汉书注》反映版本来源的牌记

在一个长方形框内，形成所谓牌记。牌记的形式多种多样，不尽相同，在宋代比较简单，但很大方。宋代刻本的牌记大略有如下几种类型：

1. 反映刻书人、刻书地点时间

如：福建蔡琪刻本《汉书集注》，牌记为"建安蔡纯父刻梓于家塾"（图9-79），双行文字，漂亮、干净的欧体字，一粗一细的框线，简单、大方、雅洁。

2. 说明版本来源、镌刻底本依据、刻书质量

如：临安府荣六郎刻《抱朴子内篇》的牌记（图9-80），字数很多，内容为："旧日东京大相国寺东荣六郎家，见寄居临安府中瓦南街东，开印输经史书籍铺，今将京师旧本《抱朴子内篇》，校正刊行，的无一字差讹，请四方收书好事君子幸赐藻鉴，绍兴壬申岁六月旦日。"分5行排列，由4条细线隔开，两边为粗线，字体为颜体字。浙江王叔边刻《后汉书注》，牌记为："本家今将前后汉书精加校证，并写作大字，镊板刊行，的无差错，收书英杰，伏望炳察，钱塘王叔边谨咨。"（图9-81）牌记富有装饰性，竖长方形内，上下各有二方连续图案，细线四根把字分成5行，每行上下都有圆圈，字体用近似欧体的楷书，整齐、精到，富于装饰性。细线虚实相应，更显设计的匠心和审美的高雅。

3. 反映版权所有

南宋初年，有不经作者允许印行著作的事件，南宋中期，刻书家已注意到保护权益。眉山王《东都事略》的刊记是言简意赅的权益声明，刊记为："眉山程舍人宅刊行。已申上司，不许覆板。"（图9-82）这既说明刻印者是谁，又声明"版权所有，不许覆印"。这是现存的第一则版权声明。

全录浙本《新编四六必用方舆胜览》禁止翻刻的官府榜文：

"两浙转运司录曰。据祝太傅宅干人吴吉状：本宅见刊《方舆胜览》及《四六宝苑》、《事文类聚》凡数书，并系本宅贡士私自编辑，积岁辛勤。今来雕板，所费浩瀚，窃恐书市射利之徒，辄将上件书版翻开，或改换名目，或以《节略舆地纪胜》等书为名，翻开挽夺，致本宅徒劳心力，枉费钱本，委实切害。照得雕书，合经使台申明，乞行约束，庶绝翻版之患。乞给榜下衢婺州雕书去处张挂晓示，如有此色，容本宅陈告，乞追人毁版，断治施行。奉台判，备榜须至指挥。右令出榜衢婺州雕书去处张挂晓示，各令知悉，如有似此之人，仰经所属陈告追究，毁版施行，故榜。嘉熙贰年拾贰月□□日榜。衢婺州雕书籍去处张挂。转运副使曾□□□□□台押。福建路转运司状。乞给榜约束所属，不得翻开上件书版，并同前式，更不再录白。"

由以上公文，可见当时书业竞争逐利之风之盛，需要官方发布公文以禁止。南宋还有一篇声明着眼于学术，多于利润。《丛桂毛诗集解》前有国子监的禁止翻版公文：

189

图 9-82 宋刻《东都事略》
反映版权所有的牌记

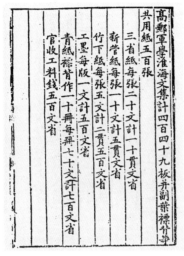

图 9-83 印有纸、墨等材料及工价的南宋刻本

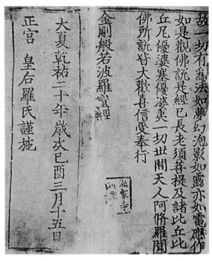

图 9-84 西夏刻《金刚般若波罗蜜经》牌记

"行在国子监据迪功郎新赣州会昌县丞段维清状。维清先叔朝奉昌武，以《诗经》而两魁秋贡，以累举而擢第春官，学者咸宗师之。印山罗史君瀛学谱甚子侄来学，先机以毛氏诗口训指画，毡以成编，本之东莱《诗记》，参以晦庵《诗传》，以至近世诸儒，一话一言，苟足发明，率以录焉，名曰《丛桂毛诗集解》，独罗氏得其缮本，校雠最为精密。今其 漕贡樾镂梓以光其传。维清窃维先叔刻志穷经，平生精力，毕于此书，傥或其他书肆嗜利翻版，则必窜易首尾，增损音义，非惟有辜罗贡士镂梓之意，亦重为先叔明经之玷。今状披陈，乞备牒两浙福建路运司备词约束乞给据付罗贡士为照。未敢自专，优候台旨。呈奉台判牒，仍给本监。除已备牒两浙路福建路运司备词约束所属书肆，取责知委文状回申外，如有不遵约束违戾之人，仰执此经所属陈乞，追板劈毁，断罪施行。须至给据者。板出给公据付罗贡士樾收执照应。淳祐八年七月□日给。"

此例反映出版权问题越来越受到重视。通过这两则榜文可以看到，出版权益的保护是刻书商业化的产物，主要出现在家刻本和坊刻本中，这是出版者保护版权的萌芽。

4. 反映刻书所用成本、工价

图 9-83 为印有纸墨等材料及工价的南宋刻本。

5. 反映宋代刻书的纸张

宋代纸张紧张，刊记中把纸的价格和用纸的情况加以说明，还指明用纸的背面印刷，或指明是用自制纸印刷。

6. 反映宋代刻书的避讳

对君主、圣贤或尊长的名字，避免直接说出或写出，以示尊敬，避讳也称笔讳。

（二）金、西夏雕版印书的牌记

1. 金代雕版印书的牌记

卷轴装书《法苑珠林》的牌记在内文结尾部，自然落款，没有加线框，说明刻书时间、版本来源、监印者和刻印者，牌记十分简单。

2. 西夏雕版印书的牌记

西夏时期，牌记的形式也很简单，如卷轴装书《金刚般若波罗蜜经》，用汉字黑色印刷，长方形的竖框，上下双线，左右单线，用欧体字，说明刻印的时间和刻印此书的谨施者。（图 9-84）

（三）元代雕版印书的牌记

元代，牌记的形式有所变化，进行了艺术加工，四周由单边、双边，变为用图案加以装饰，形状也变得复杂美观，如刻成钟鼎形、碑式、爵式、荷花

图 9-85 元刻《备用本草》牌记

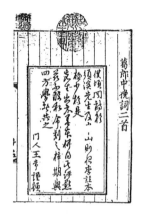

图 9-86 元印本《王荆公诗笺注》牌记中的草体字

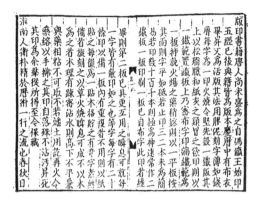

图 9-87 元东山书院刻《古迂陈氏家藏梦溪笔谈》牌记

图 9-88 明内府刻《道藏·墨子》牌记

图 9-89 明代余仙源刻印《皇明资治通纪》牌记

莲叶龛式等。

如：宪宗四年（公元 1254 年）平阳张存惠刻印的《备用本草》一书的牌记（图 9-85），采用碑式，上有龙的图案，下有龟的图案，中间是长篇的楷书文字，上部还有六个反白色的篆书字"重修本草之记"，这个牌记比以前的就复杂多了。

大德五年王常刻印的《王荆公诗笺注》一书的牌记（图 9-86），文字用草体字，还有不少简体字和异体字。

元大德九年东山书院刻《古迂陈氏家藏梦溪笔谈》的牌记（图 9-87）在目录页，文字很长，主要介绍毕昇造活字以及毕昇死后活字保存情况。

（四）明代雕版印书的牌记

明代牌记的形式较多，牌记中出现"不许翻刻"、"不许重刻"、"敢有翻刻必究"、"翻刻千里必究"等话，说明版权的意识更浓厚了。

正统十年（公元 1445 年）内府刻印的《道藏·墨子》一书中的牌记（图 9-88）呈碑形，图案十分复杂，主要由龙、龟和图案组成，上有"御制"二字，中间双线方框内是四言诗，文字很多，主要是标明刊刻时间及刊刻内容等。

弘治十一年（公元 1498 年），金台岳家刻印的《全像奇妙注释西厢记》，牌记上下均有云纹，一粗一细双线框，内用楷体字，内容为介绍西厢记歌曲的情

况及刻印时间和刻印堂号，整个牌记十分大方精致。牌记旁还有一条关于岳家金台的地址。建阳余仙源刻印《皇明资治通纪》的牌记（图 9-89），采取荷花莲叶龛式，很好看。双框线内有"皇明万历壬子岁闽书林余仙源梓"字样，记录时间和堂号。弘治五年（公元 1492 年）建阳进德书堂刻印《玉篇》，牌记（图 9-90）很像书的封面，上刻"三峰精舍"四个欧体大字，很醒目，粗框线内又进行分割，中间是一幅插图，画的两边是两竖条字，右边写"弘治壬子孟夏之吉"，左边写"詹氏进德书堂重刊"，点明刻印时间和刻印堂号，对称式构图，刻得很细，人物非常生动，衣纹潇洒，图上部的竹帘刻得很好，十分精美，这样精美的牌记真是少见。

（五）清代雕版印书的牌记

清代，书籍多有牌记，已不同于以前的形式。内容多为堂名、刻工名、堂主名、藏版者名、宣传内容、镌刻时间等等，或刻在版心下，或刻在封面上，或刻于目录后，或刻于卷首下：

如：鲍廷文，字以文，号渌饮，室名"知不足斋"；在版心下刻"知不足斋正本"六字；鲍廷舜刻"后知不足斋丛书"；高承勋刻"续知不足斋丛书"。

张海鹏在封面刻"宋本校刊丛善堂藏板"两行。黄丕烈刻书，前有"书价制钱七折"六字，后有"滂喜园黄家书籍铺"、"苏州圆钞观察院场"两印章。胡克家于目录后刻有"江宁刘文奎、文楷、文模镌"一行。扫叶山房版书《契丹国志》卷首下题"扫叶山房校刊"，版心下刻"扫叶山房"四字。金陵郑氏奎壁斋刻《易经》，封面题"光绪十二年新镌，富文堂藏版"，书内旧序末尾原刻"莆阳郑氏订本，金陵奎壁斋"双行牌记。陶氏五柳居刻书，均在封面刻篆文"五柳陶氏藏板"长方木记。书业堂刻《说呼全传》，封面题"乾隆己亥夏镌，金阊书业堂梓"、刻《新刻批评绣像后西游记》，封面题"《重刻镌像后西游记》，天花才子评点，金阊书业堂梓行"、刻《英云梦传》，封面题"嘉庆乙丑新镌，书业堂梓行"、刻《新刻世无匹传奇》，封面题"黄金屋梓"。聚文堂刻《十子全书》，封面题"嘉庆甲子（公元 1804 年）重镌，姑苏聚文堂藏版"。四美堂刻《龙图公案》，封面题"姑苏原版，四美堂梓行"。李光明庄所刻各书，前面多印有推广文字的告白启事，版心下刻"李光明庄"四字，有的还在刊叶附刻目录，目录下方用白文标明"以上价目一律制钱，不折不扣"。

老二酉堂刻书，书前封面镌刻"京都老二酉堂"，或在书尾刻"老二酉堂梓行"。聚珍堂刻书很多，版式较小，多在封面题刻"京都隆福寺街路南，聚珍堂书坊梓行"，版心下刻"聚珍堂藏版"。善成堂刻书较多，书前有封面、刊名字、字号和刻书地点等，如《净光须知》封面刻"京都绣像净光须知，善成堂藏版"、《礼记》封面刻"渝城善成堂梓行"、《聊斋志异》封面只刻"光绪丁亥季冬善成堂镌"，版心下方和卷尾刻"善成堂"三个字，有的书还钤有"善

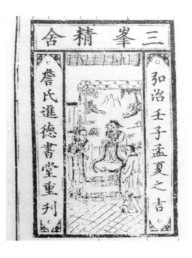

图 9-90 明代建阳进德书堂刻印《玉篇》牌记

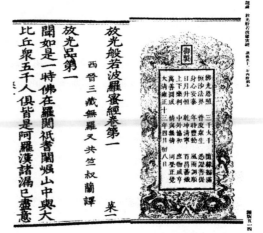

图 9-91 清内府刻印《龙藏》牌记

成堂自在苏杭闽检选古今书籍发兑"长方形戳记。文成堂刻的《升仙传》，封面刻"京都打磨厂文成堂藏板"。龙文阁刻《徐氏三种》，封面刻"京都琉璃厂龙文阁藏板"。绿荫堂刻书，封面题"苏州绿荫堂藏版"，并钤盖"苏州绿荫堂鉴记精选书籍章"长方形戳记。

雍正十三年内府刻印《龙藏》一书，牌记（图9-91）为碑形，上有龙的图案，牌记介绍了书的内容和刻印时间，牌记为四言诗，有"御制"二字。图案为 8 条飞舞的龙、祥云、山川等，看牌记的图案便知是内府的书。清代，各种书铺、书肆很多，书籍多有牌记。

图 9-92
记有装订工姓名的宋
版书（印文为"缉熙
殿书籍印"）

九　雕版印书的刻工

在雕版印刷中，刻工是很重要的，刻工技术的优劣，直接影响着书的质量。刻工利用工作之便，在印版的中缝下部，刻上自己的姓名；出版者也愿意名刻工的姓名刻于书上，以增加竞争力。

（一）最早见于记载的刻工

五代时，上图下文的雕版印刷品《大慈大悲救苦救世音菩萨像》，书末署"匠人雷廷美"字样，雷廷美成了印刷史上最早见于记载的刻版工匠。雕版印刷出现于隋末唐初，唐、五代的书需要雕刻，就需要刻工，只是没有记载。所以，雷廷美绝不是最早的刻版工匠。

（二）宋元的刻工

宋代，书中见于雕刻工匠的姓名就多了，久而久之，刻工姓名便成了版面上的组成部分。另外，有刻工姓名也表示有一定的责任和为统计工作领取报酬作依据。一部雕刻印刷而成的书籍，其质量的高低，与刻版工匠的水平高低有着很大的关系。鉴于以上原因，宋代往往把刻工的姓名，刻在中缝处版口的下面。

刻工，也称"刻字匠"，他们是手工业者，有男也有女，男人占绝大多数。刻工的组成：

其一是家族性的，以一位技术较高者为首，组成一个同姓刻工班子，外出承揽刻版工程，其中也有女工；

其二就是一家人组成一个班子，外出揽活，书中往往只记载户主的姓名。

有些刻工，农闲时或在家中承揽刻版工作，或外出包工，以挣微薄的工资。南京高邮军刻印的《淮海文集》中，记载了该书用料、用工等价格及一部分书的成本费，从中可以看到，刻工的工资是很微薄的。

据张秀民先生统计，宋代刻工有姓名可考者约有 3000 多人，有的是全家族，有的只有名无姓，有的名姓在不同的书中都出现过。现在看来，书中有刻工的姓名，使版面变得更加丰富和完整，也为后人考查一部书籍刻印地区或刻印时间、刻印版本等提供了线索。另，罗树宝先生在《中国古代印刷史》一书中，将宋代有名的刻工列有详细的表，可供参考。宋代，有的书中还记有装订工的姓名，图 9-92 的文字为"景定元年十月二十五日，装背臣王润照管讫"。

（三）明代的刻工

明代，是雕版印刷的鼎盛时期，也是雕版套色印刷的黄金时代。高水平的刻工人才济济，有的刻工不但能雕刻，还会绘画，融刻画于一身。刻工主要集中在雕版印刷发达的北京、四川、江苏、浙江、福建、江西等地。他们世代相传，互相学习，融会贯通，各有特长，使刀刻线条呈现出一种节奏感，点画起伏以及拂披的刀法，都能得心应手，所谓"千容百态，远近离开，俱在刀头之精"。画家们和刻工的合作，也使刻工的技术水平和鉴赏能力大有提高。如：刘素明、黄铤等刻工能画能刻，胡正言与刻工汪楷合作，生产出《十竹斋笺谱》等。画家与刻工的合作，产生出精美的彩色插图，成了明代雕版印刷的一大特点。

明代刻工人才最集中、名手最多、技艺自成体系的，当首推徽州刻工。徽州刻工又以歙县虬黄氏一姓为最多。黄氏一族的刻版技术继承了明代初期的优良传统，在构图、刀法上经过长期的实践，达

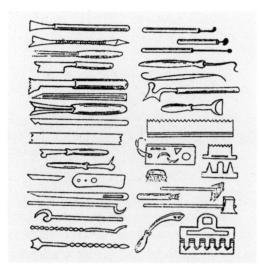

图 9-93 明代徽州刻工所用工具

到精密细巧、俊逸秀丽的风格。他们钻研雕刻技术严肃认真、一丝不苟，并创造一整套刀法技艺，也革新了各种刀刻工具（图 9-93）。

（四）清代的刻工

清代，由于出书受到限制，新的刻工也难以培养，刻工无论在人数上、在技艺上都不如明代。

清代初期，无论是政府还是民间，也还出了一些好书。如：殿本书中的精品，都是民间雕刻高手刻的，朱圭刻的《万寿盛典图》，水平是很高的。民间也出版了不少雕刻技艺很高的图册，多是由高手刻成。著名的雕刻高手有朱圭、刘荣、汤义、汤尚、刘功臣、郑子猷、梅裕风、王祥宇、郑子文等人。

乾隆以后，雕版印刷日趋衰落，雕刻技艺水平下降。清代后期，照相制版技术传入中国后，刻工只是刻刻铅字而已。

十　雕版的套色印刷

雕版套色印刷是中国古代的一大发明，是中国人在世界印刷史上的一项重要贡献，它的出现，使雕版印刷走上一个新的台阶。这项技术在古代纸币印刷、彩色插图印刷、年画印刷以及书籍的套色印刷中得到了广泛的应用。

（一）套色印刷的渊源

在抄本书时代，卷轴装书中，有"朱丝栏"和"乌丝栏"，朱是红色，乌是黑色：

一是增加美观的效果；

二是有不同的实际意义。

《隋书·经典志》著录的书籍中，有东汉时期贾逵（公元 30—101 年）撰写的《春秋左传朱墨制》，在书中，贾逵已经采用朱墨两种颜色来分别写经文和传注。稍后，董遇也曾著有《朱墨别异》一书。

公元 4 世纪时，葛洪所著《抱朴子》一书中，谈到道教将符咒刻在木板上，并用朱墨两色捺印在纸上，用的是涂印的方法。6 世纪时，有人将《神农本草》和陶弘景的《本草经集注》抄写在一起，用朱色抄原文、墨色写注释，形成朱墨两色的手抄书。唐代，陆德明撰《经典释义》，卷首"条例"中有"以墨书经文，朱字辨注，用相分别，便较然可求"的记述。唐明皇时，有一女子采用雕镂木版的方法，在丝织品上套印彩色花卉。这些方法，都为雕版的套色印刷，给予了明确的启示。

（二）辽代的套色印刷

1. 辽代的墨印填色

1924 年，在山西木塔四层主佛像胸部掏出一大批辽代文物，其中《炽盛光佛降九曜星官房宿相》和《药师琉璃光佛》为"墨印填色"版画。这种方法是，先用雕版墨印出图像来，再在需要处填染进去不同颜色，出现彩色效果，称之为"墨印填色"。

《炽盛光佛降九曜星官房宿相》一画雕版后，一次敷墨印刷而成，再填染红、绿、蓝、黄四种颜色。由于颜色搭配得当，重点突出，色彩绚丽，层次分明，质感丰富，气氛热烈。此画千年之后，仍鲜艳如初。

《药师琉璃光佛》画，共两幅，为一版所印，印好后，以朱砂、石绿两色填染，色彩至今依然鲜丽，不乏精彩动人之处。

以上三幅画均为"墨印填色"而成，这种"墨

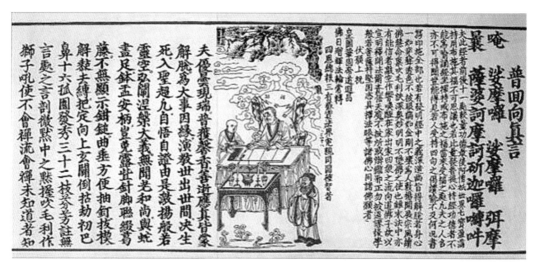

图 9-94 应县木塔中绢本《释迦说法相》

印填色"法，是雕版套色印刷的先河。

2. 最早的彩印佛像

应县木塔中绢本《释迦说法相》（图 9-94）共三幅，有人认为是缬夹法印刷，有人认为是涂色。具体印法是：先雕刻半版画面，然后分别刷染红、黄、蓝三色于不同部位，然后将绢对折印刷，再刷色，印另一半，展开后成全佛像。

普通雕版印刷，一次只能印出一种颜色，或墨、或红、或蓝，称"单色"或"单印"。套色印刷是在一张纸上印出几种颜色，每种颜色用一块版印。起初，人们在一块版的不同部位分别涂上不同的颜色，一次印成，称为"涂色"。这种方法严格地讲不能算套色印刷，因为用的是一块版，没有套色，是涂色。《释迦说法相》就是用涂色法印刷的佛像画。

涂色法已经十分接近套色印刷。

（三）元代的雕版套色印刷

元代，在雕版印书方面，开始使用了朱墨套印的方法。《中华印刷通史》云："1941 年发现的一部元代顺帝至元六年（1340 年）中兴路（今湖北江陵）资福寺刻印的《无闻和尚金刚经注解》就是用两色印出的。其经文为红色，注释为黑色，卷首刻有灵芝图也是两色相间的。这是中国现存时间最早的朱墨两色套印书籍的实物。原存南京，现收藏在台湾。

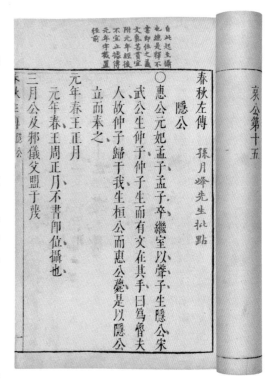

图 9-95 闵氏刻印的第一部套色印书《春秋左传》

因此，可以认为，中国套版印刷术用于印书的时间，至迟不会晚于 14 世纪。"

关于此书的印刷方法，仍有争议，有人认为是涂印方法印的，有人认为是雕版套色印刷的，争论

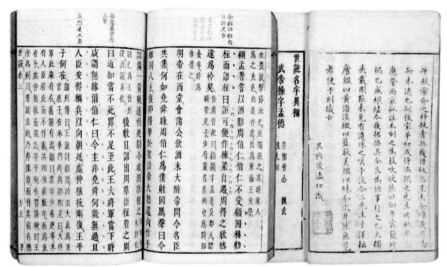

图 9-96 《世说新语》
凌瀛初四色套印刻本

仍在继续，还没有明确的定论，从各种情况的分析，好像雕版套色印刷的可能性大一些。由于雕版的套色印刷很复杂，印几色需要雕刻几块版，印刷时还要各版套印准确，费时、费力又费纸，使用起来有一定困难，很长一段时间并没得到真正的发展。

由于雕版的套色印刷很复杂，印几色需要雕刻几块版，印刷时还要各版套印准确，费时、费力又费纸，使用起来有一定困难，很长一段时间并没有得到真正的发展。

（四）明代的雕版套色印刷

套色印刷相对于单色印刷要复杂得多，自元代发明后，到了明代后期才开始兴盛起来，套色印刷技术也得到一定的提高

1. 闵氏的雕版套色印刷

闵氏指闵齐伋，字及五，号遇士，晚年自号"三山急客"。公元 1656 年，刻印了第一部套色印书《春秋左传》（图 9-95），他在"凡例"中说："旧刻中凡有批评圈点者，俱就原版墨印，艺林厌之。今另刻一版，经传用墨，批评以朱，校雠不啻三五，而钺刀之糜，非所计矣，置之帐中，当无不心赏，其初学课业，无取批评，则有墨本在。"卷末有题刻"万历丙辰夏吴兴闵齐华、闵齐伋、闵齐象分次经传"。"凡例"中除了讲明套色易读、成本高外，主要是改变

旧法。所谓旧法就是指 16 世纪以来，一批学者批点古书，不仅用两色，往往采用四五种颜色，这对于书肆印刷很感困难。

公元 1593 年，梅庆生雕版印书时，以不同的符号代替不同的颜色，看起书来既复杂，又不清楚。闵齐讲的"艺林厌之"，就是指这种方法，而采用套色印刷的则"无不心赏"。是年秋，他又用两色印刷了《檀弓》、《考工记》各一册。第二年，他又用三色套印《苏老泉评本孟子》二册。他按底本不同颜色，分别套色，印两次套版，一朱一黛，从两色增至三色，印出的书清晰、美观。这之后，他又印了《国语》、《基辞》、《韩文》等等，又三色套印了《杜子美七言律》一卷。

闵氏一门，除闵齐伋外，还有闵齐华、闵之衢、闵象泰、闵于忱、闵明曛等 30 多人参加套色印书，出版了不少书，以经、史、子、集为主。其中《史记钞》一书收有陈继儒作的序文，文中云："自道毋昭裔为宰相一变而为雕版，布衣毕昇再变而为活版，闵氏三变为朱评。书日富，亦日精。"热情地赞扬了闵氏对雕版套色印书的贡献。

2. 凌氏的雕版套色印刷

凌氏指凌濛初（公元 1580-1644 年），字玄房，号初成，别号"即空观主人"。凌氏是著名的小说家和出版家，编有名著《初刻拍案惊奇》、《二刻拍案

图9-97《苏长公
全集》凌启康三
色套印刻本

惊奇》等等，并套色印刷了不少书，有《诗选》、《东坡禅喜集》、《孟东野集》、《陶靖节集》等等。

凌氏一族，也有多人争相仿效，凌云仿效以套色印书，如五色套印杨慎批点本《文心雕龙》，并在"凡例"中云："杨用修批点，元用五色，刻本一以墨别，则阅之易溷，宁能味其旨趣？今复存五色，非曰炫华，实有益可观者。"又云："五色，今红绿青依旧，独黄者太多，易以紫，白者乏采，易以古黄。改之，特便观览耳，若用修下笔，每色各有意，幸味原旨可也。"这段话讲明五色套印的原意，更加符合原作的精神和旨趣，且美观、醒目。还有凌瀛初刻印的《世说新语》，（图9-96）采用四色套印，黑色印原文，用红、蓝、黄色分别印王世贞、刘辰翁、刘应登诸家的评注；凌启康刻印的《苏长公全集》，（图9-97）采用三色套印，等等。

闵、凌两家刻印的书，正文用仿宋印刷体，注释、批语多用手写体，版面清晰、爽洁、疏朗悦目。

3. 其他人的雕版套色印刷

明代除闵、凌两家之外，还有一些人从事雕版套色印刷，如万历末年刘素明刻印的《西厢记》，茅兆河刻印的《庄解》，茅坤刻印的《柳文》、《苏文忠公策选》，吴素省刻印的《苏长公密语》等等，并且很多书中有插图，插图为双色套印，雕工和印刷都十分精良。

（五）清代的雕版套色印刷

1. 官刻雕版套色印刷

清代前期，宫廷内府用套色印了一些质量较高的书，如康熙年间，内府印五色本《御制唐宋文醇》、《御选唐诗》、《曲谱》，朱墨两色本《朱批谕旨》，色调精雅清晰，墨色光泽，印于洁白的纸上，效果极佳。乾隆年间，内府套色印刷《御选词谱》、《劝善金科》、《西湖佳话》等，刻印精美，清丽醒目，为殿版套色印刷的代表作品。

2. 民间雕版套色印刷

清代，民间雕版套色印刷不如明代。较著名的有：道光十四年（公元1834年）涿州卢坤六色套印的《杜工部诗》，色彩斑斓，刻印俱佳；安徽刻印的《御制织耕图诗》，墨绿两色套印，很有特点；北宣阁刻印的《西厢记》；宋意庵刻印的《南游记》；听雨斋刻印的《楚辞集注》等等。

清代还彩色雕版套印了很多图画书、插图和年画等，如康熙五年（公元1666年）刻印的《耕织图》、《芥子园画传》等，还有大量的彩色年画，使清代的雕版彩色套印技术达到高峰。

（六）"饾版"与"拱花"

1. "饾版"与"拱花"

《中国印刷通史》云："'饾版'（图9-98）是将彩色画稿按不同颜色分别勾摹下来，刻成一块一块的小木板，然后逐色依次套印或迭印，最后形成一幅完整的彩色画图。这样印出来的作品颜色的浓淡深浅、阴阳向背，几与原作无异。饾版得名，是因其形似饾钉。'拱花'是用凸凹两版嵌合，使纸面拱起来的办法，与现代钢印的效果很相似，富有立体感，适于印鸟类的羽毛和山水中的行云流水。"

现在的平版彩色胶印，实际上是饾版印刷方法的发展，其实质还是一种颜色一块版，不过不是木版，是锌版，深浅也不是靠涂色的深浅，而是靠网点。饾版印刷技术在当时出现，确实是彩色印刷技术的一大进步，使印刷品更接近了原画。

"拱花"技术应用得也很广泛，经过不断地改进，已成为压凹技术，在商标、广告印刷品中大量地应用，

图 9-98 饾版

图 9-99 彩色印刷品《十竹斋书画谱》

并和烫金技术结合起来。"拱花"变成了压凹，压凹的版不是木版，而是金属版。

2. 胡正言

胡正言（公元 1581-1672 年），字曰从，徽州休宁人，后移居南京鸡笼山侧。因其家庭院中种竹十余竿，故用"十竹斋"做室名。胡正言曾官至中书舍人，后弃官，专心从事书画、篆刻等方面的创作和研究。明万历年间，出现"涂印"，由于印刷品不理想，有人曾用一色一块版的方法进行彩色印刷，达到较好的印刷效果。胡正言对这种方法——"饾版"，进行了试验和推广，印出了十分精美的《十竹斋书画谱》（图 9-99）共用了 8 年的时间，这是历史上第二部能表现深浅层次的彩色印刷品。

这之后，胡正言又开始了《十竹斋笺谱》的印刷工作，大约用十几年的时间才完成。《十竹斋笺谱》比《十竹斋书画谱》更为精致艳丽，受到很多人的高度评价。胡正言在"两谱"的印刷中，充分运用

了饾版技术，并加以改进，达到至善至美的高度，并在印刷《十竹斋笺谱》时，发明了"拱花"技术，成为印刷史上不朽的创造。

现存最早的木版彩色印刷品是天启六年（公元 1626 年），由漳州人颜继祖请江宁人吴发祥刻印的《萝轩变古笺谱》，比《十竹斋书画谱》早出版一年。

关于胡正言的"饾版"和"拱花"印刷的具体方法，李克恭（虚舟）在《十竹斋笺谱》序中有较为详细的记载，摘录如下："……嘉隆以前，笺制拙。至万历中，稍尚鲜华，然未盛也。至中晚而称盛矣。历天（天启）崇（崇祯）而愈盛矣。十竹诸笺，汇古今之名迹，集艺苑之大成。化旧翻新，穷工极变，毋乃太盛乎？而犹有说也。盖拱花 板之兴，五色缤纷，非不烂然夺目。然一味浓装，求其为浓中之淡，淡中之浓，绝不可得何也？饾版有三难，画须大雅，又入时眸，为此中第一义。其次则镂忌剽轻，尤嫌痴钝，易失本稿之神。又次则印拘成法，不悟心裁，恐损天然之韵。去其三疵，备乎众美，而后大巧出焉。然虚素静气，轻财任能，主人之精神，独有笼罩于三者之上而弥漫其间者。是谱也，创稿必追踪虎头龙眠，与夫仿佛松雪云林之支节者，而始倩从事。至于镂手，亦必刀头有眼，指节通灵。一丝半发，全依削鐻之神，得心应手，曲尽斫轮之妙，乃俾从事。至于印手，更有难言，夫杉杙棕肤，考工之所不载；胶清彩液，巧绘之所难施。而若工也，乃能重轻匠意，开生面于涛笺；变化疑神，奇仙标于宰笔。玩兹幻相，允足乱真。并前二美，合成三绝。"

胡正言的"饾版"和"拱花"印刷工艺，北京的荣宝斋和上海的朵云轩加以继承，发展成水印木刻，印刷了大量的精美作品，至今仍在复制国画、书法作品。

第十章
中国书籍的活字印刷

雕版印刷的发明和发展，对人类社会和文化事业的进步做出巨大贡献，而活字印刷又是一个新的里程碑。活字印刷传到西方后，受到热烈欢迎，因为它更适合拼音文字 ……

第十章　中国书籍的活字印刷

雕版印刷的发明和发展，对人类社会和文化事业的进步做出巨大贡献，而活字印刷又是一个新的里程碑。活字印刷传到西方后，受到热烈欢迎，因为它更适合拼音文字。活字最初是木活字，经过改进而成为铅活字，逐渐成为世界范围占统治地位的印刷方式，以后又逐步改进为胶版印刷。

图 10-1　毕昇雕像

一　活字印刷的发明

雕版印书比手抄书方便，这是个很大的进步。但是，首先要一块一块地写版、刻版，才能一页一页地刷印，这需要花费很多时间，有了错误也不容易改正，一套雕刻印版只能印一种书，印别的书，需要另刻一套版。另外，木刻雕版印刷量也不大，最多印上几百部，而且雕刻印版占的面积和空间很大，又易裂，不易保存。鉴于雕版印刷有这些缺点，改变这种印刷方式也是必然之事，活字印刷是适应社会的发展需要而产生的。

（一）毕昇

毕昇的情况，只在沈括的《梦溪笔谈》一书中有简单的记载，找不到其他有关记载毕昇的文献资料。

毕昇（图 10-1），生于何年不清，死于公元1052年，淮南人，布衣。所谓"布衣"，是没做过

官的普通百姓。历代，有关印刷技术方面及相关材料所记载有贡献的人，都是当过官的，如改进制笔技术的蒙恬，造墨的韦诞，改进造纸技术的蔡伦……《中国古代印刷史图册》中云，毕昇是刻版工匠，"曾至南京、杭州一带刻版，并发明活字版"。这段话是带有推论性的。毕昇不为官、非巨富，只是个刻版工匠，熟悉或精通雕刻技术，有可能发明活字印刷。

毕昇死后，他做的泥活字为沈括的侄子所收藏，说明生前毕昇没有用自己发明的泥活字开办自己的坊肆。沈括是杭州人，杭州又是雕版印刷极为发达的地区，活字版在杭州发明，是合乎情理的事情。沈括和毕昇都是宋朝人，沈括比毕昇晚去世45年，所以，沈括对毕昇的记载是依据的。

据沈括记载，毕昇也曾试验过以木制活字，没有成功。原因是刻木活字的版很薄，又须粘在别的木板上，印刷用墨是水质的，木见水后就变形，粘墨的木活字又很难去掉墨，须用其他药水，就失败了。之后才用胶泥制作泥活字，获得了成功。沈括把毕昇制做泥活字获得成功和制作木活字失败，都记载在《梦溪笔谈》一书中，这对后世有巨大贡献，对推动活字印刷的发展起了很大作用；王祯就是改进了毕昇制造木活字的缺点，才获得制造木活字的成功。毕昇的泥活字，对后来各种材料的活字的出现，都有很大的启迪作用。

（二）沈括

沈括（公元 1031-1095 年）（图 10-2），字存中，钱塘（今浙江杭州）人。北宋嘉祐进士，曾任扬州

图 10-2 沈括像

图 10-3 毕昇墓碑

司理参军及编校书籍的官职，曾参与王安石变法并出使辽国，后来担任翰林学士和权三司使等官职。后被弹劾，降为宣州知府等职。晚年居润州梦溪园。他博学多闻，对天文、地理、典制、律历、医药等都很精通，是我国古代著名的科学家和政治家。

沈括著作很多，《梦溪笔谈》是他晚年定居镇江梦溪园时所著，是他一生对科学研究、所见所闻的记录总集。全书正编 26 卷，又有补笔谈 3 卷，续笔谈 1 卷，共 609 条，他对毕昇发明泥活字版印刷的记载，在该书卷 18 中。

从沈括记载毕昇发明泥活字可以想到，雕版印刷的发明人，可能是个工匠，当时没有人记载，到现在也不清楚是什么人、什么年代发明的。所以，沈括对毕昇和毕昇发明活字印刷术的记载，作用是巨大的、深远的，应该敬仰毕昇的伟大发明，也应该感谢沈括的刻意记载。

（三）毕昇墓

1990 年秋，在湖北省英山县草盘地镇五桂敦村睡狮山麓出土了毕昇墓碑（图 10-3），引起各方的普遍关注。1993 年 10 月，6 位湖北省考古专家参加"毕昇研讨会"，并进行实地考察，作出正式鉴定："根据毕昇墓碑的形制、花纹及碑文内容考证，确定此碑是北宋皇祐四年（公元 1052 年）所立，墓主即我国北宋时期活字印刷术发明家毕昇。"1995 年 12 月，6 单位联合召开了"英山毕昇墓碑研讨会"，30 余位专家学者反复论证和实地考察后做出了"初步认定湖北英山发现的毕昇碑是北宋活字印刷发明家毕昇的墓碑"的认定。

对墓碑的认定是一件很重大的事情，意义非常深远；对毕昇墓碑和毕昇之孙毕文忠墓碑的勘察，进一步研究毕昇生平奠定了良好的基础。

（四）毕昇的泥活字

据《中华印刷通史》记载，毕昇是在宋代庆历年间（公元 1041-1048 年）发明了泥活字（图 10-4），宋代科学家沈括在《梦溪笔谈》卷 18 "技艺"门里做了详细介绍（图 10-5），全文抄录于下：

"板印书籍，唐人尚未盛为之，自冯瀛王始印五经，后世典籍皆为板本。庆历中有布衣毕昇又为活版。其法用胶泥刻字，薄如钱唇。每一字为一印，火烧令坚。先设一铁版，其上以松脂蜡和纸灰之类冒之。欲印，则以一铁范置铁板上，乃密布字印，满铁范为一板，持就火炀之。药稍镕，则以一平板按其面，则字平如砥。若止印三二本，未为简易，若印数十百千本，则极为神速。常作二铁板，一板印刷，一板已自布字。此印者才毕，则第二板已具。更互用之，瞬息可就。每一字皆有数印，如'之'、'也'等字，每字有二十余印，以备一板内有重复者。不用则以纸贴之。每韵为一贴，本格贮之。有奇字素无备者，旋刻之，以草火烧，瞬息可成。不以木为之者，文理有疏密，沾水则高下不平，兼与药相粘，不可取，不若燔土，用讫再火，令药熔，以手拂之，其印自落，殊不沾污。昇死，其印为予群从所得，至今保藏。"

根据沈括的记载，我们知道了泥活字发明的详细情况，即北宋庆历年间毕昇发明泥活字版，毕昇是普通百姓，他的活字是用胶泥制作，薄厚近似铜钱的厚度，每一个字为一个独立印字（活字），经火烧后很坚固，实质上成为陶质活字。排版前，先准备好一块铁板，在上面涂布一层松脂、蜡和泥灰之类的混合材料。印刷前，再拿一块铁范放置铁板上，可将活字整齐地、按次序地排放于铁范内，铁范排满为一版，拿铁板放在火上烤热，待松脂等稍熔化后，用一个平板压活字的上面，将活字压平，并且牢牢地附着于铁板上。为了使印刷速度加快，经常准备两块印版，当一块印版印刷时，另一块印版在排字。一块印完后，另一版已排好，两个工序相互交替着不间断地生产，提高了工作效率。每个活字可做几个，使用率高的如"之"、"也"等字，每个活字要做20余个，以备一个铁范内的重复使用。毕昇的活字存放方法，按韵的顺序贴在纸上成一贴，放在木格内存好。有特殊的字没有准备的，立刻刻好，用草火烧，很快就制成。

从这一大段描述来看，毕昇的泥活字与印刷工艺是很成熟的，技术非常熟练，也很完善。毕昇创造按音韵存放活字的方法，一直延用到清代，王祯和金简都使用了这种方法。文中还讲到制作木活字，木纹有疏密，上墨沾水后就膨胀，有的地方高，有的地方低，笔画有深有浅，不清楚，并且和药水粘在一起，不容易取下来，影响印刷效果。所以，这种方法不可取，不如用泥活字。沈括关于这一段木活字失败的描述也很重要，这对后来制造木活字的人给以经验教训，使他们另辟蹊径，王祯的木活字改掉了这些缺陷获得成功。

毕昇这套泥活字和用这套泥活字印刷的书籍，都未曾发现，其他文献也未见记载，无法做进一步的考证。

二　泥活字印刷的发展

毕昇用他的泥活字印过什么书，在《梦溪笔谈》

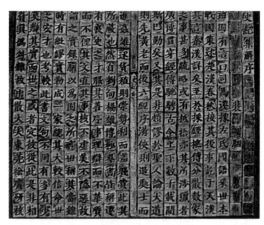

图 10-4　毕昇泥版模型

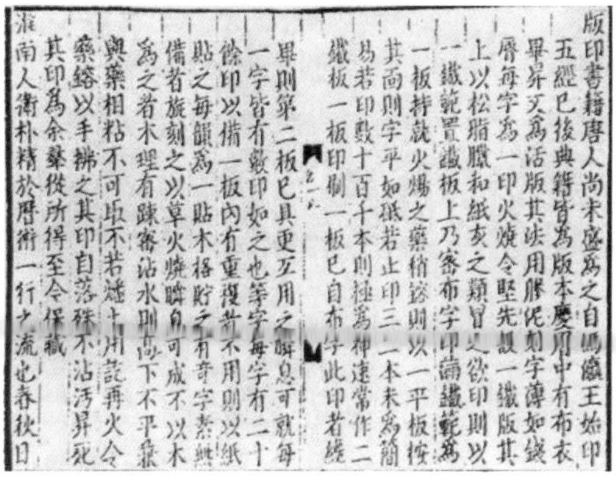

图 10-5　沈括《梦溪笔谈》中关于活字版的记载

中没有记载，其他文献中也没有记载，更见不到版本流传下来，但是他所发明的泥活字的制造方法和印刷工艺，对后人影响很大，一些人仿造他的方法，制造了泥活字，并印了书。

（一）几件泥活字印刷本

宋光宗绍熙四年（公元1193年），周必大在潭州（今湖南长沙）用沈括所记载的方法，以胶泥铜版刊印了他所著《玉堂杂记》，他在给魏元诚的信中云："近用沈存中法，以胶泥铜板移换摹印，今日偶成《玉堂杂记》二十八事。"

温州市郊白象塔出土一件佛经《佛说观无量寿佛经》印刷残片，经文按回形排列（图10-6），初步确定为宋代泥活字印刷品。经文残片的图形排列很有特点。温州和杭州同在浙江省，相距不远，毕昇发明的泥活字和这件残片同在宋代，之间有什么关系，尚须进一步考证。

武威市缠州村亥母洞遗址发现的西夏文的《维摩诘说经》（下卷残片），经确认为西夏时期采用毕昇发明的泥活字方法制造，用西夏文泥活字排印的，该经为经折装，这是现存世界上最早的泥活字印本。在日本、印度、俄罗斯，都发现有西夏泥活字印本。

元代，河南人姚枢（公元1201–1278年），曾任过佥河南行省事等职，与杨古用活字版印刷《小学》、《近思录》、《东莱经史论说》等书。明正德年间（公元1506–1521年），河南汝南一官员家中，掘出泥活字百个，字体如欧阳询书法，时人有的认为是宋代活字，也有人认为可能是姚枢造的泥活字。

（二）李瑶的泥活字印刷

清代道光年间，苏州人李瑶寄居杭州时，用泥活字排印了《南疆译史勘本》30卷，四周双边，单鱼尾，上下黑口，在书的后记中叙述了制字排印成书的经过。道光十年（公元1830年）用泥活字又印《南疆译史勘本》。

《南疆译史勘本》在后记中叙述制字排印成书的经过。略云：

"又续见诸书纪传中，随手增益，虽经排版印成，亦多按事翻改，赘积之……苕溪坊友吴昌寿助我代泉初事于梓者，东乡九品周剑堂。既而我子辛生来自芜湖，命之校字。楮本不足，则罄我行装，投诸质库，又不足乞贷市侩，耐尽诽嘲，自夏历秋，工徒百余，指不啻江上防兵，茇茇俗溃，独守我心，彬而复振。先尝驰书吴门幕中旧雨，翻以危言相恐，间指龊政同事诸朋，甚至敫关弗纳。竭智尽力，书乃有成。成之时，幸富阳周观察、芸皋，钱塘令同里石氏敦夫，各以白金一流为助；更得萧山蔡封翁松町偕其姝篷檬孝廉转贷相资，而西兴杨子渭东复担米负薪书襄，厥事庶几塔顶满光，不日成之矣。不才必以坎壈之状历了赘于斯者，将以见成此一书之匪易易。藉可示我后人卖为活之难乎其难也。是书初印凡八十部，已糜用平泉三十万有奇，彼一江上下，十年前后之

图10-6 现存最早的活字本，版式非常有特点

奉觞为寿，折简为盟及谊称世执者，或呼之弗膺，或望之则走，皆际若冰炭也噫！己丑秋仲吴山观潮之后二日，七宝转轮藏主人子玉氏并记。"

道光十二年（公元1832年），李瑶用泥活字排印了自著《校补金石例四种》（图10-7），在自序及前封面中，对李瑶制字、排印经过，有较为详细的叙述。序文中云："余乃慨然思广其传，即以自治胶泥板统作平字掉之，且以近见吴江郭氏祥伯之《金石例补》补之。"书前有封面，右面题书名《校补金石例四种》，钤"金石刻画臣能为"白文朱方印记；左面题"七宝转轮藏定本，仿宋胶泥版印法"（篆文），旁盖"本部实兑纹银四两"木戳。左右双边，上下黑口，单鱼尾。

（三）翟金生的泥活字印刷

在用泥活字印刷方面，最有成就的是清代安徽泾县水东村翟金生。翟金生字西园，是一位秀才，以教书为生。他根据《梦溪笔谈》中毕昇制造泥活字的方法，竭尽30年不倦地研制，做成五套不同字号的泥活字，约10多万个。于道光二十四年（公元1844年）试印了自己的《泥版试印初编》（图

10-8）一书，并题有"泾上翟金生西园氏著并自造泥字"，扉页印有"歙州翟西园自造泥斗板"几字。书用白连史纸印，字画精匀，纸墨俱佳。包世臣在序中介绍了翟金生造泥活字的经过、泥活字印刷品的精良和翟氏的不倦精神。其中云："木字印二百部，字画就胀大模糊，终不若泥版之千万印面不失真也。"翟氏把这套泥活字印本书称为"泥斗板"，还叫"澄泥板"或"泥聚珍板"。翟氏后来又排印了《泥版试印续编》。

翟氏还用这套泥活字印了《仙屏书屋初集》《修业堂集》《文抄》《肆雅诗集》《留芳斋遗稿》《仙屏书屋初集诗录》《水东翟氏宗谱》等书。

翟氏所用材料为精选的胶泥，泡水中，过滤澄清，造字称"澄泥"活字。造字时将木模和铜范合并，放入字泥，铸成一个泥活字坯型。造好，再入炉烧炼，烧成可用活字。1962 年，安徽发现有四种大小型号的泥活字，还有阴文正体字模，推测为翟氏活字。时隔约 800 年左右，翟氏泥活字验证了毕昇的泥活字技术，这在历史上是很有意义的。

图 10-7 清代李瑶泥活字印本《校补金石例四种》

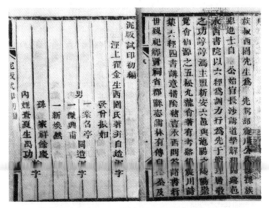

图 10-8 清代翟金生用泥活字印刷的《泥版试印初编》

三 活字印刷的发展

毕昇成功地创造了泥活字制作工艺，对后世启发很大。他失败的木活字制作工艺，后世吸取了教训，也获得了成功，并且还创造了铜活字、锡活字和铅活字。

（一）西夏的木活字印刷

1991 年 8 月，在宁夏贺兰县拜寺沟方塔废墟中出土了西夏文佛经《吉祥遍至口和本续》（简称《本续》）（图 10-9），白麻纸精印，蝴蝶装，有封皮、扉页，封皮上贴有标签。文字工整秀丽，版面疏朗明快，纸质平滑，墨色清新，是我国最早发现的西夏木活字印刷本。《中华印刷通史》认为，这是"迄今为止世界上发现最早的木活字版本实物，它对研究中国印刷史和古代活字印刷技术具有重大价值"。

西夏文《三代相照言文集》，蝴蝶装书，文末有

图 10-9 现存最早的木活字本《吉祥遍至口和本续》及西夏文雕版残片

"活字新印者陈集金"题款。《大乘百法明镜集》，经折装，木活字本，印刷质量较差。《德行集》，蝴蝶装，文字点画到位，劲峭有力，印刷质量较好，木活字本。

西夏活字版印本的发现，具有重大的学术价值，尤其是《本续》，具有更多的早期活字版印本的特点和性格，提供了研究古代活字印刷技术的最新资料。

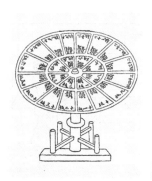

图 10-10 王祯发明的转轮排字盘示意图

（二）王祯的木活字印刷

1. 王祯

王祯，字伯善，山东东平人。元元贞元年（公元 1294 年）任安徽京德县尹，大德四年（公元 1300 年）任江西永丰县尹。他对农业很有研究，总结了农业先进技术，提倡科学种植桑麻黍麦，著有《农书》一书。《农书》的"农器图谱"，不仅是狭义上的农具，也包括蚕缲、蚕桑、麻苎等 5 门 65 目。《农书》具体阐述了南北不同纬度、光照、气温，以及不同的土质和不同的海拔高度、干湿寒暖等，都有不同的适宜科学种植的植物，还有关于除杂草的方法及不同季节采取的不同方法等等。王祯是一位伟大的生产革新家，他积极参加各项农业生产工具的改进，促进了生产的发展，在创造木活字的同时，还发明了转轮排字盘（图 10-10）。

以前一直认为，王祯首创木活字版。但是，西夏木活字印刷品出土后，却将木活字的发明和使用提早了一个朝代。西夏距离安徽甚远，西夏的木活字又是西夏文，很难说王祯是受西夏木活字的影响，而更可能的是受沈括《梦溪笔谈》中关于毕昇发明泥活字的启发。王祯虽然不能说首创木活字版，但对木活字的创造和应用以及发明转轮排字盘的贡献却是巨大的。

2. 王祯的木活字与转轮排字盘

王祯把他制作木活字以及排版印刷的技术、工艺，作了详细的总结，题为《造活字印书法》（图 10-11），附在《农书》的后面，这是我国历史上最早、最详细的介绍，原文如下：

"古时书皆写本。学者艰于传录。故人与藏书为贵。五代唐明宗长兴二年。宰相冯道、李愚，请令判国子监田敏，校正九经刻板印卖，朝廷从之。锓

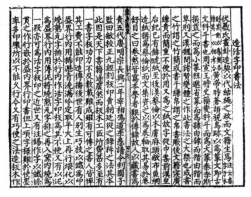

图 10-11《农书》中载有"造活字印书法"

梓之法，基本于此。因是天下书籍遂广。然而板木工匠所费甚多，至有一书字板。功力不及。数载难成。虽有可传之书，人皆惮其工费，不能印造传播。后世有人别生巧技，以钱为印盔界行。用稀沥青浇满冷定，取平火上，再行煨化。以烧熟瓦字，排于行内，作活字印板。为其不便，又以泥为盔界行。内用薄泥，将烧熟瓦字排之，再入窑内烧为一段，亦可为活字板印之。近世又铸锡做字，以铁条贯之作行，嵌于盔内界行印书。但上项字样，难于使墨，率多印坏，所以不能久行。今又有巧便之法，造板墨作印盔，削竹片为行，雕板木为字，用小细锯锼开，各行一字，用小刀四面修之，以试大小高低一同，然后排字作行，削成竹片夹之。盔字既满，用木楄楔（先结切）之使坚牢，字皆不动然后用墨刷印之。写韵刻字法，先照监韵内可用字数，分为上下平上去入五声，各分韵头，校勘字样。抄写完备，作书人取活字样，制大小写出各门字样，糊于板上，命工刊刻，稍留

图 10-12 王祯转轮排字图

界路，以凭锯截。又有语助词之乎者也字及数目字，并寻常可用字样，各分为一门，多刻字数，约三万余字。写毕，一如前法。镂字修字法，将刻讫板木上字样，用细齿小锯，每字四方镂下，盛于筐器内。每字令人用小裁刀修理齐整，先立准则，于准则内，试大小高低一同，然后另贮别器。作盔嵌字法，于元写监韵各门字数，嵌于中盔内，用木楇楇之大。摆满用木楇轻楇之，排于轮上，依前分作五韵，用大字标记。造轮法，用轻木造为大轮，其轮盘径可七尺，轮轴高可三尺许。用大木砧凿窍，上作横架，中贯轮轴。下有钻臼立转轮盘，以圆竹笆铺之。上置活字，板面各依号数，上下相次铺摆。凡置轮两面，一轮置监韵板面，一轮置杂字板面，一人中坐，左右俱可推翻摘字。盖以人寻字则难，以字就人则易。以此转轮之法，不劳力而坐致字数，取讫，又可铺还韵内，两得便也。取字法，将元写监韵另写一册，编成字号。每面各行各字，俱计号数，与轮上门类相同。一人执韵，依号数喝字，一人于轮上元布轮字板内，取摘字只嵌于所印书板盔内。如有字韵内别无，随手令刊匠添补，疾得完备。作盔安字刷印法，用平直干板一片，量书面大小，四周围作栏。右边空，候摆满盔面，右边安置界栏，以木楇楇之。界行内字样，须要个个修理平整。先用刀削下诸样小竹片，以别器盛贮。如有低邪，随字形衬（徒念切）楇之。至字体平稳，然后印之。又以棕刷顺界行竖直刷之，不可横刷，印纸亦用棕刷顺界行刷之。此用活字板

之完法也。前任宣州旌德县县尹时，方撰农书。因字数甚多，难于刊印，故用己意命匠创活字。二年而工毕。试印本县志书，得计六万余字，不一月而百部齐成，一如刊板，始知其可用。后二年，途迁任信州永丰县，挈而之官。是时农书方成，欲以活字嵌印。今知江西现行命工刊板，故且收贮以待别用。然古今此法未见所传，故编录于此，以待世之好事者，为印书省便之法，传于永久。本为农书而作，因附于后。"

王祯制作活字的方法，是按韵写字后贴到木板上，以使每个活字高低一致，字与字之间留有一定的间隙，刻好，用细齿小锯将版上的字锯成单个字，单字进行修理，用"准则"测量活字的"大小高低"，使其一致。活字做好后放在转轮排字盘内，按韵排好，随时准备取用。

王祯约做了三万多个活字，对常用字"多刻字数"。王祯的木活字改造了毕昇木活字的缺点，加大活字的高度，使用紧挤的方法固定活字。活字的体积加大，解决了字面因刷湿变形的问题。排字时，活字放盔内，行间嵌竹片制成的空条，并在一边"安置界栏"，紧固，印刷时，"以擦刷顺界行竖直刷之"。

王祯对排字技术做出的贡献，是他的转轮排字盘。《中国古代印刷史》云："这种排字盘直径为七尺，高为三尺，有竖轴可以转动。两个转轮排字盘组成一副，一轮上的活字按韵序存放，另一转轮存放'杂字'。排版时一人坐中间，推动转盘取字，正如王祯

所说的，'以人导字则难，以字就人则易，此转轮之法不劳力而坐致字数'。实际排字时需两人配合，一人读稿并指出韵号，另一人坐中取字。"（图10-12）

（三）明清时代的木活字印刷

明代，木活字印刷有很大发展，印的书也越来越多，多为万历印本。现存明代木活字印刷的《毛诗》，末行"自"字横排，字体虽有宋体字的特点，但是楷体字的味道也很浓。明代还用木活字排印"家谱"，说明木活字应用已很广泛。

清末，木活字已普遍使用，还出现了专门使用活字印刷的机构"活字印书局"、"聚珍堂"等。用木活字印刷的书籍也很多，如《义门郑氏道山集》《端海集》《后山居士诗集》等等。

武英殿初刻过《易律八种》、《汉官归仪》、《魏郑公谏续录》、《帝苑》等书，最大规模的木活字印书是高宗御批的《聚珍版丛书》，有134种，公元1794年印成，白口，版心右下方有校勘官姓名，初印本上下栏线整齐划一，颇具特色。每种书首，有提要和高宗御题聚珍版小韵诗序。主办人金简把这次制造木活字的经过和方法，写成《武英殿聚珍版程式》一书。它比王祯的《造活字印书法》更为全面、系统，而且在刻制木活字、制作字架和板框及操作技术等方面，比王氏有所改进。

清代前期，比较著名的活字本有婺源紫阳书院于乾隆五十五年（公元1790年）排印的《婺源山水游记》。该书半页9行，行22字，四周双边，白口，单鱼尾，无界格，版心下题刻"婺源紫阳书院藏版"字样。

民间用木活字也排印了不少书，如曹露撰、高鹗续的《红楼梦》（图10-13），半页10行，行24字，四周双边，白口，单鱼尾；昆山陈模编辑的《淞南志》，半页9行，行24字，左右双边，白口，单鱼尾；爱日精舍排印的《续资治通鉴长编》、六安晁氏排印的《学海类编》、金陵甘氏津逮楼排印的《帝里明代人文略》、金陵官书局排印的《三国志注》、陆文衡撰《啬庵随笔》、常熟赵氏旧虞山《保闲堂集》、瘦影山房排印的《徐霞客游记》等等。到清代晚期，

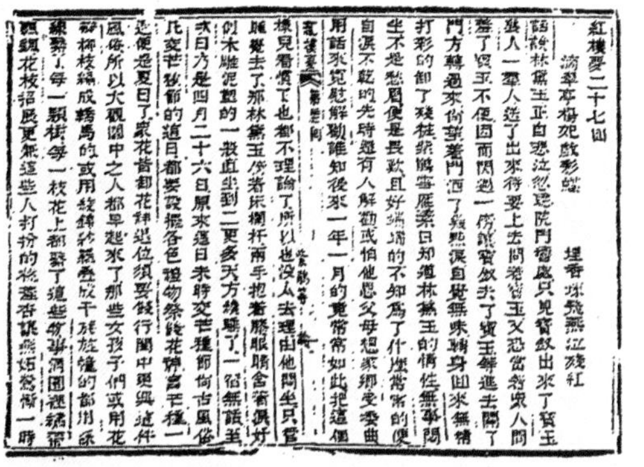

图 10-13 清代萃文书屋木活字印本《红楼梦》

图 10-14
清代广东唐氏锡活字印样

活字印本的书已经很多了。

清代，木活字印刷的地区逐渐普遍起来，其印刷内容十分广泛，经、史、子、集四部皆备，流传至今的约有两千多种。

（四）锡活字和铅活字印刷

毕昇发明的泥活字，虽然取得了成功，但无论从泥活字的制造工艺上，从笔画的光洁度上，从泥活字的结实程度上，都存在一定的缺点。人们在赞扬之余，也在进行着探索，寻找新的更为理想的材料。开始使用结实易熔的金属，而金属活字的应用，标志着印刷技术又发展到一个新的水平。

1. 锡活字印刷

王祯在《造活字印书法》一书中云："近世又有

图 10-15 明代铜活字印本《初学记》

图 10-16 清内府铜活字本《古今图书集成》

铸锡作字，以铁条贯之作行，嵌于盔内，界行印书。但上项字样难以使墨，率多印坏，所以不能久行。"这段话可以理解为锡活字或者在木活字之前的宋代就有，或者至少在王祯使用木活字时，锡活字也在使用。由于当时雕版印刷的用墨是水质的，很难在锡上"使墨"，印出平的滴凸不好，"率多印坏"。所以，用锡做活字这项技术很难发展下去，"不能久行"。公元 1850 年，广东佛山唐姓书商，出资 1 万元，铸造了 20 多万个锡活字，并印有"广东唐氏锡活字印样"（图 10-14），这是一种扁体正楷，而他铸造的两种长体字则近似仿宋体的字，印刷《文献通考》348 卷，120 大册。其他，未见记载。

2. 铅活字印刷

这里指的铅活字，并非现在一些小厂或偏远地区的印刷厂所使用的铅字，而是古代的铅活字。现在所用的铅字，是由外国传入中国的铅、铜合金活字，或中国利用外国的技术制造的铅字，两者是不同的。

明代，弘治末年正德初年（公元 1505-1508 年），陆深在《金台记闻》一书中云："近日毗陵（即常州）人用铜、铅为活字，视板印尤巧便，而布置间讹谬尤易。"这段话说明当时铜活字和铅活字都存在，印刷时非常灵巧、便利，只是没有印本流传下来，无以视其物。清代，公元 1834 年，湖南人魏崧在他所著《壹是纪始》一书中云："活板始于宋……今又用铜、铅为活字。"可见，清代也有人制造过类似古代的铅字。

中国古代制造的锡活字和铅活字都没有流传下来，也没有见到印本，可能有三种情况：

(1) 造了活字，没有印刷成书；

(2) 造了活字，勉强印刷成书的品种很少，册数也不多；

(3) 有很少的印本在民间，还没有发现。

（五）铜活字印刷

关于铜活字出现的年代，有人说铜活字在宋代出现，有人说铜活字在明代出现，上海博物馆收藏的北宋"济南刘家功夫针铺"印广告用的铜版，也许能说明问题。

1. 明代的铜活字印刷

最早使用铜活字规模最大的，当推明代华燧的会通馆。

华燧（公元 1439-1513 年），字文辉，号会通，江苏吴锡人。他几乎用了大半生的精力，从事铜活字的制造和印刷。他自己说："燧生当文明之运，而活字铜板乐天之成。"

他先后制成大、小两套铜活字，排印的第一部书是《宋诸臣奏议》，因铜字难受水墨，墨色浓淡不匀，字排得参差不齐，书中错误很多。这种情况正好说明，初期的东西总是不成熟的。华燧还印有《锦绣万花谷》、《容斋随笔》、《文苑英华辨证纂要》、《古今合璧事类前集》、《百川学海》、《音释春秋》、《盐铁论》

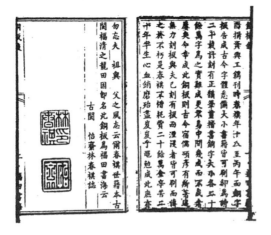

图 10-17 清代林春祺铜活字印《铜版叙》

等等。华燧用铜活字印的书很多，在历史上是少有的。会通馆的印刷者名字，多排列在书的中缝内。

华燧的叔父华珵，用铜活字印过《渭南文集》和《剑南续稿》。

华燧的侄子华坚几与华燧齐名，用铜活字印了《白氏长庆集》《元氏长庆集》《蔡中朗文集》《外传》等等。华坚兰雪堂所印的书，多在目录后或末印有图记，有"锡山兰雪堂华坚允刚活字铜板校正印行牌子"或"兰雪堂华坚活字铜板印"篆文印记。

无锡安国桂坡馆也排印了不少书籍，第一部用铜活字排印的是《东光县志》，这是历史上最早使用铜活字印刷的地方志。又排印了《吴中水利通志》，书中注明"嘉靖甲申安国活字铜板刊行"。还印有《颜鲁公文集》《古今合璧事类备要前集》《后集》《春秋繁露》《初学记》（图 10-15）等等。安国所印的图书校勘精良，为后来藏书家所重视。

明代，在苏州、常州、杭州、建宁、建阳、南京、广州等地，也有用铜活字印刷的记录。如孙贲的《西庵集》《玉台新咏》《玉歧公宫词》《诸葛孔明心书》、《墨子》等等，这些书多有牌记，主要记载印书者、铜版印行和印书时间。

2. 清代的铜活字印刷

清代，铜活字印刷有所改进，印刷规模也比较大，但印的书却不如明代多。民间用铜活字印书有《文苑英华律赋选》，四周双边，黑口，双鱼尾，封面题"吹黎阁同板"五个字，此书印刷十分精美；还印有《松鹤山房诗集》9 卷等。

清初，内府曾印过《星历考原》、《数理精蕴》、《律吕正义》等书籍。清代最大规模的一次铜活字印书，是雍正四年（公元 1726 年）至雍正六年（公元 1728 年）排印的大型类书《古今图书集成》（图 10-16），全书 10000 卷，分订 5000 册，分装 523 函，另两函目录。书籍卷帙之大，排字、印刷之精美，著称于世。该书选用开化纸和太史连纸两种纸料印刷，细软洁白，黑白分明，装帧华丽大方。每半页 9 行，行 20 字，白口，四周双边，书中附图以木刻雕版印刷。印刷《古今图书集成》的这套铜活字贮存于武英殿铜字库，后全部销毁，改铸铜钱，甚是可惜。

清代后期，林春祺请人刻铜活字 40 多万个，用了 21 年的时间。他是福建福清县龙田人，因而把铜活字命名为"福田书海"。他用这套铜活字印有《音学五书》、《音论》和《诗本音》。《诗本音》每半页 8 行，行 19 字，四周双边，白口，线鱼尾，版心下刻"福田书海"4 字。书前有封面，封面上题"福田书海铜板活字板，福建侯官林氏珍藏"17 字。在《音论》卷首，林氏写有一篇《铜板叙》（图 10-17），记录了他刻制铜活字的起因和经过，是一篇记述铜活字的珍贵文献。

四 铅印、石印、珂罗版印刷和胶版印刷

铅印、石印、珂罗版印刷和胶版印刷是四种不同的印刷方法，传入中国的时间也不同，效果不同，影响也不同，与装帧形态的演变有很大的关系。

（一）铅印

铅印是用铅活字版印刷的一种印刷技术，中国古已有之，只是因为技术问题未被推广。而外国的铅印传入中国的时间被认为是：1807 年英国传教士马礼逊在广州雇人刻制中文字模。这种铅活字是用铅、锑、锡的合金，硬度较大，用此种活字印刷

图 10-18 吴友如绘点石斋石印工场

比中国传统铅活字印刷术更为先进，因而得到推广。

　　这种铅活字印刷工艺，主要由字模镌刻、铸造铅活字、拣字排版、装版印刷等工艺组成，可以双面印刷，节省了纸张，加上新的装订方式的出现，改变了中国传统的书籍装帧形态。

　　由于铅字印刷要有中文文模，促使外国人进行了一系列的制作技术上的改进；鉴于汉字浩繁，镌刻汉文字模和铸造汉文活字等工程浩大，到 1859 年，美华书馆才制作出七种汉字字模，并逐渐被其他书馆采用，得到推广。同时，铸字机、凸版印刷机、泥版、纸型铅印印刷技术等，也逐渐传入中国，铅印在中国逐渐发展成熟。

（二）石版印刷

　　"石版印刷是以石板为板材，将图文直接用脂肪性物质书写、描绘在石板之上，或通过照相、转写纸、转写墨等方法，将图文间接转印于石板之上，进行印刷的工艺技术。"（张树栋、庞多益、郑如斯等著《中华印刷通史》）如果直接在石板上描绘、书写称为"绘石"，只能印刷简单、线条图文印件；如果通过照相等方法则称为"落石"，可分为彩色石印和照相石印，照相石印已出现网点，可以分出层次，这是雕版印刷做不到的，也为胶版印刷的出现创造了条件。

　　绘石石印方法由塞纳菲尔德在 1796 年发明，1832 年由传教士带入中国，1876 年上海徐家汇土山湾印刷所的石印、铅印部开始采用石版印刷书籍。1877 年，英国商人美查在上海开设"点石斋印书局"（因为用石印印刷，所以称"点石斋"），印刷《康熙字典》等书籍，《康熙字典》销路很好，数月间销售十万部，点石斋印书局获利很大，致使各地书商纷纷效仿，石印业在中国近代得到较快发展。

　　彩色石印传入中国晚了约半个多世纪。1904 年，文明书局始办彩色石印。

　　照相石印分单色照相石印和彩色照相石印，单色石印传入中国较早；彩色照相石印 1931 年由美国人汉林格传入中国，这是最复杂的石版印刷工艺。图 10-18 为吴友如绘点石斋石印工场图。

（三）珂罗版印刷

　　珂罗版印刷为德国海尔拔脱于 1869 年左右发明，传入中国大约在清光绪初年（1874 年）。"珂罗版是以玻璃为版基，在玻璃上涂布一层重铬酸盐和明胶溶合而成的感光胶成感光版，经与照相底片密合曝光（晒版）制成印版进行印刷的工艺技术。"（张树栋、庞多益、郑如斯等著《中华印刷通史》）

　　珂罗版采用分色、网点原理，可以印刷各层次的彩色美术、书法作品，颜色逼真、细腻，极为精美，传入中国后，不久即为国人引用。珂罗版印刷使用了很长时期，直到电子分色的应用才被逐渐淘汰。

（四）胶版印刷

　　金属版直接印刷是以铅版或锌版为版材，将图文落于金属版面上，制成印版进行印刷。这种印刷方法是针对石版笨重加以改进而成。1900 年美国人罗培尔发明间接平版印刷，俗称"胶印"。1930 年传入中国，逐渐被中国人采用，并得到发展。在现代印刷中仍广泛地使用，占主导地位，印书、印画、印各种宣传品都用胶印方法。

　　印刷分平印、凸印和凹印。平印包括石印、珂罗版印刷和胶印；凸印主要指铅印（雕版印刷也是凸印）；凹印是用来印刷钞票和有价证券的印刷方式。

第十一章
中国书籍装帧与文化

　　书籍本身就是文化的结晶，它一产生，自身就具备两种属性，一曰精神属性，一曰物质属性。所谓精神属性是指书籍的内容是随着时代的发展而变化的，它反映不同时期古代书籍的思想意识、政治倾向、经济状况、文化风尚以及科学技术发展状况等等；所谓物质属性即指它的装帧形态 ⋯⋯

第十一章　中国古代书籍装帧与文化

书籍本身就是文化的结晶，它一产生，自身就具备两种属性，一曰精神属性，一曰物质属性。所谓精神属性是指书籍的内容是随着时代的发展而变化的，它反映不同时期的思想意识、政治倾向、经济状况、文化风尚以及科学技术发展状况等等；所谓物质属性即指它的装帧形态。

书籍的装帧形态是随着书籍的制作材料、制作方式、社会的经济状况以及文化的发展和需要而变化的。其中，古代文化对古代书籍装帧形态的形成和发展是深层影响和潜移默化的，古代书籍的版式、编排结构及装订方法，都受着中国传统文化"天人合一"思想的影响，也是当时的统治思想在装帧形态上的反映。

在叙述中国古代书籍装帧形态与中国传统文化的关系之前，了解一下陈志良博士在《与先哲对话》一书中对传统和传统文化的理解也许会有所裨益："传统实际上指的是由历史沿传下来的、体现人的共同体特殊本质的基本价值观念体系。传统一般都是人们生活中最权威的行为模式，它渗透在一定民族或区域的思想、道德、风俗、心态、审美、情趣、制度、行为方式、思维方式以及语言文字之中，具有极其宽泛的含义。传统具有潜意识性、群属认同性和可塑性等特征，它是人们在漫长的历史活动中逐渐形成并积淀下来的东西，它具有相对的稳定性，深深地影响着现在和未来……传统文化是从历史上沿传下来的民族文化。"中国传统书籍装帧作为精神产品、文化产品，和传统文化必然有着千丝万缕的联系，有着内在的同一性。

一　"天人合一"与书籍的版式

中国传统文化的核心思想之一"天人合一"，对书籍的版式有深远的影响，在书籍装帧书中表现得尤为明显。

（一）初期形态的书的版式

我国最早的文字是甲骨文，它已经完全具备汉字"六书"的六大构成类别，点画基本上都是由一些长短线互相配合构成，具有被称为"方块字"的非常显著的特点。甲骨文既然是方块字就存在排列的方法，是竖排还是横排，是由左往右还是由右而左？现在人们习以为常，并不觉得成什么问题，但是它的形成和发展，在当时，不是偶然而为的，这和遥远的甲骨文时代的社会背景和思想意识紧密相连。

《尚书·召诰》云："有夏服（受）天命。"《论语·泰伯》云：禹"致孝乎鬼神"。说明夏代奴隶主已假借宗教思想来欺骗压迫人民，进行统治。这时已有关于"天"的意识，只是还比较朦胧。

到了殷商，形成一种和巫术紧密结合的宗教迷信。这种迷信认为：宇宙有一个至高无上的神，叫做"帝"或"上帝"。"上帝"有如父亲，"下帝"有如儿子，即所谓"天子"。做儿子的，一切都得服从父亲的命令。如殷墟甲骨卜辞中有"甲辰，帝令其雨？""帝其降堇（馑）？"等话。而担任这"下帝"与"上帝"之间媒介任务的，就是所谓的文化官，即卜、史、巫、祝，由他们占卜，甲骨上的文字也由他们刻写，他们是当时的知识分子。

在卜辞中，对于上天的称呼，只称"帝"或"上帝"，尚未发现称"天"的。"天"字虽有，但"天"字作"大"字用，不是指上天。不过，这只是对具有"上帝"

意义的"天"字不曾发现而已。适如郭沫若先生所说，只称"帝"可以表示出双重的意义：既有至上神的意义，又兼有宗祖神的意义。作为至上神则有从上到下的连续的含义；作为宗祖神则有从远古到当今的连续的含义。刻写卜辞的卜、史、巫、祝，他们代表"上帝"，权力甚大，就是秉承"上帝"——"天"的意旨，支配人世间的一切。所以，不管出自哪种意义，在刻写卜辞时，对于方块字必然是从上而下的顺序连续刻出，这样的刻法既可秉承"天"的旨意，又可连续刻出，从上到下，从天到地，形成竖写直行的款式；横写、横刻就不会有这种意义了，所以，不管体现哪种意义，在刻写卜辞时，对于方块字必然是从上而下的顺序连续刻出，这样的刻法既可秉承"天"的旨意，又可连续刻出，从上到下，从天到地，形成竖写直行的款式；横写、横刻就不会有这种意义了，所以，横写、横刻在当时不可能出现。同时，"帝"字在卜辞中作米形，像花蒂的形状。由花蒂而果实，果实中又孕育出无数的花蒂来，绵延不断。"帝"字像花蒂形，也就表征着：在"上帝"和"夒"帝的意志之下，由上而下。

甲骨文卜辞的刻写一般都是竖写直行，下行而左，比如称为甲子表（非记事训辞）的甲骨文，刻写方法就是这样，其他的例子也非常多。甲骨文有一部分是直接用刀刻的，有一部分是先用笔写后再刻的，据考察很像毛笔书写的，而且书写方法与现代用毛笔书写很类似，只是刻时先刻竖画，再刻横画。可以想象，刻完右边这一竖后，再刻左边一竖，致使毛笔书写的笔画不容易擦坏，如果先刻左边一竖，则手掌很容易擦坏毛笔书写的字。所以，先右后左给刻带来方便，同时也影响到书写和阅读。另外，中国古代以右为上，以左为下。从上而下，自然也就是先右而左了。由于先右而左的读法，使后来的册页书形成从左往右的翻法，直到横排书籍出现之前。现在，竖排书仍采用传统的翻法。

甲骨文卜辞的刻写一般是竖写直行，下行而左，有些卜辞却是下行而右。卜辞的这种特殊的款式（版面文字的排列方法，或版式），不是为了书写的方便与否，而是与占卜所得的卜兆分不开。刻辞在卜兆

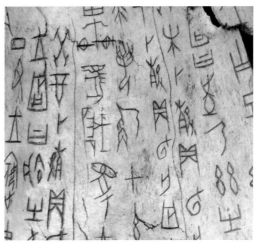
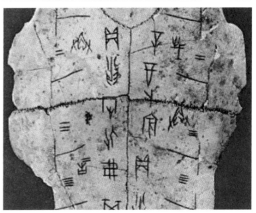

图 11-1 甲骨文书的"版式设计"

两旁对称的位置上，向内对贞，迎兆刻辞。例如，刻写在龟甲上的卜辞一般分为两种：一种是龟甲左右边缘部位的刻辞，刻写时由外向里，即位于龟甲左边的行款由左向右，位于右边的行款由右向左；另一种是位于龟腹甲中缝两边的刻辞，则由里向外，即在左边的行款从右向左，在右边的行款从左向右。这样刻写的款式，是根据占卜的需要——因为卜兆是"天"的旨意，以"天"为上而延续，形成这种特殊的排版形式（图 11-1）。

另外，中国古代文字从上往下竖排，从右向左读，可以追溯到旧石器时代伏羲造的八卦。伏羲氏是我国文献记载中最早的智者之一。《易传》云："仰则观象于天，俯则观法于地，观鸟兽之纹与地之宜，远取诸物，近取诸身，于是始作八卦，以通神明之德，

图 11-2 伏羲先天八卦图

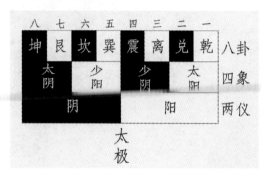

图 11-3 伏羲八卦次序图

以类万物之情。"（图 11-2）中"乾"在上，"坤"在下，"乾"代表天，"坤"代表地，天在上，地在下。伏羲先天八卦是圆形，中间部分是太极，天地间的万物都是由太极生成的，人在天地之间，要适应泽、火、雷、风、水、山才能生存，才能完成接天连地，秉承天的意旨，而接天连地，从上而下。

《伏羲八卦次序图》（图 11-3）中"乾、兑、离、震、巽，坎、艮、坤"其排列顺序为："一、二、三、四、五、六、七、八"，从最右边的"乾"开始，到最左边的"坤"结止，从右依次向左，这个排列顺序奠定了中国古代以右为上，以左为下的思想基础。这个思想应用在文字的排列次序上，形成从右向左顺读，并在古籍中被延用，逐渐形成习俗。汉代及以前以右为上，左为下，或右尊而左卑。《史记·田

叔传》云："上尽召见，与语，汉廷臣毋能出其右者"。"无出其右"成为成语。汉代以后，这种说法发生了变化，成为以左为上，以右为下。而竖写直行、由右而左的书写方式却传延下来，直到线装书，而现在一些书还用这种的排版方式。

（二）"天人合一"思想的定型

两周代替了殷商后，周人在政策上继承了殷人"天"的思想。春秋时期，子产等人不相信有超自然的神秘的"天命"和鬼神，把所谓"天"或"天道"不再看作超自然的意志，力图按照自然界的本来面目来看待自然界。

到了春秋末年战国时，孔子提出"天何言哉"的命题，意思是天是无言的、无形象的，把天作为一个自然物同神分离开来。在孔子的思想体系中，天的自然属性还不十分明显，有着神秘的色彩。（"富贵在天"）荀子认为，天，就是自然，就是日月风雨，就是山川大地，提出"人定胜天"。

到了汉代，董仲舒上承先秦，下启魏晋，提出了著名的"天人合一"思想。从本质上看，董仲舒的"天"其实是理想中的实行儒家仁政的君主的神化了的形象。董仲舒的"天人合一"、"天人感应"较之先秦更为重视对自然现象的观察，注重人与自然的关系，把儒家思想系统化、完整地组织了起来，从哲学上突出了人与自然的相互渗透和统一。"天人合一"是中国传统思维方式中的精华，是与孔子泛爱众的人道主义精神相符合的一种以人为主的思维方式和行为方式。"天人合一"的本质是人天合一，是对人的自身存在、构造、活动的深刻认识，它形成的是以人为主，强调人参天地的积极能动的人文主义世界观。"天人合一"所形成的心理结构在汉代定型，成了中华民族的智慧，影响深远。

（三）简策书的版式

中国最早的正规形态书籍——简策书仍沿袭甲骨文、金文竖写直行、从右而左的款式。简竖长，书写时，右手执毛笔，左手执简，一根简写完后，随即用左手放在右前方，再开始写第二根简，第二

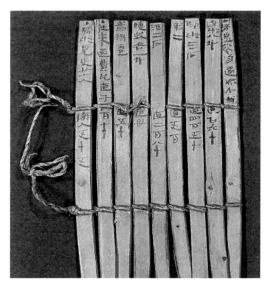

图 11-4 简策的版式

根简写完后，用左手放在第一根简的左方并列，以下类推。（图11-4）一篇写完，将并列的各简编连成册，形成上下直行、由右而左的形式。简策上很多字都是顶着简的最上端写的，有的写到最下端，把简的最上端做为天，把简的最下端做为地，接天连地地竖写直行，却还没有后来称为"天头"、"地脚"也没形成上下留有空间的审美观念。

（四）帛书的版式

帛书继承简策书的版式特点，把简策书中两根简所形成的自然隔线运用在版面上，出现了朱砂或墨画的行格，后来称红色的为"朱丝栏"，称黑色的为"乌丝栏"。（图11-5）朱丝栏和乌丝栏行格的出现，很自然地依照简策的变化而来，简策书的字写在简片上，简和简之间自然形成行格，版式看起来整齐。帛书有了行格字容易写得直，通篇看起来整齐；有行格，比只是一行一行的字要好看多了。所以，在帛书上创造行格的人是带有美学观念和实用价值而发明的，竖长的直线从上到下，包含"天人合一"思想。

汉代由于"天人合一"思想的成熟，上下直行的观念进一步发展，有了行格，进而使天头、地脚的观念逐渐明确了。"朱丝栏"、"乌丝栏"的出现，向规范化方向发展。

图 11-5 帛书的版式

（五）卷轴装书、旋风装书、梵筴装书和经折装书的版式

帛书之后又陆续出现了卷轴装书（图11-6）、旋风装书、梵筴装书和经折装书，这几种书的书写方法大体上相似（装订方法不同），只是旋风装书中的页子是两面书写，其他都是单面书写，在版面上没有大的区别。这几种纸写本书保持了竖写直行、自右而左的传统书写习惯，偶尔也有描栏画界的，但

215

卷轴装的版式

图 11-6 卷轴装书

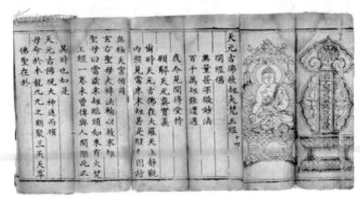

经折装书的版式

图 11-7 经折装书

一般说来，版面简洁，多数仅只有文字而已。这个时期大约是魏晋南北朝，战乱频繁、民不聊生，社会安定的时候很少，正是由于这种社会的变迁，使"一种真正思辨的、理性的'纯'哲学产生了；一种真正抒情的、感性的'纯'文艺产生了。这二者构成中国思想史上的一个飞跃"。其"重点展示的是内在的智慧、高超的精神、脱俗的言行、漂亮的风貌，而所谓漂亮，就是以美如自然景物的外观体现出人的内在智慧和品格。"（李泽厚著《美的历程》）魏晋风度所提倡的"以形写神"、"气韵生动"、"言不尽意"，成为当时确立而影响久远的中国艺术——美学原则。其所表现的是人的内在精神气质、格调风度，而不是外在的环境、形状、姿态的如何，它的核心是崇尚简洁、高雅、俊秀，作为书籍装帧的版式，也自然表现出"雅"的风貌。魏晋时期所形成的风度，它的美学原则，它崇尚的"雅"，对后世"书卷气"

的形成和发展，影响是非常深远的。魏晋风度所形成的美学原则和"天人合一"中"人参天地"的思想模式也是一致的，都是以人的能动为本。

经折装书是为和尚及信徒们念经时，翻检查看方便的一种装帧形态的书。经折装书中已有完整的边框，有的上下用文武线，两边用双栏边框，它的版式较帛书要规范和丰富。（图 11-7）经折装书的产生由于和佛教有密切的关系，仍然沿用传统的排版方法，它是为学习和传教而产生。它一经产生就兴盛起来，并不断地发展、完善和延续下来，一直到清朝还在使用。就是现在一些字帖、签字簿还用这种装帧形式。

蔡伦造纸在中国印刷史上、书籍装帧史上，在中国文化史上都占有十分重要的地位，对世界文化的交流也有巨大的贡献。纸的出现开创了一个新纪元，为书籍的发展提供了必不可少的物质条件。同样，雕版印刷术从隋末唐初发明以后，不断地得到发展，持续了相当长的历史时期。雕版印刷术摆脱了手抄，使版面焕然一新，开启了印本书时代。

（六）印本书的版式

雕版印刷术发展到宋代，便进入它的鼎盛时期，印本书的版面也有了比较固定的格式。这个格式的形成和"天人合一"及其"同构"有着密切的关系。"天人合一"有几层含义：一是形体上的"天人合一"。人的形体与自然的形体是一致的。天有365天，人有365个小关节；天有12个月份，人有12个大关节；天有五行，人有五脏；天有四时，人有四肢；天有日月，人有二目……二是感情上的"天人合一"。天有阴晴，人有忧喜；天有雷电，人有怒怨……三是规律上的"天人合一"。天有运行的规律，人有生活的准则；天有春生秋衰，人有春种秋收……天按照自己的形象、数理和所好形成了人，人是天的缩影，人之为人本于天，比如天圆地方，所以人的头是圆的，脚是方的。孟子讲："万物皆备于我"，表达了天下万物都集聚于人身上，人参天地。在人形成之后，如何做到"天人合一"，人是主要的。所以，在人的各种行为中，人从"天人合一"中得到同构，形成"天人感应"，"近取诸身，远取诸物"，事事皆如此。

宋朝，雕版印刷术异常发达，宋版书的版式设计正是遵循"天人合一"的原理设计出来的，一方面它是传统版式设计的延续，另一方面加进了新的内容。由于蝴蝶装书、包背装书和线装书统称为中国古代印本书，它们的装订方法虽然不同，版式设计却差不多，现列举印本书版面如下：

从图4-8中可以看到，这是一个非常完整和非常完美的版面设计。它的竖写直行，保持了从甲骨文开始的书写方法；天头、地脚的名文第一次出现，高度概括了"天"、"地"的传统观念，并且形成规范化。帛书中出现的"乌丝栏"、"朱丝栏"演变成界格，上下有界，左右有格，文字只能在格内书写和雕刻，界格对文字的限制蕴涵有深刻的"天人合一"观念：人在天地间要遵循生活的准则，受到天地运行规律的限制，不可肆意而为，不可越格，否则就要受到

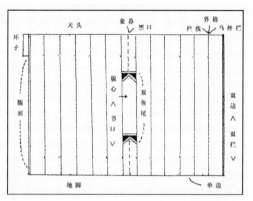

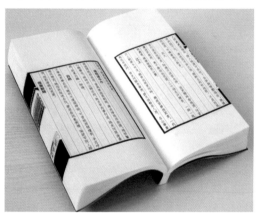

图 11-8 印本书版面示意图

"天"的"谴告"；换句话说，人的主动是有框框限制的，不能无原则地主动和自由。从界格所表现的内涵来说，正符合"天人合一"观念所强调的"实用"、"实际"，以及对中国美学影响的情、理的交融、和谐、平衡和互补，和由这种美学观而提出的"中和"创作方法。人在天地间发挥主观能动作用，又要符合一定的原则，采取"中和"的态度。界格的出现，从形式上看是简策书、帛书版式的自然演变，实则是受"天人合一"思想的影响。

版框即"边栏"，又称"栏线"，单栏的居多，即四边均是单线。栏线十分重要，没有栏线也就没有天头、地脚，也就无所谓限制了，所以，栏线是必不可少的。也有一粗一细双线的（外粗内细），称"文武边栏"；还有上下单线、左右双线的，称"左右双边"。这些变化，从形式上看是为了美观，从内

涵上讲是强调封建制度和封建统治的坚固，上下有天地限制，左右有文人统治、武士控制，只能在有限的范围内活动，不得逾越。

图11-8中在版面左边有耳子，称"书耳"。有的版面右边也有耳子，在左边的称"左耳题"，在右边的称"右耳题"，还有的版面两边都有。从耳子的取名可以看到，中国古代是把版面当成人的一张脸来设计的，这种设计思想并非偶然为之，而是根据"天人合一"思想近取诸身的结果。耳子很像人的耳朵，人有了耳朵很美观，其作用是用来听声音的；有了书耳，版面好看多了，耳子内略记篇名，查检篇名则很方便。耳子保存信息，查耳子也可获取信息，其作用和人的耳朵有相似之处。

在版面中间部分把版心分作三栏，以像鱼尾的图形▅为分界，上下鱼尾称双鱼尾；也有▅形的鱼尾，前者为黑鱼尾，后者为白鱼尾。在版口上面的叫上鱼尾，在版口下面的叫下鱼尾。上下鱼尾的空白部分很像人的嘴，称为"版口"，有黑口、白口之分，黑口还分为大黑口和小黑口，刻有文字的称为花口。人的嘴也称口，其大小、厚薄、形状是不一样的，版口正是从人的嘴得到启示。嘴是用来吃饭和说话的，一个是吃进去，一个是吐出来；版口多记录书名，当记录书名时是吞进去，查找书名时是吐出来，其意义在于吞吐书的内容，和嘴的作用何其相似。版口也称版心（采取古代的说法），它在版面正中心的地方，书名是书的中心内容的高度提炼，把它放在版面正中心的地方不是十分合适吗。

版心中上下各鱼尾到版框之间的距离叫象鼻，称其鼻是因为它在版面左右的中间，且有宽度，因为它长，曰象鼻。鼻是用来呼吸空气的，没有鼻或鼻堵塞，人会生病或死亡；象鼻是为折叠书页而设，两个鱼尾的凹处是折叠书页的标记，鱼尾和象鼻相配合使书页能折叠整齐，不折页和乱折页不能成书。

书的眼是用以穿线或插钉的孔。一般地讲，人的眼睛越大越好看；书眼则孔越小越好，大则伤脑。人眼是为看东西用的，书眼则为固定书的。人无眼或眼已坏为盲人；书无眼或孔已坏则无法固定书，页散，无以成书。

上文谈到孔大则伤脑，书脑在什么地方呢？书脑就是各页钻孔穿线的空白处，即书本闭合时的右边。纸大版小则脑阔，脑阔则天地头也相对高广。此处称其为脑，是因为它重要，书脑不可伤，因为不易修补。书是看的，书页是翻的，唯书脑藏于订线的孔和书脊之间，在内部不可动，故称其书脑。书脑由书衣保护，正像人脑由脑壳、皮肤保护一样。人脑是思维的，指挥各部位的活动，人脑并不随之活动；书脑是固定书的，翻书时书脑不能错动，书脑存在才成其为书。

中国古人们在"天人合一"思想的"同构"下，在"天人感应"的影响下，用《易经》的思维方式，"近取诸身，远取诸物"，以人为主，用近似于人头的形象创造出印版书的版面，这是一种文化行为，是一种哲学思想。宋版书的版面包含着"天人合一"思想影响的美学观，以及在此种美学观影响下形成"中和"的创作手法。

二 "天人合一"与书籍的结构

初期形态的书的结构过于简单，就不谈了，还是从正规形态的书——简策书谈起。

（一）简策书、帛书的结构

简策编简成册以后，第一简必定写这篇书的题目，这很像线装书中的书面；如果这本书是一部著作的一部分，在篇名下还可以加上这部著作的总名。之后再有两枚不写字的简，曰"赘简"，目的为保护书籍，有这样一个过渡空间，给人以舒畅之感，这与后来的"护页"起同样的作用，然后是正文。简策编好之后，以尾简为中轴卷为一卷，以便保存。为检查方便，在第二根简的背面写上篇名，在第一根简的背面写篇次，这很像后来的目录页。简策卷起来后所写的篇名篇次露在外面，从右往左读，成为某某（篇）第几（次），这很像线装书的书皮。为了避免错乱，同一书的策，常用"帙"或"囊"盛起，好像线装书装入函套之中。简策书作为最早期的正规书籍,它的编排顺序（结构）仍然受到"天人合一"中"同构"思想的影响,把一卷简策书平铺在桌上,从第一根简到最后一根简,细细端详它的结构顺序,会模模糊糊地感到它在按照一种模式编排,这种模式到线装书出现时会更清楚些,它们内含传统文化的脉络也会更明显。

帛书和简策书同时存在很长一段时间,只是使用材料和装订方法有较大的区别。

（二）卷轴装书、旋风装书的结构

简策编简成册以后,第一简必定写这篇书的题目,这很像线装书中的书面;如果这本书是一部著作的一部分,在篇名下还可以加上这部著作的总名。之后再有两枚不写字的简,曰"赘简",目的为保护书籍,有这样一个过渡空间,给人以舒畅之感,这与后来的"护页"起同样的作用,然后是正文。简策编好之后,以尾简为中轴卷为一卷,以便保存。为检查方便,在第二根简的背面写上篇名,在第一根简的背面写篇次,这很像后来的目录页。简策卷起来后所写的篇名篇次露在外面,从右往左读,成为某某（篇）第几（次）,这很像线装书的书皮。为了避免错乱,同一书的策,常用"帙"或"囊"盛起,好像线装书装入函套之中。简策书作为最早期的正规书籍,它的编排顺序（结构）仍然受到"天人合一"中"同构"思想的影响。

从对上述卷轴装书的结构顺序的叙述中可以看到,卷轴装书比简策书、帛书要复杂多了,出现了卷首的空白纸、小号的字、抄书人、校正人、抄写年月等等。这些内容的出现,必然使书的结构和顺序有所变化,但从整体上看,和简策书、帛书仍没有太大的出入,只是丰富了,在结构、顺序的思路上仍没有离开"天人合一"和"同构",反而感觉更深入了一些,有血有肉,更接近"近取诸身"的总的观念意识。

旋风装书的结构仍未脱离卷轴装的特点,在结构、顺序上也变化不大,只是出现双面书写的新方法,这是现代书籍两面印刷的开端。另外,有一点要引起注意,即旋风装书的页子的右边粘在底纸上,依次粘,看书时由右向左顺序看,看完后往右翻过页子继续读,这种翻页子的方法现在一直沿用。

（三）梵箧装书、经折装书的结构

梵箧装书、经折装书基本上都是手写的（经折装书后来也有印刷的）,其结构、顺序仍变化不大,只是书皮改为硬板,粘上书签,真正意义上的书面出现了,这使它有了面,更完整了。

（四）蝴蝶装书、包背装书、线装书的结构

蝴蝶装书、包背装书、线装书,它们的装订方法不同,版式却相差无几,书籍的结构也大同小异,所以,综合分析一下它们的结构、顺序的特点以及和"天人合一"的关系。这三种书都是雕版印刷的书籍,它们的结构、顺序正如邱陵先生在《书籍装帧艺术简史》论述的那样:"一本书首先是书名页,古籍称为封面或内封面,也就是现在称为扉页的。书名页之外称为书衣、书皮或护封,书衣上加绫绢签条,并且题有书名字或加盖印章。题签也有带单栏或双栏的。书名页的背面,常刻有刊记或牌记（亦称"书牌"或"木记"）,记载着刊行年月、地点和刊行人,相当于现代书的版权页（版权从宋代开始）,形式多种多样,常见者为一个墨框或在框内再加两条直线分割,也有用荷叶、莲花、流云、如意、盘龙等各种形状装饰的。书名页与书皮之间前后各加白纸一至二张为护页,亦称副页,可能是从'赘简'形式发展而来的,在艺术效果上起一个空间过渡作用,使人怡心悦目。接着是序言、凡例、目录、正文及插图、附录,最后是跋语（即后记）。然后,同前面一样,有副页和书皮。这就是一般雕版印刷书籍的结构。"所述书籍的结构很详细和完整,现代书籍的结构几乎和它完全相同,只是简精装书多了板纸,精装书多了硬壳。

书的结构如此完整,是一步一步由简单到复杂地发展演化而来的,也是"天人合一"的"人天同构"观念的不断体现和完善。宋朝儒学家说,总天地万物之理是太极,然而人人皆有一太极,万物皆有一太极,人之太极也就是总天地万物之理的太极。人是"天"的缩影,人之为人本于天,人的身体结

构又副天数。人与宇宙有着息息相关性，人映着天。用这个理论去分析书籍的结构、顺序，能够清楚地看到"天人合一"对书籍结构、顺序的影响。

谈到书的结构，首先是封面或内封面（书名页），给它起的名字是"面"。我们把书做一个整体看待，一个是它的本体，一个是它的书面，即书皮。书皮也叫书衣，好像给书穿上衣服一样，是保护书籍的。现在把书衣称为封面，认为它和书是一体的，在最外面故曰"封面"，这和古籍的含义是不同的。古籍中把内封面叫面，就好像人躯体上的头或脸面一样，它的背面常刻有刊记或牌记（相当于现代书籍的版权页，而且形式多样，宋代书籍开始使用版权页，这是个创举），把它放在"脸面"之后，因为它重要，起着大脑的作用；接着是序言、凡例、目录，这有如人的脖子一样，是个过渡；然后是正文和插图，这是一本书的重要部分，占的篇幅较大，这有如人的五腹内脏；最后是附录和跋语，很像人的手脚。跋语（后记）是一本书最后的说明，使全书有个交待，脚是人身体最下面的部分，支撑着人的全身。书名页和跋语之外是书衣。书名页、跋语页和书衣之间各加一至两张白纸为护页，亦称副页，它有如人穿外衣后在里面的内衣，洁白、干净，既可保护书的正文，在艺术效果上又起一个空间过渡作用，使人怡心悦目。

从中国古代雕版印刷书籍的结构、顺序的形成，可以清楚地体会到"天人合一"思想的巨大作用，是中国传统文化不断发展体现在书籍装帧中。

三 "天人合一"与书籍的装订

书籍的装订形式在书籍的装帧形态中起着至关重要的作用，但是，装订形式首先受到制作材料的限制，受到社会经济状况、文化传统及制作方法的影响。装订形式的不断变化是个文化现象，只有从传统文化的角度、从"天人合一"的观念去分析装订形式的演变，才有助于理解中国传统书籍装帧的真正内涵。

（一）简策书、帛书的装订

在简策书之前虽然有结绳书、刻木书、图画文书、陶文书、甲骨文书、金文书、石文书等，但这些还只能算作中国古代书籍的初期形态，除甲骨文书可以穿起来外，一般地讲还谈不上装订，真正能称得上有装订形式的最早的书还是简策书。从书籍的初期形式发展到简策书，有一个漫长的历史过程，简策书的出现，说明中国古代文化有了长足的进步。

简策书使用竹子作材料，是经过一番复杂的加工之后制成可用的竖长的简，在简上三分之二和三分之一的位置上用刀刻小缺口，竖直写上字，一根简写完再写另一根简，全书写完后，从左往右将并列的各简用丝线在缺口处系住，编连成册，这样装订就算完成了。简策书的简，一根连一根，这种连续的编连法从哲学意义上讲是在重复着宇宙的发展，正是"天人合一"的表现形式之一。人用绳去编连，形成和谐、统一和连续的观念，这正好体现出"天人合一"中"以人为本"、"万物皆备于我"的伟大思想。编，确实很重要，没有编就是断的，不能成书，有了编就能表达出"天人合一"中"人副天数"（即天下万物都集聚于人身）和"人参天地"、以人为主的人文主义世界观。从形式上讲，"编"就是简策书的装订，也是后世装订的开始。从书籍发展史的角度审视，基本上所有的正规书籍都是通过某种形式把页子"编"在一起（帛书和卷轴装书另作考虑）。另外，如果把简策书的每一根简当作书的一页，每根简只是一面有字，一面无字，那么，简策书就成了册页书的初期形态。

帛书和卷轴装书的装订方法类似，只是用料不同，它们的"编"表现在帛或纸的粘接上，一册书就是一卷，卷轴装书增加了牙签和卷轴。由于帛书和卷轴装书都是连续的，就有了加画（插图）的可能。帛书和卷轴装书虽然没有简策书显得古朴、有历史感，却多了雅气，充满着文化气息，浸透了孔子的爱物（泛爱）的人道主义精神，显得"中和"、秀美，是一种文化上的进步，也是"天人合一"和谐融洽关系的进一步体现。据说"书卷气"是从简策书开始，从卷轴装书得到深化。"粘"比"编"要进步，"编"

是有间隙的，而"粘"则紧贴在一起，它们哲学上的含义是有区别的。"编"、"粘"词意或内涵上的不同，展现着书籍装帧形态的进步。

（二）旋风装书、梵箧装书的装订

旋风装书的"编"仍是粘，把双面写好的书页按先后顺序自右向左错落叠粘。从形式上看已出现单个双面书写的书页，翻检起来有如龙鳞，方便多了；从内涵上看是人对自身存在、构造、活动的进一步的认识。旋风装书舒卷有如旋风，展开形似龙鳞，是否受到中华民族的图腾"龙"的启示？旋风装书比卷轴装书的文化内涵又丰富了。

梵箧装书是单页的，既没有编，也没有粘，只是用绳穿或用绳捆绑。

梵箧装书的形式是由印度贝叶经的装订形式变化而成的，佛经多采用此种装订形式，特别是蒙文、藏文《大藏经》等。

（三）经折装书的装订

经折装书仍然受到卷轴装书的影响，它的"编"仍是粘，一张一张的纸粘接成长方形折子，没有装轴，而是仿照梵箧装的做法，前后分别粘接两块硬纸板或木板，作为保护书籍的封面和封底。经折装书的底纸虽然仍是粘连，但它改卷为折，折叠成书页状。中国书籍装帧史上第一次出现"折"，表面看来只是"折"一下而已，这一"折"却开辟了书籍装帧的新天地。经折装书以后出现的装订方法均离不开折，直到现在的书籍装订仍在折页。"折"是个伟大的创举，"折"是个文化现象，它是"卷"发展到一定历史时期必然出现的划时代的突破，有重大的历史意义。还可以看到，在"折"中体现了"天人合一"中由孔子奠基的文化心理结构的模式所形成的实用理论，以自我完成。这个简单的"折"，使装帧向着多侧面、立体的方向发展。没有"折"，不可能有后来书籍装订形式的逐步完善，难以有现代装订形式的形成。"折"使书籍装订形式不断进步，折出新的局面。"折"推动了书籍装订史的发展，"折"在中国古代书籍装帧史上占有极其重要的地位。

（四）蝴蝶装书、包背装书的装订

随着雕版印刷术的出现，装订形式随之有了新的改变，蝴蝶装出现了。蝴蝶装吸收了旋风装单页的特点，又吸收了经折装中正折的方法，将每一书页背面的中缝粘在一张裹背纸上，书衣用硬纸或布、绫、锦裱背，从封底、脊部一直包到封面。蝴蝶装书中的"编"仍是粘，书口与书口之间用糊粘连，书口与封面粘连。"粘"是蝴蝶装的关键，但完全不同于卷轴装、旋风装、经折装中粘成一个长长的底纸，是单页的粘连，应该受到旋风装书的"粘"的影响。雕版印刷的单页粘成完整的一本书，这是册页装书的开始，是一个质的飞跃，它向着线装书的完整形式跨上一个新的台阶，"究天人之际，通古今之变"。

蝴蝶装书从其形式上讲，远不同于以前任何装帧形态的书，它用折、粘等手段把分散的单页按顺序紧固在一起，有条不紊，印刷单页、白页、书衣成了一个完美的整体。蝴蝶装书所表现的和谐、秀雅、书卷气的内在本质，是异质同构的典型，是"天人合一"思想和孔子的泛爱众的人道主义精神在装帧形式上的进一步表现，在"礼让"的外在形式和继承传统精神的内在因素下，形成和谐的"天人合一"整体，这种积淀下来的文化心理结构形成蝴蝶装书的最大特点。蝴蝶装书的书皮已经从封面经过书脊到达封底，完全是现代书籍的裹皮方法。

蝴蝶装书必须连翻两页才能连续阅读，读起来有隔断之感，形式上也不完美；从内在结构关系讲，读起来不方便就是不合谐的因素，这就需要加以调整，于是出现包背装书。包背装书使版心成版口（由印刷单页看，版面没有什么变化；粘好后，版面有了变化），将书页两边的余幅粘在一张纸上，书衣仍绕着书脊包过去（酷似现代平装的胶订书，只是包背装书是单面印刷）。包背装书翻开时，不再出现断开的情况，连续的阅读性增强，关系更顺了，结构变得更趋合理，"天人合一"的人文精神得到更深一层的体现。包背装和蝴蝶装在形式上虽然只是书口内折还是外折之别，却在深层上显示出"小宇宙"内在顺序关系，"中和"的内涵体现在书籍装帧中。

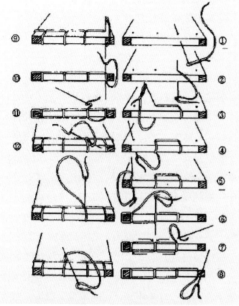

图 11-9 线装书的装订

222

（五）线装书的装订

线装是中国古代书籍装订形式的最为进步、最为完美的形式（图 11-9）。

线装书和包背装书的折页方法一样，但不再用一张裹背纸包背，改为前后各加一张书皮，然后打眼穿线、装订成册。线装书的"编"不再是粘，成了既结实又美观的穿线订。包背装书的粘容易裂开，线订则结实、耐用。线装书的穿线是最后的改进，也是关键的改进。线，天天都能看到，和人们的生活贴得这么近；线又是那么单纯，虽细却包含着坚韧不拔、自强不息的精神，用它固定书，多么富有诗意和恰到好处；它的单纯充满着雅意，它的韧劲象征着和谐产生的力量。书籍的穿线固定着书，装饰着书皮，真是"千里姻缘一线牵，万册古籍由线坚"。前两节中谈到书籍的版式、结构及装订的演变，现在是否可以深深地感到，线装书在中国古籍中是至善至美的，"天人合一"的"中和"思想在这里得到完美的体现。线装书是传统文化的产品，也是文化，是历史发展过程中，人类的物质文明和精神文明达到高度统一的完美的结果。

中国古代书籍装帧与中国传统文化的关系包括普遍性和形式两个部分，传统文化思想的普遍性渗透在书籍装帧设计的立意、人的创造力和不断发展变化的导向中，各个时代的书籍装帧与传统文化思想的普遍性相结合则是那个时代的表现。分析运用了中国传统文化的精髓"天人合一"的观念，力图建立中国古代书籍装帧的文化模式，或至少从文化视角审视中国古代书籍装帧的形成、发展。

经历了几千年，中国古籍的装订及用料有其变化的规律，发展到线装书已是中国古代书籍装帧的至善至美形态了。中国古代的书籍装帧是传统文化，也是传统文化的载体，既要看到传统书籍装帧的外在形态，更要体会到它的文化内涵。

第十二章
中国书籍装帧与审美

　　人类为了传递信息、交流思想就要用文字记录下来，就要有纪录的载体、形式和工具：笔、墨、纸产生了;抄写、雕版、制版、印刷、装订等形式也逐渐产生了 ……

第十二章　中国古代书籍装帧与审美

人类为了传递信息、交流思想就要用文字记录下来，就要有纪录的载体、形式和工具：笔、墨、纸产生了；抄写、雕版、制版、印刷、装订等形式也逐渐产生了。这些物质的产生、发展和所采取的不同形式，是由当时社会发展的状况、技术水平等诸多因素决定的。由于书籍装帧和书籍的内容是一体的，书籍装帧随着书籍的形态变化而变化。书籍装帧从产生、发展到不断完善的过程，使它的审美功能随着实用功能的发展而流动变化，更加和谐、完美。

一　古籍里的美学思想

林同华先生在《审美文化学》一书中说："技术能力，是人类最基本的物质生产能力。在劳动过程和技术活动中，功能需要，必然影响造型设计和生产形式。"人类在从事手工生产和工业生产的技术审美活动和技术产品时，把美学应用于物质生产和精神享受之中。我们知道，没有生活需要，人类就不可能进行所谓超技术的审美欣赏和审美创造，理想生活的审美享受就无从谈起；没有书籍，人类就会处在蒙昧时代，就没有真正奠基在物质生活与精神生活相统一之上的文明世界。相反，书籍的产生、发展和成熟，必然使审美能力不断地发生变化，并发展到一个较高的甚至非常高的水平。

书籍装帧设计并不是纯艺术的活动，而是社会劳动的实践，它把美学应用于书籍的生产和对书的精神享受之中，而书籍装帧艺术则是书籍的技术审美能力发展的必然结果。装帧审美学是技术美学，它是审美形态学里最基本的形式之一。林同华先生在书中还指出："在原始人类的狩猎活动中，石箭是为了猎取动物的。它的功能是插入附有毛皮的动物生命中，达到杀伤、杀死动物，从而获取动物的目的。石箭的形式，必然以尖状光滑的表面造型砸制或磨制出来。越是尖锐而能刺入动物肌体的箭，其功能就越是完善和臻美。自然，它的形式美的要求，也随着人类制作箭的技术进步而越趋完美。铜和铁的

图 12-1 简策书

箭，其功能比石箭更趋完美，其形式美也达到更加和谐完美的地步。"由此及彼，作为较为复杂的书籍及书籍装帧，其发展的道路和箭的发展在原则上是一样的，只不过走的道路更加缓慢和漫长。

（一）简策书、帛书里的美学思想

中国古籍最早的正规书籍是简策书（图 12-1），是一种以竹木材料为载体记录文字的工具。简策书把两根以上的简缀连起来就是"册"或"策"，把缀连的简策卷起来就是一"卷"，封函上题写书名，称为"签"。竹简使用时要去汗和杀青，是为了便于书写和保存；简策书有三种长度，用以区别不同性质的内容，实际上很像现代书的开本；编简材料有麻绳、皮绳或丝绳，用不同材料以显示贵重程度。简策上的字从上到下竖写直行，这符合由甲骨文传承下来的"天人合一"由天到地的传统思想，从右往左读，

图 12-2 卷轴装书

这符合中国古代以右为上、以左为下的传统习惯。这两种形式在简策书中都得到认可和确定，继往开来，成为中国古籍的传统形式。简策书的每一根简上的字有多有少，有的有空字或圆圈，简和简之间的自然隔线与多寡不同的文字、不同的绳，简的宽窄、长短，这一切形成复杂而优美的版式美，或者技术美，在最初的正规书——简策书中就已经孕育，而这在当时并不是从美学的视角出发，实实在在是从功能考虑的。由此可知，人类在生产劳动过程中，首先重视的是产品的实用功能，但审美功能并不是截然落后于使用功能，而是孕育在其中。就如普列汉诺夫所断言的那样，审美能力是随着各种能力存在而存在的，是随着各种能力的发展而流动变化的。现在，我们从审美文化的角度审视简策书的技术美是很有意义的。

简策书相对于甲骨文书有了巨大的技术进步和审美能力的提高，但是还有不少缺点，比如书太重、不能放插图、保存起来不方便等等，从而出现了帛

图 12-3 旋风装书

书。帛书克服了简策书的缺点，出现了"朱丝栏"和"乌丝栏"，这是由简策书的简和简之间自然隔线变化而来的，它一方面起到栏线的作用，一方面美化了版面，出现了黑、红两色，这是个巨大的进步。无论从颜色的变化上、从版面的装饰作用上，"朱丝栏"和"乌丝栏"的实用价值和美学观念并行不悖，而是相辅相成，尤其是"朱丝栏"的出现，说明先人们已有审美意识。

（二）卷轴装书、旋风装书、经折装书里的美学思想

卷轴装书（图 12-2）可长可短，有解行、空行、玉池、丝带、签、正文、注文、单行、双行、黑笔、朱笔等等，其形式比帛书复杂多了。卷轴装书需要装潢，目的是为了避蠹；卷子为了避免边缘破裂，常用绫、罗、绢、锦等装裱；古人对卷轴极为重视，分成三等，以示贵贱；对轴、带、签用不同颜色加以区分，以示各类藏书。这种种变化显示卷轴装书相对帛书不但实用功能有较大的提高，而且装帧形态上发生了巨大变化，其内涵丰富多了，形式也美观多了。可以看到，卷轴装书的审美文化内涵随其实用技术能力的提高发生了相应的变化。卷轴装书中还有卷子书，其轴和卷子的宽度一样长。卷轴装书不便查检，有的卷子竟长达几丈，展开、卷起来都非常费事，卷子又不能任意伸长，于是出现了旋风装书和经折装书。

旋风装书（图 12-3）保留了卷轴装书的躯壳和外观，采用了书页按顺序错落叠粘，双面书写，缩小了版面，保护了书页，使查检方便多了。旋风装书不但在卷轴装书实用功能的基础上，增加了实用功能的内容，而且在装帧形态上更复杂，美观多了，在审美文化内涵上向深一层发展，并开始了向册页装帧形态的过渡。经折装书，早期是手写的，后来也有雕版印刷。它一改以往书籍的装帧形态，采用一正一反、左右连续折叠成长方形的折子，在纸的前后还分别粘有硬纸板或木板，开始出现了保护图书的封面和封底。

经折装书（图 12-4）是册页书的最初形态，完全改掉了卷轴装书的外形特点，阅读和查检起来更方便了，这使其技术能力又有较大的提高。在版式中，天头、地脚的概念更加明确，"乌丝栏"、"朱丝栏"逐步演变成界格；内文用纸也不断地讲究起来，有的内文还用文武线双栏边框，卷轴装书中出现的扉画（指插图）在经折装书中应用更为广泛；作为封面、封底的硬纸板套上丝、绢、盘丝绣等，显得华丽和美观。经折装书所展现的实用功能比旋风装书又上了一个新的台阶，随其变化的形式美又向完美迈进

图 12-4 经折装书

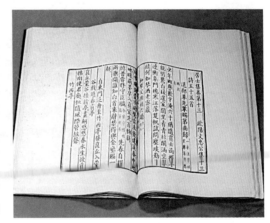

图 12-5 蝴蝶装书

了一大步，审美文化内涵变得更加丰富，并且为中国传统书籍装帧奠定了基础。

（三）蝴蝶装书里的美学思想

蝴蝶装书（图 12-5）是典型的册页书的装帧形态，每一印刷页对折，版心向内，单口在外，粘在裹背纸上，再装上硬纸作封面。蝴蝶装可以有通过版心的整幅图画，翻阅起来更加方便，有文字的地方也不易损坏。书皮（指封面）用帛、绫、锦等裱背，从封底、脊部一直到封面，很结实、美观，既保护了书的内部，形成一个整体，又美化了书。蝴蝶装书的实用功能和审美文化内涵达到了一个新的高峰。古人在装订蝴蝶装书时，好像在制作一件精美的工艺品，不但平、直、久、齐，还要防潮、防虫、防变形；封面要注意用纸和颜色，书角用细绢包，并提出颇有见地的装订书籍（当时还没有"书籍装帧"

一词）的原则——护帙有道、款式古雅、厚薄得宜、精致端正。其中的核心就是"雅"，邱陵先生也认为"尤在雅洁"。"雅"是秀美的最高境界，也是东方美学的核心。书籍装帧从简策书开始，经过漫长的发展过程到蝴蝶装书，形成成熟的传统观念，可以说逐渐接近了传统审美的极致，其实用功能和审美文化内涵同步地发展变化着，达到比以往更加和谐完美的地步。实际上，蝴蝶装书用折、粘等手段，把零散的印刷单页按顺序紧固在一起，有条不紊，使其变得较为和谐，成为秀雅的"异质同构"的典型。

蝴蝶装书的版式运用"天人合一"的思想，在"天人感应"的影响下，"远取诸物，近取诸身"，可以看到，宋版书如此美妙的版式的出现并不是偶然的，绝非简单的形式问题，而是源远流长、博大精深的中国传统文化体现在审美上的和谐和完美，"雅"是中国书籍版式上的最高表现形式。

（四）包背装书里的美学思想

蝴蝶装书必须连翻两页才能连续阅读，读起来仍觉得有不方便之处，其使用功能受到一定的限制，书的内在结构关系上仍有不和谐的因素，于是出现了包背装书（图12-6）。包背装书将书页两边的余幅粘在一张裹背纸上，书衣绕书背包裹，翻页时不再出现白页的现象，连续性增加，内部结构变得更趋合理，"天人合一"的人文精神和行为得到更深一层的体现，技术功能进一步加强，内在关系更加和谐和顺畅。

（五）线装书里的美学思想

线装书（图12-7）与包背装书在折页方面没有区别，装订时将封面、封底裁成与书页大小相一致的两张，前后各一张，与书页在版心同时截齐，打眼，穿线，装订成册。它既便于翻阅，又不易损坏；既美观，像工艺品一样的外形，又很实用。线装书是中国古代书籍最后一种装帧形态，它把书中一切不和谐的因素均已淘汰，无论从版式到封面，从装订到书的结构，从纸张到整体设计，从中国传统审美文化的视角来审视，它至善至美，至高至雅，是历史发展

图 12-6 包背装书

图 12-7 线装书

过程中书籍的技术功能和审美功能完美的结合。

二　书卷气

中国美学是以"意与象"、"意与境"以及两者契合无间的"意象"、"意境"的范畴为轴心，而"气"则是其表现形式之一。林同华在《审美文化学》一书中指出："'气'是中国古典美学范畴，在美学和文艺理论中，包涵多层次的意义。作为哲学范畴来使用，它是指构成万物和宇宙的始基物质。中国古

代哲学家认为，它不但是宇宙的根源，而且是艺术和美的根源。"

（一）"气"

"气"确实是一个十分重要的概念，和宇宙间的一切都有关系。《左传·昭公元年》云："天有六气……六气曰阴、阳、风、雨、晦、明也。"六气中最重要的是阴阳二气，它们是两种互相排斥又互相依存的力量，是生成万物、决定世界运动变化的本源。阴阳说虽然带有唯心主义的色彩，却说明在先人思想中"气"的重要。《淮南鸿烈》又称《淮南子》，是在汉代贵族淮南王刘安主持下，由他的门客集体编写的一部著作，它的美学思想对后代影响很大。文中很多地方提出和讨论了形、神、气，文中写道："夫形者，生之舍也；气者，生之充也；神者，生之制也。"这段话的意思是："形"是人的身体（"形骸"），"气"是充斥于人体中的"血气"，是人与动物共有的自然的生命力，而"神"则是人所独有的感觉、意志、情感（爱憎）、思维等的总和，其中也包括了"审美"的能力。人体中充斥着"血气"，人才能活，可见"气"对人的生命的重要性。俗话说"人活一口气"，人有气才能生，人是如此，世间万物也是如此。生是审美的前提，死也就无所谓情感、思维、审美了。

孟子提出"善养君浩然之气"的说法，这是个性的情感意志同个体所追求伦理道法目标交融统一所产生出来的一种精神状态，是个体人格精神美的表现。

《老子》把"气"纳入哲学体系，"万物负阴抱阳，冲气以为和"。

庄子把人和物看作"气"的变化，"人之生，气之聚。聚者为生，散则为死……"

这些见解对历代美学思想有很大的影响。南北朝时期，有著名的"文气"说，用"气"的清浊说明作品风格和作家个性气质的关系，这就把"气"引入了文艺领域，并使美学观念有所深入。"气"又是概括艺术家审美风格与审美创造力的一个审美范畴，它表现出艺术家的心灵世界，又与艺术家的心灵契合为一。

"气"常与"风"、"神"、"力"、"势"等联系起来，反映了中国艺术多姿多彩的心灵世界，如"气势磅礴"等。中国古典美学把"气"与"韵"、"气"与"象"相结合，构成了独立的富有内涵的美学范畴。"韵"也是中国古典美学的范畴，原指人物超然脱俗之外的节操、神志和风度，为人格美之象征。"韵"又成为艺术作品内容意蕴之美的象征，与艺术外在的形式美相对应。"气"与"韵"结合连用，构成"气韵生动"；"气"和"象"结合连用，构成"气象万千"。

"气"，各种学派对它的认识不尽相同，并且还有阶段性。在《文心雕龙》以前，在使用"气"这个美学范畴名词时，还没有形成与审美情感的有机联系，甚至出现否认"气"与"情"的倾向。真正把"气"与"情"联系起来考察的是刘勰。他在《文心雕龙》中论述："志气统其关键"，"气倍辞前"，"诗总六义，风冠其首，斯乃化感之本源，志气之符契也"。"情与气偕，辞共体并。"把"气"与"情"联系起来才使"气"成为中国古典美学的内容之一。而在此之前，"气"更多是从生命的角度认识的，无论是阴阳说、本源说、精神状态和道法境界论、精气论等，都是把人和物看作"气"的变化。

（二）"书卷气"的产生

"书卷气"一词不可能在甲骨文时代出现，因为那时还没有"卷"的形式，是来源于简策书的卷还是卷轴装书的卷，这已经很难考证了。不过，这两种装帧形态的书都采用卷的形式。在甲骨文中有"天"、"地"的概念，并没有"天头"、"地脚"之说；在简策书中，大部分简的最上和最下部留有空白处，并没有写字，这说明已经有了朦胧的"天头"、"地脚"的含义。再细细观看简策书的结构、顺序，可以品味出"书卷气"一词应该产生于简策装书。因为"气"是指包含着万物和宇宙的始基物质，当然也包含"天"、"地"和"天头"、"地脚"的含义，不但富有生命力，而且是艺术和美的根源，但是，作为古典美学的范畴还没有被认可。这个时期对"书卷气"是否可以这样认为："书"是指书籍，"卷"

是指装帧形态，对于简策书而言，"书卷气"可以理解成具有生命力（"血气"）的装帧状态。

（三）对"书卷气"的理解

东汉，当卷轴装书出现和逐渐盛行起来时，"气"与"情"已被联系起来考察，"气"作为中国古典美学的范畴，则是概括艺术家审美风格与审美创造力的一个审美范畴。它表现艺术家的心灵世界，又与艺术家的心灵契合为一。简言之，"气"在这个范畴，表示艺术家的性情和气质。对于书籍而言，这时的"书卷气"是否可以理解成：具有审美功能的装帧形态。

历朝历代对"书卷气"的理解不尽相同，当以"雅"为核心的审美文化观注入到书籍中后，对"书卷气"的理解又有了变化。"雅"似乎成了书籍装帧的原则，或者是内涵的核心，但"雅"并不排斥古典美学思想，却相融和谐，成为一个新的审美文化观，而且一直影响后世。现在，人们对"书卷气"的理解也不同于古代。笔者的理解是："书卷气"是以典雅为核心的具有丰富内涵的一种审美经验。"书"和"气"连在一起，成为"书卷气"，足见书籍所具有宽泛、丰富的内涵，而如此高层次的美却是由书籍装帧来完成和实现的，充分说明书籍装帧的魅力和重要性。

三　书籍内容和装帧的文化同一性

（一）书籍内容和装帧的关系的提出

在雕版印刷发明之前，书，或刻，或铸，或写，或抄，那时的书并不是作为商品出现，有的书只有一册，有的书有抄本，或是记录，或是论证，或是知识，或是理论，书籍的内容和装帧形态统一在书的文化一体中。纸和雕版印刷术发明以后，大量印书才有可能，看到书的人多了，藏书人也多了，书的商品性逐渐显露和缓慢地发展起来，也是书籍的装帧形态不断变化、发展和完善的过程。对书的使用材料、版式、装订、结构等越来越重视，在《藏书纪要》、《装潢志》等一大批古籍中都有十分明确的记载，并提出书籍装帧的原则、要求、书卷气以及具体工艺

要求等等。这里包含着书籍美学的概念，但是没有形成书籍美学系统的、完整的理论，还基本上保留在工艺性要求的水准上。在用料的质地上、颜色上、版式上装帧所形成的气韵上，这些从形式上看是装潢的组成部分，从实质上看却是书籍的文化性，是书籍内容和装帧的文化同一性。

（二）书籍的文化同一性

书作为特殊的商品确实不同于一般的商品。对一般的商品而言，当产品和包装是一体的时候，有它的同一性，统一在商品的属性中；当产品和包装脱离开之后，同一性就不存在了。书在生产过程中，装帧就加了进去，并充分考虑到书的内容和特点。书生产印制后，书的内容和装帧就统一在书的文化一体中。书摆在书店或书摊上，主要展现的是封面。当读者把书拿在手里时，书的封面、书脊、封底和内文的版式、字体、插图以及书的结构、纸张、印刷等，都在读者近距离的审视中，书的整体设计就显得十分重要了。当把书放在书架上时，书脊露在外面，书脊上的书名以及书脊的整体设计就显得十分重要了。一本书的文化内涵的体现靠内容，也靠装帧。内容和装帧是事物的两个方面，它们互相依存、相依为命，内容和装帧密不可分。

内容和装帧既然是事物的两个方面，就应该有它们各自相对的独立性。从先有书稿后有装帧这一点来看，内容是主动的，装帧是被动的；内容被确定以后，装帧的主动性就充分地展现出来了。成书后，内容和装帧就成了完整的一体，互相依存的关系被固定下来。书的内容和装帧既然有文化的同一性，两者之间的文化档次也应该在同一个层面。著名作家冯骥才先生在赞美书籍装帧艺术时，有不同凡响的评价："他决不把装帧当成一种美化，一种外加的装饰，一种锦上添花，而是将自己的感受、情感、思考投入其中，再一并升华出来。"这深刻地阐明了书籍的内容（作品）和装帧（创作）的深层次关系——文化内涵的一致性、同一性。

中国书籍装帧艺术 4000 年一览表

杨永德制

公元		朝代		书籍装帧形态、插图及有关发明
公元前		远古		结绳书；刻木书
		旧石器时代		图画文书
	1766	新石器时代		陶文书；传说黄帝时出现人造墨
	1121	殷 商		商朝后期利用龟甲兽骨进行占卜；这之前早已出现甲骨文书并开始盛行；已有毛笔；出现金文书
	771	西周		青铜器及金文书盛行；简策书在发展；春秋末年或更早期出现缣帛书；出现玉文书及石文书
		东周	春秋	简策书盛行，杂以缣帛书，仍有金文书；出现玺印及大量刻石
	221		战国	
	206	秦		盛行青铜器及金文书；出现简策书；周宣王时出现石鼓文书；蒙恬对毛笔作重大改良
		西汉		简策书盛行，杂以缣帛书（有朱丝栏、乌丝栏）；出现帛画、地图；出现画像石、画像砖；官中有人用纸包药丸
公元始	8	新莽		沿用西汉各种装帧形态
	25	东汉		汉和帝元兴六年蔡伦造纸；左伯改良造纸技术；出现卷轴装书（以缣帛为料）；盛行简策书，杂以缣帛书；汉灵帝年间立《熹平石经》
	220	三国、六朝		晋国宣子著书铸于鼎上；魏立《正始石经》；盛行简策书，杂以缣帛书；卷轴装书有所发展；韦诞改良制墨术；晋朝已有 120 个反体字的木刻印章
	581	隋		以卷轴装书为主；还有缣帛书；发明雕版印刷术（在隋末唐初）；敦煌、吐鲁番等地发现数千张模印佛像
	618	唐		盛行卷轴装书，出现经折装书，还有梵笙装书；出现世界上现存第一部印本书《无垢净光大陀罗尼经》和第一部有扉画的印本书《金刚般若波罗蜜经》及千佛像；玄奘雕印普贤像；出现粘页装书和缝缋装书

公元		朝代	书籍装帧形态、插图及有关发明
公元	907	五代	主要是蝴蝶装书，还有旋风装书和卷轴装书；唐冯道发展雕版印书，雕版书开始盛行；刻印侨家九经和大量佛经及佛教版画插图，如《大圣毗沙门天王图》、《曹元忠造像》、《圣观白衣菩萨图》、《大慈大悲救世观音菩萨像》等；粘页装书和缝缋装书流行并逐渐趋于消亡
	960	宋	主要是蝴蝶装书，杂以旋风装书和经折装书；宋仁宗庆历五年毕昇发明泥活字；盛行雕版印书；雕刻版画范围扩大，出现《博古图》、《三朝训鉴图》等多种，有的上图下文，有的左图右文，有的内图外文，形式多种，还有连环插图
	1271	元	王祯造木活字并发明转轮排字盘；出现包背装书，盛行蝴蝶装书，佛经仍用经折装书；木刻版画仍很发达，有《新刊全像成斋孝经直解》、《宣和博古图》、《绘像搜神前后集经》等图，金代有《四美图》、《铜人腧血针灸图经》等多种
	1368	明	嘉靖以前主要是包背装书，万历以后为线装书；中期套色印刷大发展；佛经仍用经折装书；出现铜活字；雕版插图基本保留元代风格，初期制作粗劣，主要有《天竺灵签》、《全像奇妙西厢记》、《三国志传》等多种，中期出现大量有插图的戏曲小说，万历以后版画发展突飞猛进，出现金陵派、徽州派、建安派等
	1644	清	以线装书为主，出现函套，佛经仍用经折装书；道光年间盛行多色套印；金简、翟金生、李瑶造泥活字，出现大规模活字印书；出版大量官方书籍及插图，如：《耕织图》、《万寿圣典》、《离骚图》、《太平山水图画》等很多种插图，在戏曲小说中发展很大；近代印刷术传入中国，传统的雕版印刷技术及插图雕刻版画逐渐衰落
	1911	中华民国	开始主要为线装书，平装书、精装书逐渐占据主导地位；石印、铅印逐渐兴旺起来，雕版印刷衰落；胶印引进中国，出现胶粘的书；平装有铁丝平钉、骑马钉、无线胶装、活页装和穿线装，精装有圆背精装、方背精装和软面精装；双面印，版式多变为横排，从左向右读，开本由大变小，重视封面设计，插图增多，标点符号使用日趋成熟，字体向美化方向发展，出现现代意义的版权页
	1949		

说明：1. 表中书籍装帧形态的出现及盛行为大概时期；2. 每一个时期有多种书籍装帧形态并存。

后记

中华人民共和国新闻出版署原署长石宗源先生，曾为我著的《中国古代书籍装帧》一书写《落英缤纷伴书魂》的序文，这不单是对我个人的鼓励，更是对中国书籍装帧艺术、对出版事业的关心。署长在序中针对书籍装帧艺术指出："中国古代装帧艺术是一门国粹，了解历史是为了更好地发展。'落英缤纷伴云魂，丹青重施今胜昔'，这是我对书装艺术的一点愿望。"署长还对书籍装帧艺术工作者提出要求："祝愿我们的艺术家们师承传统，贴近生活，博采众长，与时俱进，为中国出版事来描绘最新最美的图画，'装点此关山，今朝更好看！'"石宗源先生虽然已经谢世，但是，他的指示是高瞻远瞩的，对现实仍有巨大的指导作用，我们应该遵循老署长的指示去做，这也是《中国书籍装帧 4000 年艺术史》仍采用"落英缤纷伴书魂"为序的原因之一。

本书参考了众多学者的著作，其中张树栋、庞多益、郑如斯等著的《中华印刷通史》，邱陵教授著的《书籍装帧艺术简史》，罗树宝先生编著的《中国古代印刷史》，钱存训先生著的《印刷发明前的中国书刊和文字记录》，刘国钧先生著的《中国书史简编》，潘吉星先生编的《中国造纸技术史稿》等对本书帮助很大，在这里深表谢意。

感谢中国青年出版社对本书的鼎力支持。

笔者从中央工艺美术学院印刷工艺系毕业后，一直从事书籍装帧设计工作 30 多年，有关装帧方面的书先后出版过《鲁迅装帧系年》、《鲁迅最后十二年与美术》、《中国古代书籍装帧》，现在能够出版《中国书籍装帧 4000 年艺术史》，感到很是欣慰。中国书籍装帧源远流长，有丰富的内涵，和中国传统文化紧密地结合在一起，或者说中国书籍装帧是中国文化的反映，文化是一条主线，贯穿在书籍装帧的发展演化中；书籍装帧并不仅仅是书籍设计，它有更丰富的内涵，更宽泛的内容，这也是本书出版的目的之一。

由于学识和史料有限，编写时间紧迫，疏漏和不足在所难免，诚请专家、学者和同仁们批评指正。

杨永德

2013 年 4 月

主要参考书目

《与先哲对话》陈志良 著

《美的历程》李泽厚 著

《中国哲学史简编》任继愈 主编

《中国美学史》李泽厚 刘纲纪 主编

《中国古代思想史》李泽厚 著

《版本学》姚伯岳 著

《中国书史简编》刘国钧 著

《"天人合一"与"神人合一"》王升平 著

《中国通史简编》范文澜 著

《中国古代书籍史》李致忠 著

《书籍装帧艺术简史》邱陵 著

《中国甲骨学史》吴浩坤 潘悠 著

《甲骨文》范毓周 著

《且介亭杂文》 鲁迅 著

《殷周青铜器通论》容庚 张维持 著

《中国书法简史》钟明善 编著

《中国古书版本研究》新文丰出版公司 编

《中国书的渊源》昌彼得 著

《中国小学史》胡奇光 著

《书法艺术》邱振中 吴鸿清 主编

《中国造纸技术史稿》潘吉星 著

《汉画选》张万夫 编

《插图艺术欣赏》张守义 刘丰杰 著

《汉代画像石》关曾德 著

《中国图腾文化》 何星亮 著

《中国书法简论》潘伯鹰 著

《印刷发明前的中国书和文字记录》钱存训 著

《中国古代印刷史》 罗树宝 编著

《装订源流和补遗》上海新四军历史研究会印刷印钞分会 编

《雕版印刷源流》上海新四军历史研究会印刷印钞分会 编

《审美文化学》林同华 著

《中国印刷史学术研讨会文集》中国印刷博物馆 编

《中国印刷史学术研讨会文集》第二届中国印刷史学术研讨会筹备委员会 编

《中华印刷通史》张树栋 庞多益 郑如斯 等著

《彩色插图中国科学技术史》卢嘉锡 席泽宗 主编

《中国古代印刷史图册》中国印刷博物馆 编

《中国国家图书馆古籍珍品图录》任继愈 主编

《中国的汉字》高景成 著

《商周古文字读本》刘翔 陈抗 陈初生 董琨 编著

《中国染织史》吴淑生 田自秉 著

《古代字体论稿》启功 著

《篆刻艺术》刘江 著

《中州古代篆刻选》牛济普 编著

《书学论集》侯镜昶 著

《石鼓文研究诅楚文考释》郭沫若 著

《中国书法史图录简编》吴鸿清 编 刘恒 于连成 解析

《中国古籍修复与装裱技术图解》杜伟生 著

《古籍版本浅说》陈国庆 编著

《中国古代书籍史话》刘国钧 著

《古籍版本常识》毛春翔 著

《中国版画史》王伯敏 著

《中国古籍印刷史》魏隐儒 编著

《中国工艺美术史》卞宗舜 周旭 史玉琢 著

《书衣百影》姜德明 编 著

《唐弢藏书》于润琦 编著

《尘封的珍书异刊》 于伟 著

《西方近代印刷技术与中国书籍装帧的变化》张志强 著

《封面秀》谢其章 著

《剑桥中国晚清史》费正清 等编

《插图全程教学》 高荣生 著